Google を支える技術

巨大システムの内側の世界

西田圭介
[著]

技術評論社

本書記載の内容に基づく運用結果について、著者、株式会社技術評論社は一切の責任を負いかねますので、あらかじめご了承ください。

本書に登場する会社名、製品名は一般に各社の登録商標または商標、商品名です。会社名、製品名については、本文中では™、©、®マークなどは表示しておりません。

本書に寄せて

　昔話になってしまいますが、私がコンピュータというものをはじめて手に入れた頃、コンピュータのメモリは32KB(*Kilobyte*)しかなく、また、5.25インチのフロッピーディスク(この単語も最近聞かなくなりましたね)両面単密度320KBは無限に広いかのように感じていました。こんな大きな容量のデータを作り出すことなんて不可能じゃないだろうか。当時、中学生だった私はそのように思ったものです。

　しかし、それからずいぶん時間が経ち、今この原稿を書いているノートパソコンは2GB(*Gigabyte*)のメモリと160GBハードディスクを積んでいます。この20年強の間にメモリ容量で6万5千倍、ディスク容量では実に50万倍増加していることになります。テクノロジーの進歩は驚異的ですね。

　とはいえ、これまでの変化ではコンピューティングの質的な変化はさほど大きなものではありませんでした。コンピュータの性能がどんなに良くなっても、プログラミングレベルではさほど大きな違いは発生していません。LinuxをはじめとするUNIX系OSの基本的設計は20年以上前のものが踏襲されていますし、Windowsにおいてもプログラミングの基礎的な部分はそれほど大きく変化したとはいえないように思います。テクノロジーの進歩によって生じた変化はあくまでも量的なもので、質的な変化までは起きていないといってもよいでしょう。

　しかし、量的な変化がある一定の「しきい値」を超えると一気に質的な変化が生じることがしばしばあります。私の個人的な印象ですが、今まさにそのような量的な変化から質的な変化に転じる動きが始まりつつあるのではないかと感じています。コンピューティングの未来は、今まで考えられなかったようなデータ量を、今まで考えられなかったような数のコンピュータが、相互に協力しながら処理していくスケーラブルコンピューティングにあるような気がしてなりません。

　そのような変化がまさに生じつつある場所(の一つ)が、本書が取り扱っ

ているGoogleではないかと思います。

　先日、TechTalkを行うためGoogle本社を訪問しました。発表後、大変活発な質疑応答も受け、エキサイティングな経験でした。Python開発者であり、現在はGoogleの社員であるGuido van Rossum氏とも親しく話すことができました。TechTalkの内容は後日ビデオ公開される予定と聞き、Googleのオープンな側面を感じましたが、その一方、写真撮影は警備スタッフから厳しく制限され、あまりオープンでない側面も目の当たりにしました。

　Googleはオープンソースソフトウェアを大量に利用し、オープンソースソフトウェア開発を支援し、また自らも数多くのオープンソースソフトウェアを公開しているのにもかかわらず、その業務の中心的テクノロジーはいくつかの論文で断片的に概要が示されるだけで、全容を把握するのは困難です。もっとも、断片的にでも概要がわかるのはGoogleのオープンな側面だと思いますが。

　本書は、そのような断片的な情報を丁寧にまとめて解説しています。本書を読むことで、Googleがスケーラブルコンピューティングを実現するためにどのような苦労と工夫を重ねてきたかが感じられます。

　Googleの内側を知ったからといってなにがうれしいのか、と感じる人もいるかもしれません。Googleはすでにそこにあるのだから、それをただ利用すればよい、というのも一つの考え方でしょう。しかし、Googleのしてきたことは、コンピューティングの未来の先取りです。さほど遠くない将来、Googleの中にいない私たちにもその未来は届くでしょう。

　未来に備える。本書の本当の目的はそこにあるような気がしてなりません。

2008年2月　Google訪問から帰国の機中にて
まつもと　ゆきひろ

※ここで紹介したTechTalkの内容は、以下で公開されています。
URL http://www.youtube.com/watch?v=oEkJvvGEtB4

はじめに

　日頃のWeb検索のために、あるいはメールや地図を見るために、Googleは毎日の生活の中でなくてはならないものとなってきました。Googleの便利なWebサービスについてはすでにあちこちで紹介されていますが、それらが「どのようにして作られているか」という話に興味を持たれる人も多いのではないでしょうか。

　Googleの内側の世界はその多くが秘密に包まれており、私たち外の人間からはうかがい知ることのできないものです。それでもなお、何万ものコンピュータをどう動かすかといった普遍的な技術については、Googleのエンジニアが発表している論文などを通じて、その一部を知ることが可能です。

　本書では、Googleから発表されている各種の技術をわかりやすく解説することで、Googleという巨大システムについての理解を広げることを目指しています。本書で紹介する技術はどれも私たちには直接触れることのできないものばかりですが、「世界最大のコンピュータ」ともいわれるGoogleのしくみを学ぶことは、ただそれだけで興味深いものです。

　本書は大きく分けて4つのパートから構成されます。第1章では、Web検索エンジンの基本的なしくみについて、1998年頃の「初代Google」を参考にしながら説明しています。第1章は、なるべく多くの人に理解してもらえるよう努めており、以降の各章の基礎となる部分ですので、ひととおり目を通していただけたらと思います。

　第2章から第4章までは、現在のGoogleを支える大規模な分散システムについて解説します。これらの章では、Googleが「多数のコンピュータをどのように扱うか」というシステム面について、そのソフトウェアのしくみや障害対策、性能といった点から解説を試みています。

　第5章ではうって変わって、「大規模システムのコスト」という側面からGoogleの取り組みについて見ていきます。Googleほどのシステムでは何に

どのようなコストが必要であり、それを削減するためにどういった工夫が行われているかを、おもにハードウェアと電力の点から解説します。

最後に第6章では、Googleにおけるシステムの開発体制について取り上げます。有名な20％ルールをはじめとして、開発者の仕事の進め方や物事の考え方を紹介し、「世界規模のWebシステムが作り出される原動力」について考えます。また、開発者が使っている開発ツールやテスト方法についても紹介します。

本書は、情報系の大学3年生程度の予備知識で読み進められることを目指しており、あまりに専門的な内容については踏み込んでいません。それでもコンピュータについての数多くの専門用語が出てきますが、それこそ「ググって」みれば何でもわかる時代です。本書は誰よりも、これから情報処理の世界に入ろうとする若い学生に読んでもらえたらと思っています。

いま、情報処理の分野は一つの変革を迎えようとしています。GoogleをはじめとしてMicrosoftやYahoo!といった大手IT企業が次々と巨大なデータセンターを建設しており、膨大な量のデータ処理がそこに集まりつつあります。そこで用いられるであろうと考えられるのが、本書で紹介するような大規模な分散情報処理のための技術です。

私たちが日常的に利用するコンピュータとはまったく異なるスケールで動作するGoogleの巨大システム。そのしくみを一つ一つ見ていったとき、筆者ははじめてOSやデータベースについて学んだときのようなわくわくする気持ちを覚えました。本書を通して、皆さんもそうした気持ちを感じていただけたなら幸いです。

2008年2月

西田　圭介

本書に寄せて iii
はじめに v

第1章 Googleの誕生 1

1.1 よりよい検索結果を得るために 3
使う人にとっての便利を第一に考える 3
　✢ *Note*　Web Search Engine論文 3
　✢ *Tip*　検索エンジンの種類 4
十分なハードウェアを用意する 5
Webページの順位付けに力を注ぐ 5
　PageRank 6
　アンカーテキスト 7
　　✢ *Tip*　アンカーテキストの効果 8
　単語(単語情報)による検索 8
ランキング関数 8
　　✢ *Column*　PageRankの現在 9

1.2 検索エンジンのしくみ 10
下準備があればこその高性能 10
検索サーバは速度が命 11
検索バックエンドは事前の努力 12
インデックスは検索の柱 13
検索に適したインデックス構造 15
データ構造をインデックスする 17

1.3 クローリング ── 世界中のWebページを収集する 19
最も壊れやすいシステム 19
　✢ *Column*　気に入ってもらえました? 20
Webページを集めるには時間が掛かる 21
多数のダウンロードを同時に進める 21
終わることのないクローリング 23

1.4
インデックス生成 ── 検索用データベースを作り上げる ... 24
Webページの構造解析 ... 24
単語情報のインデックス ... 25
  単語をwordIDに変換する ──Lexicon ... 26
  単語インデックスの生成 ──Barrels ... 26
  転置インデックスの生成 ... 28
リンク情報のインデックス ... 29
ランキング情報のインデックス ... 31
検索順位は検索するまでわからない ... 32

1.5
検索サーバ ── 求める情報を即座に見つける ... 33
検索結果に順位を付ける ... 33
複雑な検索も高速実行 ... 34
ランキングの高速化は難しい ── 3段階のランキング ... 36

1.6
まとめ ... 37

第2章 Googleの大規模化 ... 39

2.1
ネットを調べつくす巨大システム ... 41
安価な大量のPCを利用する ... 41
一つのシステムとして結び付ける ... 43
数を増やせばいいというものでもない ... 44
  ハードウェアは故障する ... 44
  分散処理は難しい ... 45
CPUとHDDを無駄なく活用する ... 46
検索エンジンを改良しよう ... 48
  検索サーバの大規模化 ... 48
  検索バックエンドの大規模化 ... 49
  インデックスの大規模化 ... 50

2.2
世界に広がる検索クラスタ ... 51
Web検索を全世界に提供する ... 51

	✤ *Note* Google Cluster論文	51
近くのデータセンターに接続する		52
	✤ *Tip* データセンターが燃える	53
多数のサーバで負荷分散する		53
一定数のページごとにインデックスを分割		54
インデックス分割方法の変更のメリット		56
多数のインデックスを一度に検索		56
新しいWeb検索の手順		58
	✤ *Tip* その他の高速化手法	59

2.3 まとめ 60

第3章 Googleの分散ストレージ 61

3.1 Google File System —— 分散ファイルシステム 63

巨大なディスク空間を実現する		63
	✤ *Note* GFS論文	64
膨大なデータの通り道となる		64
データ転送に特化された基本設計		66
ソフトウェアによる障害対策		66
大容量のファイルの読み書き		66
	✤ *Tip* 用途を絞り込むことで単純化する	67
ファイルをキューとして用いる		67
ファイル操作のためのインタフェース		67
ファイルは自動的に複製される		69
読み込みは最寄りのサーバから		70
書き込みは複数のサーバへ		71
さまざまなエラーへの対応		73
	✤ *Column* 最寄りのサーバとは	74
同時書き込みで不整合が起こる		75
レコード追加によるアトミックな書き込み		76
書き込みに失敗した場合		77
	✤ *Tip* レコード追加の問題を回避する	78
スナップショットはコピーオンライトで高速化		78
負荷が偏らないようにバランスが保たれる ——マスタの役割		79
あらゆる障害への対策を行う		80

チャンクの障害対策 80
チャンクサーバの障害対策 82
マスタの障害対策 83
読み書きともにスケールする 84
リカバリ時間 86
データ管理の基盤として働く 87

3.2
Bigtable──分散ストレージシステム 87

巨大なデータベースを構築する 88
❖ *Note* Bigtable論文 88

構造化されたデータを格納する 89
テーブルの構造 89
❖ *Tip* Bigtableにおけるデータ型 90
多次元マップ 90
テーブルの例 92

読み書きはアトミックに実行される 94
特定行に対する操作 94
❖ *Tip* 行単位のロック 95
特定行の読み込み 96

テーブルを分割して管理する 97
❖ *Tip* 検索キーのデータ量を削減する 99

多数のサーバでテーブルを分散処理 99

GFSとメモリを使ってデータ管理──タブレットサーバ 101
タブレットの割り当て 101
タブレットの構造 102
タブレットの読み書き 103
タブレットのコンパクション 104

テーブルの大きさに応じた負荷分散 106
タブレットの分割と結合 106
タブレットへのアクセス 108
❖ *Tip* Bigtableの最大容量 109

さまざまな工夫によって性能を向上 109
ローカリティグループ 109
データの圧縮 110
読み込みのキャッシュ 111
コミットログの一括処理 111

使い方次第で性能は大きく変わる 112
読み込み性能 113
書き込み性能 114

大規模なデータ管理に利用されるBigtable 115

3.3
Chubby──分散ロックサービス ... 116

- 分散ストレージはここから始まる ... 116
- 5つのコピーが作られる ... 117
  - ✣ Note　Chubby論文、Paxos Made Live論文 ... 117
- ファイルシステムとして利用する ... 119
  - ファイルへのアクセス ... 119
    - ✣ Tip　Chubbyのデータベース ... 120
  - localセルとglobalセル ... 120
  - ファイルの読み書き ... 121
    - ✣ Tip　ご利用は計画的に ... 122
- ロックサービスとして利用する ... 122
  - ファイルのロック ... 122
  - 外部リソースのロック ... 123
  - シーケンサ ... 124
  - フェイルオーバー ... 125
- イベント通知を活用する ... 126
  - イベント ... 126
  - キャッシュ ... 127
    - ✣ Column　DNSを置き換える ... 128
- マスタは投票で決められる ... 129
  - さまざまな障害 ... 129
  - コンセンサスアルゴリズム ... 131
  - マスタリース──マスタの交代 ... 133

3.4
まとめ ... 134

第4章　Googleの分散データ処理 ... 135

4.1
MapReduce──分散処理のための基盤技術 ... 137

- 大量のデータを分散して加工する ... 137
  - ✣ Note　MapReduce論文 ... 138
- キーと値でデータ処理を表現する ... 138
  - ✣ Column　MapReduceの由来 ... 140
- 転置インデックスを作ってみる ... 141
  - 入力データ ... 141
  - Mapによる処理 ... 141

- シャッフル 142
- Reduceによる処理 143
- プログラミング言語風に 144

MapReduceでできること 144
- カウンタ 145
- 分散grep 145
- 分散ソート 145
- 逆リンクリスト 146
- もっと複雑な処理 146

多数のワーカーによる共同作業 ──MapReduceの全体像 147
- ✣ *Tip* 標準の分割関数 149

3つのステップで処理が進む 149
- Map処理 149
- シャッフル 150
- Reduce処理 152
- ✣ *Tip* Reduceとイテレータ 153

高速化には工夫が必要 153
- システム構成 153
- 分散パラメータ 153
- ローカリティ 154
- Work Queue 154
- ✣ *Tip* Work Queueの設計 155
- バックアップタスク 155

実行過程には波がある ──MapReduceの過程 156

壊れたときにはやり直せばいい ──MapReduceにおける故障対策 158
- マスタの障害対策 158
- ワーカーの障害対策 158
- MapやReduceの障害対策 159

驚きの読み込み性能 ──MapReduceの性能面 159
- 分散grepの性能 159
- 分散ソートの性能 161
- ✣ *Column* BigtableとMapReduce 162

4.2
Sawzall ──手軽に分散処理するための専用言語 164

分散処理をもっと手軽に 164
- ✣ *Note* Sawzall論文 165

スクリプト言語のようなプログラム 165
- プログラム例 166
- ✣ *Tip* Sawzallの言語仕様 167
- 実行例 ──sawコマンド、dumpコマンド 167

副作用をもたらすことのない言語仕様 ──Sawzallの文法 168

　　　　データ型 168
　　　　プロトコルバッファ 169
　　　　式と文 170
　　　　フィルタの中に閉じた世界 171
　　　　　❖ Tip　プロトコルバッファによるデータ構造の統一 172
　　標準で用意されるアグリゲータ 172
　　　　その他のアグリゲータ 174
　　より実際的なプログラム例 174
　　　　例1　平均値と分散を求める 174
　　　　例2　PageRankの高いWebページを見つける 174
　　　　　❖ Tip　最もPageRankの高いページ 176
　　　　例3　地域ごとのアクセス数を計測する 176
　　　　例4　実行結果の連結 178
　　エラーは無視することも可能 179
　　内部的にキーが生成されている──Sawzallはどのように実現されているのか 179
　　スムーズにスケールする実行性能 181
　　　　❖ Column　BigtableとSawzall 182

4.3 まとめ 183

　　　　❖ Column　大規模分散システムを試してみる 184

第5章 Googleの運用コスト 185

5.1 何にいくら必要なのか 187

　　少なからぬハードウェア費用 187
　　　　❖ Tip　通信コストはいかに 189
　　安価なハードウェアによるコスト削減 189
　　電気代はハードウェアほどには高くない 191
　　間接的に上乗せされる電力の設備コスト 192
　　　　❖ Tip　消費電力が多過ぎて 193
　　増加傾向にある電力コスト 193

5.2 CPUは何に電気を使うのか 195

　　電力と性能の関係とは 195
　　CMOS回路の消費電力 196
　　消費電力を抑えるためにできること 198

xiii

| スイッチの頻度を低くする..198
| 静電容量を小さくする..198
| 電圧とクロックを下げる..198
| クロック単位の処理効率を上げる..199
| パイプライン..200
| IPCとクロック周波数の関係..201
| スーパースカラー..201
| 最大性能から電力性能比の時代へ..203
| マルチコアによる性能向上..204

5.3 PCの消費電力を削減する 205

| 高クロックのCPUでは電力効率が悪い 205
| ✣ Tip メモリの利用効率..207
| マルチスレッドを生かして電力効率を上げる 207
| 電源の効率を向上させる..208
| ✣ Tip すべてのPCに効率的な電源を......................................211

5.4 データセンターの電力配備 211

| ピーク電力はコストに直結する...211
| ✣ Note Power Provisioning論文 213
| 決まった電力で多くのマシンを動かしたい 213
| 電力配分を階層的に設計する...214
| 電力枠を使い切るのは難しい...215
| マシンが増えれば電力も平準化される...................................216
| 電力消費の傾向..217
| パワーキャッピング..219
| 平均消費電力..220
| 省電力技術によりコスト効率が高まる...................................220
| ✣ Column 消費電力の計測方法...221
| 工夫次第で設備効率は二倍にもなる.......................................222

5.5 ハードディスクはいつ壊れるか..224

| 10万台のハードディスクを調査する.......................................224
| ✣ Note Disk Failure論文...225
| 故障の前兆となる要因は何か...225
| ✣ Tip 不適切なデータの除去...226
| 長く使うと壊れやすくなるわけではない..............................226

よく使うと壊れやすくなるとも限らない 227
温度が高いほど壊れやすいということもない 228
いくつかのSMART値は故障率に大きく影響する 230
  スキャンエラー 230
  リアロケーション数 231
  オフラインリアロケーション 232
  リアロケーション前のセクタ数 233
故障率に影響しないSMART値も多い 233
  パワーサイクル 234
  振動 234
SMART値だけではいつ故障するかはわからない 234
  ✣ Column 統計データの処理方法 235
ハードディスクと正しく向き合う 236

5.6 全米に広がる巨大データセンター 237

オレゴン州ダレス 237
ノースカロライナ州レノア 239
サウスカロライナ州バークレー郡 240
オクラホマ州プライア 240
アイオワ州カウンシルブラフス 241
次世代Googleのスケール感 241
データセンターに処理を集約させる──Bigdaddy 242
  クロールキャッシングプロキシ 243
  URLの正規化 244
  二種類のデータセンター 245

5.7 まとめ 246

  ✣ Column クリーンエネルギーへの取り組み 246

第6章 Googleの開発体制 247

6.1 自主性が重視されたソフトウェア開発 249

選ばれたプロジェクトだけが生き残る 249
  ✣ Note ❶Software Engineer in Google、❷Googleにおける開発組織
  マネジメント、❸[スペシャルインタビュー]Googleの開発現場 249
少人数からなるプロジェクトチーム 250

　　　　✤ *Tip*　インターンも仕事の戦力 251
コードレビューにより品質を高める 251
早い段階から性能について考えられる 252
新しいWebサービスが始まるまで 252
　　アイデアを出す 253
　　基本設計を文書にする 253
　　デモを作って意見を集める 254
　　Google Labs、そしてBetaへ 254
情報は徹底して共有する 255
　　メーリングリストやブログ 255
　　ドキュメントやデータベース 255
　　TechTalk 255
　　TGIF 255
　　レジュメとスニペット 256
　　　　✤ *Column*　さまざまなTechTalk 257
　　四半期報 258

6.2
既存ソフトウェアも独自にカスタマイズ 258
オペレーティングシステム 258
プログラミング言語 259
データベース 259
SCM（ソースコード構成管理） 260
レビューシステム 261

6.3
テストは可能な限り自動化する 262
プロジェクト横断的なチーム 262
自動テストを想定した設計を行う 263
基盤システムをテストする──Bigtableの例 264
　　　　✤ *Column*　Testing on the Toilet 265

6.4
まとめ 266

索引 267

第1章
Googleの誕生

- *1.1* よりよい検索結果を得るために　p.3
- *1.2* 検索エンジンのしくみ　p.10
- *1.3* クローリング ── 世界中のWebページを収集する　p.19
- *1.4* インデックス生成 ── 検索用データベースを作り上げる　p.24
- *1.5* 検索サーバ ── 求める情報を即座に見つける　p.33
- *1.6* まとめ　p.37

第1章　Googleの誕生

　1998年、米国Stanford Universityの若き二人の学生により、新しいWeb検索エンジン「Google」が作られました。当時の一般的な検索エンジンでは、「いかに多くのWebページを検索できるか」「いかに高速に検索結果を返すか」といったことに力が注がれていたのに対して、Googleでは「いかに役立つ情報を見つけられるか」を重視したことにより、たちまち人気を集めるようになります。

　Googleはどのようにして「役立つ情報」を見つけられるようになったのでしょうか？　どのページがほかのページよりも役立つということをどうやって判断すればよいものでしょう？　そもそも検索エンジンとは、どのような技術とシステムによって作られているものなのでしょうか？

　本章では、Web検索エンジンがいかにして実現されているのかを、初期のGoogleの設計と実装を通して説明します。

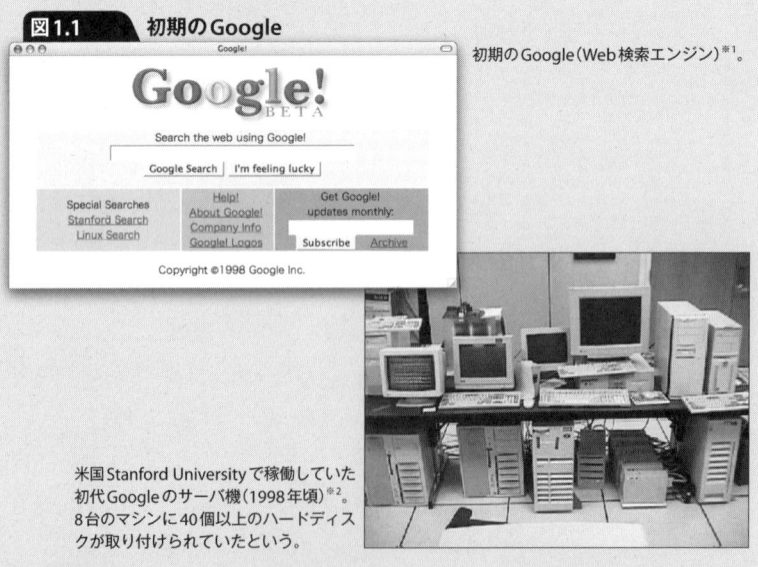

図1.1　初期のGoogle

初期のGoogle（Web検索エンジン）[1]。

米国Stanford Universityで稼働していた初代Googleのサーバ機（1998年頃）[2]。8台のマシンに40個以上のハードディスクが取り付けられていたという。

[1] URL http://web.archive.org/web/19981202230410/http://www.google.com/ より。
[2] 「Challenges in Running a Commercial Web Search Engine」より。
URL http://www.research.ibm.com/haifa/Workshops/searchandcollaboration2004/papers/haifa.pdf

1.1 よりよい検索結果を得るために

Googleが当初から力を入れたのは「役に立つ検索結果を上位に表示する」という、その一点でした。それを実現するため、Googleはそれまでにはなかった新しい技術の開発に取り組み始めます。

■ 使う人にとっての便利を第一に考える

Googleがはじめて公に姿を現したのは1998年のことです。Google創業者であるSergey Brin氏とLawrence Page氏による論文「The Anatomy of a Large-Scale Hypertextual Web Search Engine」(下記Noteを参照)により、新しいWeb検索エンジンの設計とその成果が世に伝えられました。

Googleが開発された第一の目的は、それまでのWeb検索エンジンよりももっと「役に立つ検索結果を得る」ことでした。当時の検索エンジンは、どれだけ早く多くのWebページを見つけるかということには力を注いでいましたが、検索結果を表示する順番については満足から程遠いものでした。たとえば「Google」と検索したとき、Googleのホームページが最初に表示されるのは今でこそ当たり前のことですが、当時の検索エンジンではほとんど役に立たないページばかりが上位を占めることも珍しくありませんでした。

これを改善するため、Googleは検索結果の**ランキング**(*Ranking*)に力を注ぎます。つまり、どのWebページが役に立つかを機械的に点数で表し、高い点数のページを検索結果の上位に持ってくるようさまざまな方法を開発

Note

本章は次の論文について説明しています(以下、**Web Search Engine**論文)。
- 「The Anatomy of a Large-Scale Hypertextual Web Search Engine」(Sergey Brin／Lawrence Page著、Computer Networks、Vol.30(1998)、p.107-117)
  URL http://infolab.stanford.edu/~backrub/google.html

第1章 Googleの誕生

表1.1　上場までの歩み※

時期	出来事
1996年1月頃	Googleの原型となるBackRubが開発される
1998年9月7日	Google, Inc.創業。毎日の検索件数1万以上
1999年9月21日	GoogleからBETAの文字がとれる。毎日の検索件数300万以上
2000年6月26日	Yahoo!と提携。毎日の検索件数1800万以上
2001年8月頃	Googleの日本法人が設立される
2002年5月1日	America Online (AOL) と提携
2004年8月19日	NASDAQに株式公開

※ URL http://www.google.com/corporate/history.html より。

したわけです。

　優れたランキングを実現するには多くの計算が必要であり、そして多くのコンピュータが必要とされます。Googleは徹底して利用者にとって役に立つ検索結果を得られるよう改善を重ね、それに伴いシステムの規模も拡大を続けてきました。検索結果とともに表示される広告の売り上げを収益源に2004年には株式上場を果たし、その勢いは現在もとどまるところを知りません。

　Googleの公開論文を読み解いていくと、Googleがいかにして今のような世界規模の検索エンジンを作り上げてきたかという様子を垣間見ることができます。本章ではまず前述の論文を参考に、1998年当時の「初代Google」について見ていくことにします。それは現在のGoogleから比べるとごく小さなシステムに過ぎませんが、そこには検索エンジンの基本となる考え方が凝縮されています。

Tip
検索エンジンの種類

　検索エンジンには大きく分けて二つの種類があります。一つは「ディレクトリ型」と呼ばれ、利用者はあらかじめ用意された分類の中から目的のページを探します。もう一つは「ロボット型」と呼ばれ、コンピュータが自動的に集めたWebページの中から、利用者は好きな言葉を入れて検索します。

　かつてはディレクトリ型の検索エンジンも広く使われていましたが、最近は自由に言葉を選べるロボット型の検索エンジンを使うことが一般的になりました。本書でも「検索エンジン」といえば、ロボット型の検索エンジンのことを意味しています。

十分なハードウェアを用意する

まず最初に、当時のGoogleがどのような問題に立ち向かったのか明らかにしておきましょう。

初代Googleがターゲットとしたのは、世界中の2400万のWebページから検索を行うことです。これはどれくらいのデータかというと、画像などを除いたテキストデータだけで147GB（*Gigabyte*）。当時の一般的なPCのハードディスク容量が4〜8GB程度だったことを考えると、これはかなりの大きさです。

Googleの目的は、この大量のテキストデータの中から目的の情報を瞬時に見つけ出し、なおかつそれを利用者にとって役に立つであろう順番に並べ替えるための、よりよい方法を実現することです。

このためにGoogleは、数台のPCと何十ものハードディスクを用意しています[注1]。最も初期のものでさえ、Web検索エンジンというものは1台のコンピュータではまかないきれない大量のデータを扱う必要のあるシステムなのです。

初代Googleが目指したのは、単に早く検索できればいいというものではありません。利用者にとって、より「役に立つ」Webページを見つけなければなりません。ここで重要となるのが、検索結果をどのようにランキングするかというしくみです。

Webページの順位付けに力を注ぐ

多種多様なWebページのどれが役に立つのかを判定し、Webページに順位を付けることを「ランキング」といいます。新しいランキングの方法を実現することこそ初代Googleが掲げた最大のテーマであり、Googleが広く人気を集めるようになった大きな要因の一つです。

初代Googleでは、ランキングのために「PageRank」「アンカーテキスト」

注1　URL http://en.wikipedia.org/wiki/Google_platform#Original_hardware

「単語」という3つの情報を用います[注2]。

PageRank

まずは有名なPageRank(ページランク)です。PageRankとは、「役に立つページはあちこちからリンクされているはずだ」という考え方に基づいて計算されたWebページの点数で、評価の高いページほど高い点数になるよう工夫されています。

PageRankの概念をごく簡単に説明すると次のようになります(図1.2)。

- 各Webページは自分の点数を持つ
- 他のページにリンクすると、自分の点数を分配する
- 自分の点数は、他のページからもらった点数の合計で決まる

これが何を意味するかというと、基本的にはリンクされればされるほど点数は高くなります。ただし、点数を上げる目的でやみくもにリンクを増やしても駄目で、ちゃんとそれ相応に評価されたページからのリンクでなければ重視しませんよ、ということです。

世の中には、自分で自分のページに大量のリンクを張るなどして、不当に評価を上げようとするWebページがあり、そうした行為やそうしたWeb

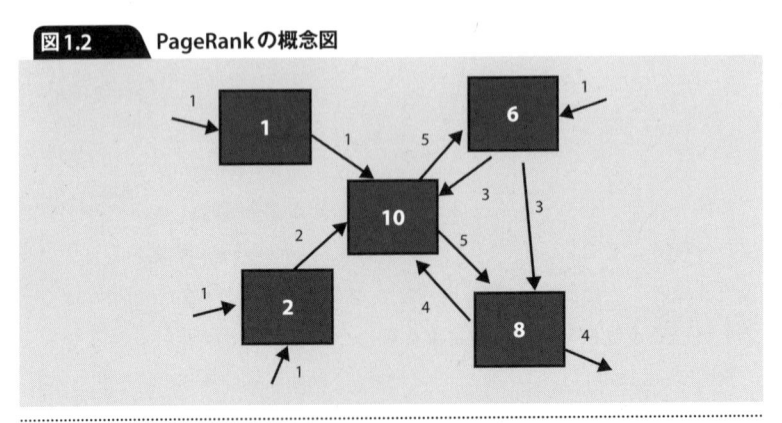

図1.2　PageRankの概念図

[注2] これらはあくまで1998年当時のGoogleにおけるランキング方法です。現在のGoogleは100以上の方法によってランキングを行っているといわれており、現在も絶え間なく改良が続けられています。

ページを「検索エンジンスパム」(*Search Engine Spam*)と呼びます。PageRankの導入により、人気のあるページには自然と高い点数が付く一方で、検索エンジンスパムの効果はずっと小さくなり、これによって高い信頼性でWebページを評価できるようになりました。

　PageRankは、利用者が検索をする前に決定される、Webページ固有の点数です。そのためPageRankの高いWebページは、どのような検索が行われた場合にでも高いランキングを得やすくなります。Googleではこうして、Webページ自体の価値を検索結果の順位に反映させているわけです。

アンカーテキスト

　Webページにリンクするとき、そのリンクに付けられた文字列のことをアンカーテキスト(*Anchor Text*)といいます。たとえば「グーグルは便利だね」といったリンクがあるとき、"グーグル"という文字列がアンカーテキストになります。Googleでは、このアンカーテキストもランキングに利用しています。なぜなら、"グーグル"という名前であちこちからリンクされているならば、それは"グーグル"に関するWebページと考えて間違いないであろうからです。

　数多くのページから"グーグル"という名前でリンクされているという事実は、自分で「ここはグーグルのページです！」と名乗っていることよりも信頼性の高い情報であると考えられます。そのため、Googleではアンカーテキストを重視したランキングを行います。

　PageRankと違って、アンカーテキストはWebページを文字列と関連付けます。PageRankは何を検索しようとも変わりませんが、アンカーテキストは利用者がそれを検索しようとしたときにだけ意味を持ちます。

＊　＊　＊

　ランキングとはこのように、Webページの普遍的な価値と、検索された言葉との関連性といった、複合的な評価を組み合わせて決定されるものなのです。

Tip
アンカーテキストの効果

興味深い事実として、Googleで"いいえ"と検索するとYahoo! JAPANのホームページが上位に現れます(2008年2月時点)。これこそまさにアンカーテキストの影響ではないかと考えられます。

単語(単語情報)による検索

最後に、GoogleはWebページに含まれるすべての**単語**を記録し、それをランキングに反映させています。これはとくに複数の単語で検索を行うときに大きな意味を持ちます。

たとえばGoogleで"東京　大学"と検索したときと"大学　東京"と検索したときとでは結果が異なります。GoogleはWebページ内での単語の並びをすべて記録しており、前者では"東京大学"と書かれたページが、後者では"大学東京"と書かれたページが優先されます。単純に"東京"と"大学"の両方を含むだけのページは相対的に優先度が下がります。

また、それぞれの単語自体の大きさや属性もランキングに影響します。たとえば"グーグル"という言葉がタイトルに含まれるならば、それがページの片隅に小さく書いてあるよりも重要であると判断されます。

こうした情報は、アンカーテキストなどと比べると検索結果への影響は限られますが、それでもほかの情報からではランキングが定まらないような場合には、こうした単語レベルの情報が順位に影響してきます。

ランキング関数

初代Googleも、このようにさまざまな情報を組み合わせてランキングを行っていたことがわかります。

こうした数々の情報を組み合わせて、最終的に検索結果に順位を付けるものを**ランキング関数**(*Ranking Function*)といいます。たとえば、検索語がアンカーテキストと一致すれば10点、タイトルとの一致ならば5点、PageRankが高ければ点数を3倍、といった具合に計算式を作り、最終的に

点数の高い順に結果が表示されるというわけです。

　Googleはランキング関数の詳細については公表していません。ランキング関数こそが「利用者にとって役立つページ」を判定する基準であり、それには最終的な答えはないため、終わることのない改良が続けられていくものだと考えられます。

　そのため、本書ではランキング関数の詳細については触れません。いずれにせよ、Googleはこうしたランキング関数を持っているという前提で、それがシステム全体の中でどのように用いられるかについて説明します。

＊　＊　＊

　それでは、こうしたランキングを実現する検索エンジンのしくみを見ていくことにしましょう。

Columun

PageRankの現在

　1998年当時は斬新なアイデアだったPageRankですが、時とともにその位置づけも変化しています。さまざまなWebページが複雑に結び付いた現在のWebの世界では、単純にどのページがどこにリンクしている、ということだけをもってWebページの価値を定めることは困難です。

　PageRankは、Webページの大まかな人気を計る指標として現在でも使われていますが、その計算方法は初期の頃とは変わってきていると考えられます。Googleは何度かPageRankのアルゴリズムを変更しており、より実態に即した値となるよう今でも改良が続けられています。

　また、検索結果のランキングに与える影響という意味では、PageRankはすでに数ある指標のほんの一つでしかなく、その重要性は初期の頃と比べてずっと小さくなっているといわれています。そのため、本書ではPageRankについての詳しい説明は行いません。

　優れたランキング技術の開発は、変化との戦いでもあります。Webの世界は技術の発展とともに次々と変わっていきますし、不当にランキングを上げようとする検索エンジンスパムも一向になくなりません。こうした変化が続く限り、検索エンジンの開発が終わることもありません。

1.2 検索エンジンのしくみ

Googleはランキングを重視した検索エンジンですが、それでも1回の検索に何十秒も掛かるようでは使いものになりません。検索エンジンでは、利用者からの検索リクエストになるべく早く答えられるように数々の工夫が行われます。

下準備があればこその高性能

検索エンジン（*Search Engine*）は大きく分けて3つの要素からなります（図1.3）。まず、利用者からのリクエストに応えて検索を行うコンピュータがあり、本書ではこれを「検索サーバ」と呼びます。次に、インターネットから情報を集めて整理するコンピュータがあり、本書ではこれを「検索バックエンド」と呼ぶことにします。最後に、それら二つの間で利用されるデータベースとなる「インデックス」（*Index*）があります。

検索サーバの役割は、利用者の求める情報を「なるべく早く見つけ出す」ことです。仮に、数秒でも掛かってしまうと利用者は「遅い」と感じます。検索サーバは、できるかぎり高速に動作するよう設計されるのが基本です。

図1.3　検索エンジンの基本構造

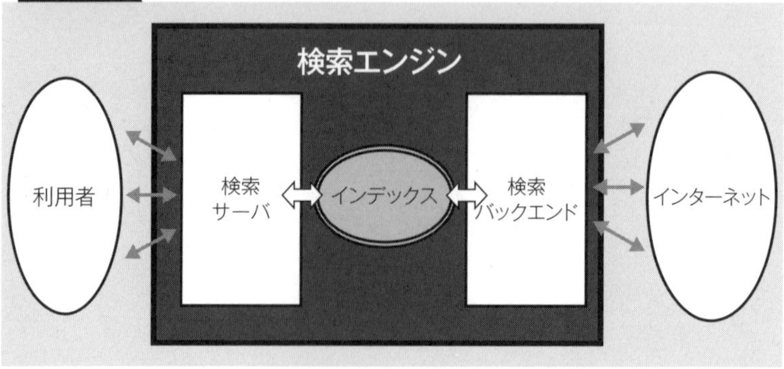

利用者 ⇔ 検索エンジン（検索サーバ ⇔ インデックス ⇔ 検索バックエンド）⇔ インターネット

一方、検索バックエンドの役割は、こちらはある程度の時間が掛かってもかまわないので、とにかく「優れたインデックスを作り上げる」ことにあります。検索バックエンドは検索やランキングのために必要な情報を分析し、検索サーバにとって利用しやすいよう加工してインデックスとして保存します。

ここで作られるインデックスのイメージとしては、利用者からこれからリクエストされるであろうあらゆる検索の結果が、できるだけ事前に計算されて入っているものだと考えられます。利用者が、たとえば「学校」という言葉を検索するとき、Googleのデータベースにはすでに「学校」と検索されたときの結果が入っているというわけです（図1.4）。

後から検索するときのことを考えて、「前もって必要な準備を整えておく」というのがここでのポイントです。検索実行時の性能を最大化するためのデータ構造を第一に考え、検索バックエンドはそれを作り出すために最大限の努力をする。そうすることで、検索サーバは一瞬で結果を返すことができるのです。

検索サーバは速度が命

「検索サーバ」について、もう少し具体的に見てみましょう。検索サーバ

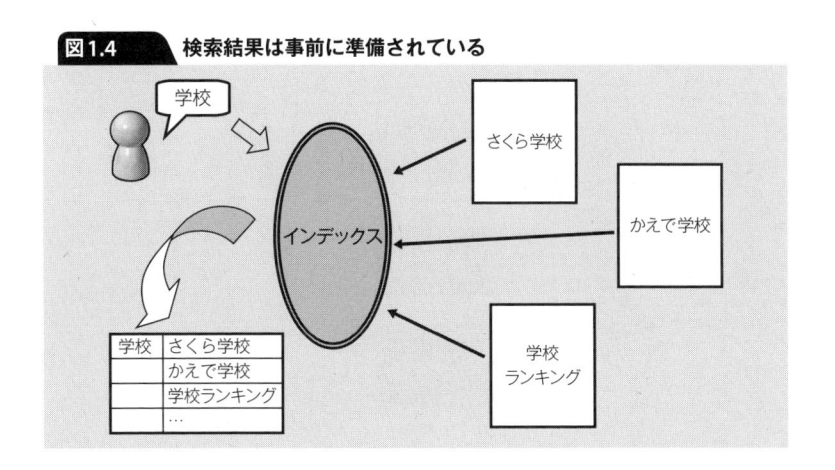

図1.4 検索結果は事前に準備されている

の基本的な仕事は、通常のWebサーバと大きく変わりません。おもな役割は次のとおりです（図1.5）。

- 利用者との通信を管理する
- 利用者からのリクエストを解析し、行うべき処理を判断する
- インデックスから必要な情報を探し出す
- 結果を見やすくレイアウトし、利用者に送り出す

インデックスの扱いが少し複雑になりますが、それほど入り組んだ構造をしているわけでもありません。なぜなら、検索エンジンの難しい部分はインデックスを作り上げるところにあり、検索サーバの仕事はそれを取り出して利用者に渡すことだからです。

むしろ検索サーバに求められるのは、そのスピードです。初代Googleではまだ1台の検索サーバしか立ち上げてなかったようですが、これは必要に応じて複数のマシンに分散させ、その応答性を高めます。

検索バックエンドは事前の努力

「検索バックエンド」の役割は、検索サーバと比べるとずっと複雑です（図1.6）。まず、検索バックエンドは大きく分けて「クローリング」と「インデッ

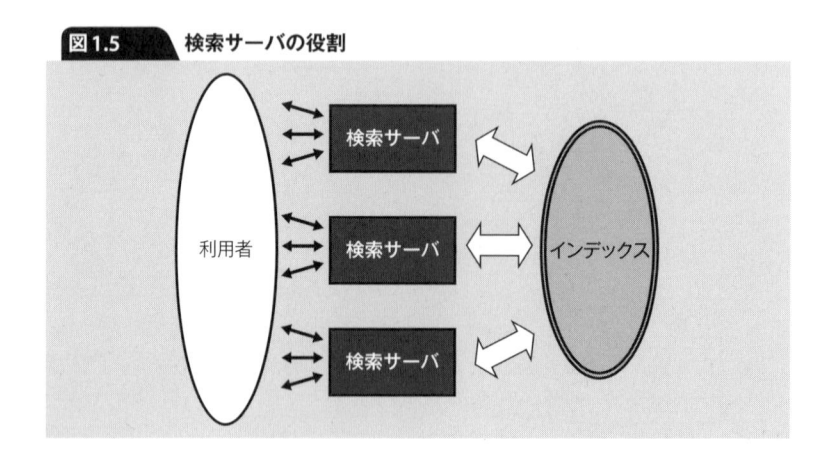

図1.5　検索サーバの役割

クス生成」の2つに分けられます。

クローリング(*Crawling*)とは、インターネット上のあらゆるWebページを集めてくる処理です。これには多くの時間が必要となるため、「クローラ」(*Crawler*)と呼ばれる複数のマシンが分担して作業を進めます。クローラが集めたWebページは一時的に「リポジトリ」(*Repository*)と呼ばれる領域に保管されます。

インデックス生成(*Index Creation*)は、リポジトリからWebページを取り出して、検索用のインデックスを作り上げる処理です。これはさらに、Webページの「構造解析」「単語処理」「リンク処理」「ランキング」といったさまざまな過程に分けられます。

それぞれの過程については後ほど詳しく説明しますが、検索エンジンとはこうしてインデックスを作り上げるまでの流れが大きな部分を占めており、そうした事前の努力によって高速な検索が実現されているということをイメージしていただけるのではないかと思います。

インデックスは検索の柱

最後に、検索サーバと検索バックエンドとを結び付ける存在が「インデッ

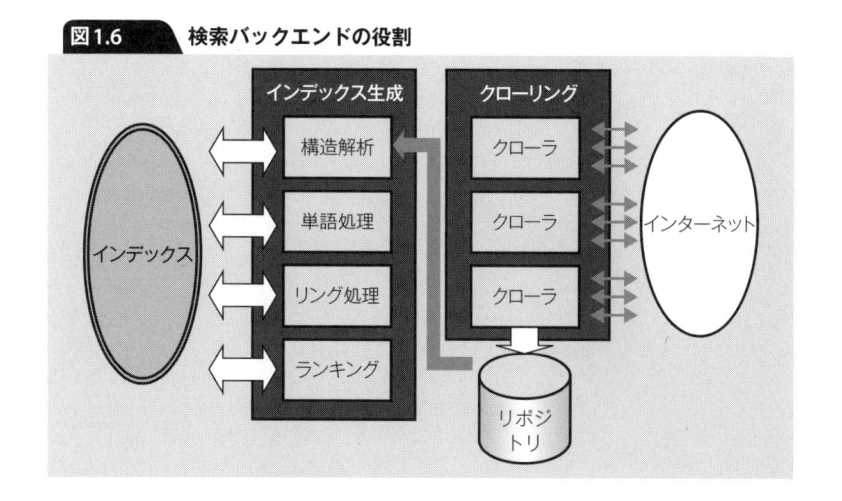

図1.6　検索バックエンドの役割

第1章 Googleの誕生

クス」です（図1.7）。

　インデックスの役割は、与えられたデータを安全に格納し、そして求められたデータを高速に見つけ出すことです。インデックスはちょうど検索エンジンにおけるデータベースのような存在です。インデックスには目的に応じてさまざまな情報が書き込まれており、それを効率的に取り出せるようになっています。とりわけWebページに含まれる単語の情報は検索のときに頻繁に利用されるので、細かく分割されてアクセスが集中し過ぎないようになっています。

　インデックスは検索エンジンの中核ともいえる重要な部分なので、少し詳しく見ておきましょう。

　一般的に、ソフトウェアの設計においてデータ構造をどうするかというのは、同時にデータの処理方法（アルゴリズム）を決めることでもあり、ひいてはシステム全体の性能を左右する重要な要素の一つです。インデックスは検索エンジンにおける「データ構造」であり、これを理解することは検索エンジンを理解する上で避けては通れません。

　インデックスとは、データベースの基本となる機能の一つで、その本質的な役割は「与えられた検索キーに対応する値を返すこと」です。たとえば、図1.8のような表（テーブル）を考えましょう。

　ここでキーを1つ与えられたとき、同じ行にある値をどれだけ早く取り出せるか。それがインデックスの性能を決めることになり、そのために最

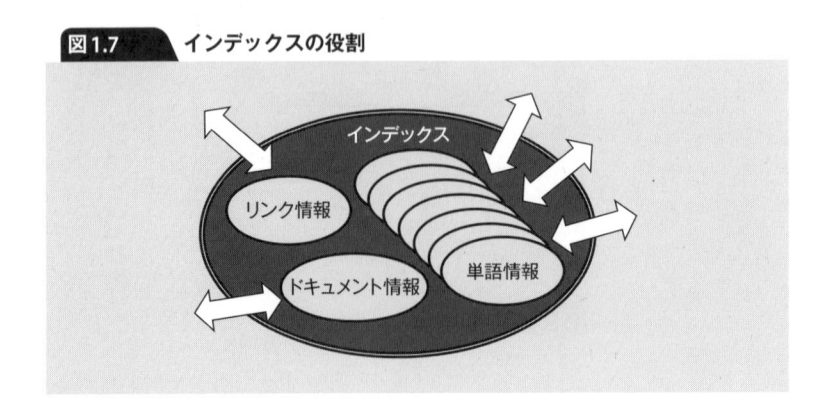

図1.7　インデックスの役割

大限の工夫を行うことになります。一見簡単そうに思えることですが、Googleのインデックスには億単位のキーが格納されることを考えると、それほど単純なことではありません。

　データベースというと、SQLを使って検索をするリレーショナルデータベース（*Relational Database*、以下*RDB*）[注3]をイメージする人も多いと思いますが、検索エンジンのように高い性能が求められる環境では、もっと原始的で、しかし限界まで効率化されたシステムが必要となります。

検索に適したインデックス構造

　インデックスの構造を具体的に見ていきましょう。ここでは例として、図1.9❶の情報について考えてみます。単純に考えるならば、図1.9❷のようなインデックスがあればいいかもしれません。

　しかし、ここには問題があります。このようにデータをずらずらと並べてしまうと、インデックスがあまりにも大きくなってしまうのです。

　インデックスは、できるかぎり小さくしなければいけません。より正確

図1.8　テーブルの例

キー	値		
キー1	値1	値2	値3…
キー2	値1	値2	値3…
キー3	値1	値2	値3…

図1.9　サンプルの情報とインデックスの例❶

❶
検索語	学校
タイトル	さくら学校
URL	http://sakura/

❷
キー	値1	値2
学校	さくら学校	http://sakura/

注3　商用製品であればOracleやIBM DB2、オープンソースであればMySQLやPostgreSQLなどが有名です。

にいうと、「検索のために必要なディスクアクセスは最小限」に抑えなければなりません。

すべてのデータがメモリに収まらないような大規模なシステムでは、頻繁にハードディスクへのアクセスが発生します。メモリ内でのデータ処理と比べると、ディスクの読み書きは遙かに長い時間がかかってしまうため、それはできるかぎり少なくしなければなりません。

ではどうすれば効率がよくなるのでしょう。図1.10のインデックスを考えてみてください。

先ほどは文字列であったところが、すべて数値に置き換えられています。検索するときには次のようなステップを踏みます。

- 「学校」をキーにして「101」という値を得る
- 「101」をキーにして「11」と「21」という値を得る
- 「11」をキーにして「さくら学校」を得る
- 「21」をキーにして「http://sakura/」を得る

ずいぶんと複雑になりました。これで本当に効率がよくなるのでしょうか？　ここで注目したいのは、最後にある❸のインデックスです。

コンピュータ上では、数値は文字列よりもずっと小さなメモリで表現できます。図1.10のようなデータが数億個あることを考えると、この変換によるデータ量の削減は多大なものになります。

意味的には同じ内容を表すとしても、前者のように文字列をそのまま使ったものに比べて、後者のように数値だけで表現したインデックスのほうが、検索のときに必要となるデータ量を小さくできます。これによって検索時のディスクアクセスは最小限に抑えられ、数値に変換する手間を差し

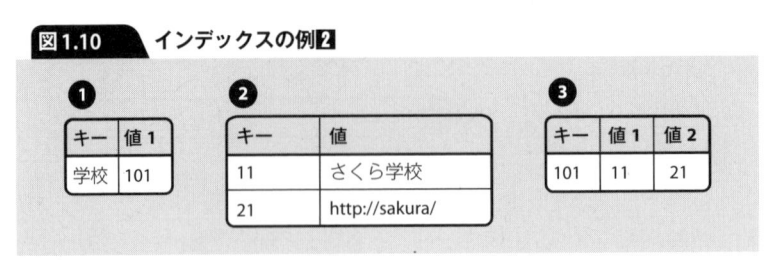

図1.10　インデックスの例2

❶

キー	値1
学校	101

❷

キー	値
11	さくら学校
21	http://sakura/

❸

キー	値1	値2
101	11	21

引いても、結果としてより高速な検索が可能となるのです。

　加えて、コンピュータは長い文字列を扱うよりも「単純な数値」を扱うほうがさまざまな処理を効率的に行えます。そのため、最初にすべての文字列を数値に変換してしまい、複雑なことはすべて数値として処理するほうが結果的に高速になるというわけです。

　このように元の情報を加工してコンピュータが検索しやすいデータを作ることを「インデックスを生成する」といいます。また、結果として作られたデータ構造を本書ではひとまとめに「インデックス」と呼んでいます[注4]。

　インデックスに関する研究の歴史は長く、すでに効率的な処理方法が確立しています。既存のRDBでも、内部で自動的にインデックスを作ることで処理を効率化しています。Googleでは、インデックスの生成をデータベースに任せるのではなく、最初から最後まで直接インデックスを操作することで最大限に処理を効率化しているというわけです。

データ構造をインデックスする

　インデックスについて、もう少し見ておきましょう。ここでは図1.11の情報を考えます。

　先ほどの図1.9❶よりも複雑になりましたが、ありがちなデータです。本

図1.11　サンプルの情報

ページ番号	1	
リンク1	テキスト	ようこそさくら学校へ
	リンク先	http://sakura/welcome.html
リンク2	テキスト	学生について
	リンク先	http://sakura/student.html
…	…	…

注4　一言にインデックスといっても、実際にはハッシュテーブルや二分探索木などさまざまなデータ構造があります。本書ではこららの区別は重要ではありませんので、検索のために工夫されたデータ構造をまとめて「インデックス」と呼びます。

書ではこれを図1.12のようなインデックスにより表現します。

「1」という1つのキーに対応して、いくつもの値が連なるようになりました。「1」をキーとして、値1を縦に見ると「11」と「12」が得られます。「1」をキーとして、さらに「12」を探して横に見ると「22」が得られます。

さらに一般化して、図1.13のような多段階構造を表現することも可能です。

実際、図1.13のようなデータ構造が初代Googleのインデックスの内部表現になります。最初に何かをキーとして、そこからさらに複雑なデータ構造を値として結び付けます。これにより、特定のWebページに関連したさまざまな情報や、あるいは特定の単語を含むWebページのリスト、といった複雑な情報を表現していくわけです。

同じ情報をRDBで表現すると、キーを重複させて何度もデータを繰り返

図1.12　インデックスの例3

❶

キー	値1
11	ようこそさくら学校へ
12	学生について

❷

キー	値1
21	http://sakura/welcome.html
22	http://sakura/student.html

❸

キー	値1	値2
1	11	21
	12	22
	…	…

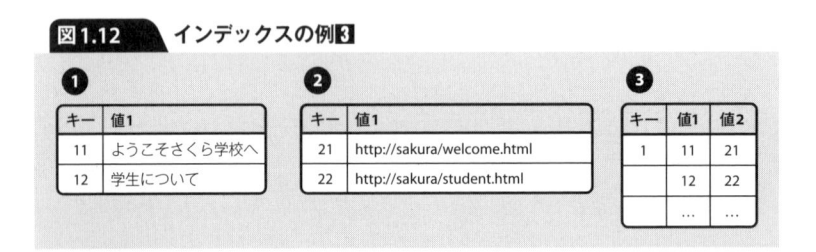

図1.13　多段構造のインデックス

キー	値1	値2	値3
1	11	111	211
		112	212
	12	121	221
		122	222
		…	
2	13	131	231
		132	232
	14	141	241
		142	242
		…	

すことになり、無駄が多くなってしまいます。Googleでは特定のキーに結びつける情報にも構造を持たせることにより、インデックスによる効率的な検索とコンパクトなデータ表現とを両立しているのです。

簡単ながら、インデックスとはどのようなものなのかイメージできたでしょうか？ それでは、初代Googleが具体的にどのようなインデックスを用いてWeb検索を実現していたのか、順を追って見ていくことにしましょう。まずはクローラのしくみからスタートし、実際に検索が行えるようになるまでの過程をたどっていきます。

1.3 クローリング ── 世界中のWebページを収集する

検索エンジンの仕事はクローリングから始まります。クローリングとは、世界中のWebサーバからあらゆるWebページを集めてくる作業です。言葉にすると簡単ですが、実現するには数々の問題について考える必要があります。

最も壊れやすいシステム

クローラは検索エンジンの中でも、最もトラブルに遭いやすいシステムです。なんといっても、大小様々な無数のWebサーバと通信し、多種多様なWebページが相手です。そこでは何が起こっても不思議ではありません。

目的のWebサーバにつながらないことは日常茶飯事です。サーバが一時的にダウンしているのか、あるいはそもそも存在しないサーバなのか。もしも一時的につながらないだけなら、後からもう一度やり直すよう手配しなければなりません。

クローラは大量のWebページを集めますが、特定のWebサイトにアクセスを集中させてもいけません。短時間に大量のWebページを要求し過ぎると、そのWebサイトからアクセス禁止にされてしまうかもしれません。特

定のサイトに負荷を集中させることなく幅広くWebページを集められるよう、どのサイトをどういう順に回るかスケジュールを立てて、計画的に動かなければなりません。

すべてのWebサーバが「お行儀の良い」サーバとも限りません。もしも悪意のあるサーバが大量の無意味なデータを返してきたり、あるいはいつまで経ってもデータを送ってこないような場合には、通信を打ち切って次に進まなければいけません。

Web Search Engine論文（p.3の**Note**を参照）の4.3「Crawling the Web」では次のような例も紹介されています。クローラがとあるゲームサイトにアクセスしたところ、クローラ自身がそのゲームを始めてしまい、次から次へと新しいページを受け取り続けたそうです。この問題はすぐに修正されましたが、気づいたときにはすでに数千万ページを受信してしまった後だったとか。

このように、クローラは想像もしなかった原因で誤動作したり、望まない振る舞いをすることがしばしばあり、その都度修正を続けなければなりません。

Columun

気に入ってもらえました？

同じWeb Search Engine論文の4.3「Crawling the Web」には、ほかにもおもしろいエピソードが紹介されています。今でこそクローラの存在は広く知られるようになりましたが、Googleがクローラを動かし始めた頃にはまだクロールされる側も準備ができていなかったようです。

あるときは、Googleからの大量のアクセスに気づいたWebサイトの管理者から「やあ、うちのサイトをよく見に来てくれてるね。気に入ってもらえたかな？」というメールが届いたり、あるいは逆にGoogleには来てほしくないと思っている人が、Webページに「このページを検索エンジンに登録しないでください」と書いてあったり。

さすがのクローラも、それを読んで「ああ、このページを登録するのはやめよう」とわかるほどに賢くはなかったようです。

Webページを集めるには時間が掛かる

　クローラの性能面についても考えておきましょう。先にも触れたとおり、初代Googleでは全部で2400万のWebページを登録していました。それだけのページをクロールするには、どのようなシステムが必要になるでしょうか。

　仮に毎秒平均1ページをダウンロードし続けたとすると、1日あたり86,400ページ。2400万ページをダウンロードするには278日掛かるという計算になります。これはちょっと長過ぎるので、実用レベルとするにはこの数十倍のペースが必要となりそうです。

　ここで注意すべき点として、クローラの仕事は一度Webページをダウンロードすれば終わるというものではありません。Webページは更新されることがあるからです。一度ダウンロードしたページでも定期的に見直す必要があり、クローラの仕事は永遠に終わることがありません。したがって高速なダウンロードは必須です。

　仮に毎秒平均40ページをダウンロードしたとすると、すべてのWebページを見て回るのに7日となり、Webページが更新されても1週間以内には反映できそうです。毎秒平均40ページというと多くはなさそうに思えますが、平均して40ページということは、瞬間的にはもっと多くのページをダウンロードし続けねばなりません。Webサイトによってはつながらなくてタイムアウトしたり、回線が低速で多くの時間が掛かることもしばしばあるからです。

　そうした点を考えると、同時並行で常に数百のダウンロードを実行していなければ、毎秒平均40ページというペースを達成できないことは容易に想像できます。

多数のダウンロードを同時に進める

　以上の前提を踏まえて、初代Googleのクローラのしくみを見ていきましょう（図1.14）。高速なダウンロードを実現するため、クローラは複数のマ

第1章 Googleの誕生

シンに分散され、それぞれがさらに多数のダウンロードを一斉に行います。各クローラがダウンロードすべきWebページのアドレスは、クローラ全体を指揮する**URLサーバ**(*URL Server*)から指令が出ます。

各クローラは指示に従って次々とWebページをダウンロードし、**リポジトリ**と呼ばれる領域にそれを一時的に保管します。このときすべてのWebページには「docID」という固有の数値が付けられて区別されます。リポジトリには**表1.2**のような情報が格納されます。

個々のクローラの仕事は完全に独立しているので、クローラは増やせば増やすほど処理能力を上げられます。初代Googleでは、ピーク時には4台のクローラがそれぞれ300程度のダウンロードを並行して行い、結果として毎秒平均100程度のWebページを取得できたようです。2400万ページであれば3日で集められる計算です。

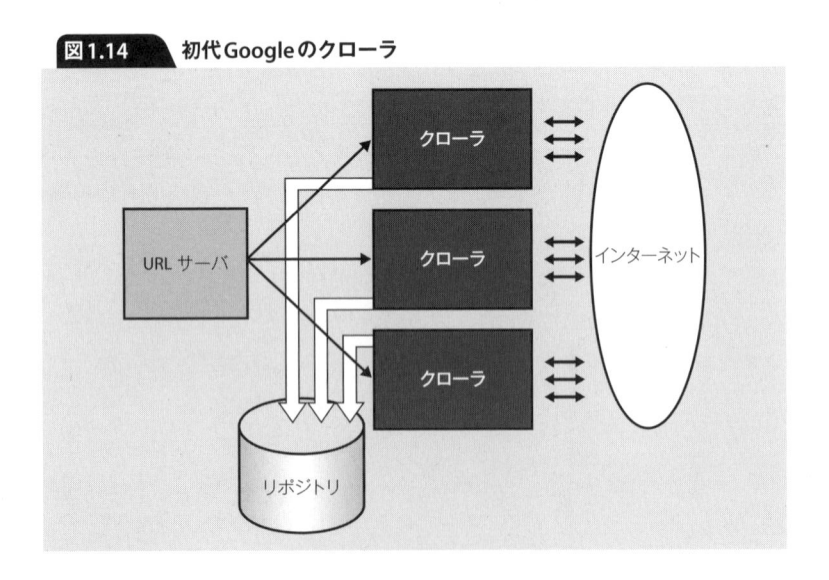

図1.14 初代Googleのクローラ

表1.2 リポジトリに格納される情報

docID	Webページ固有の数値
url	WebページのURL
text	Webページを圧縮したもの
その他	ダウンロードした日時やページの長さなど

もっとも、クローラをどんなに早くしたところで、これに続くインデックス生成が追い付かなければ検索できるようにはなりません。インデックス生成は時間の掛かる処理なので、通常はそれに合わせて、クローラも毎秒平均50程度のペースで運用していたようです。

終わることのないクローリング

個々のクローラの動作は図1.15のようになります。クローラはURLサーバからの要求に従って多数の通信を一斉に開始し、その状態を監視し始めます。それぞれの通信は「アドレス解決中」「接続要求中」「データ受信中」「リポジトリに保存中」といった状態を持ち、処理が進むにつれて次々と状態を変えていきます。

ここで意外と時間の掛かるのがDNS（*Domain Name System*）によるアドレス解決です[注5]。クローラは次々と多数のWebサーバにアクセスするため、DNSへの問い合わせも大量に発生します。これを少しでも高速化するため、クローラは内部で自前のDNSキャッシュを管理しており、外部への問い合

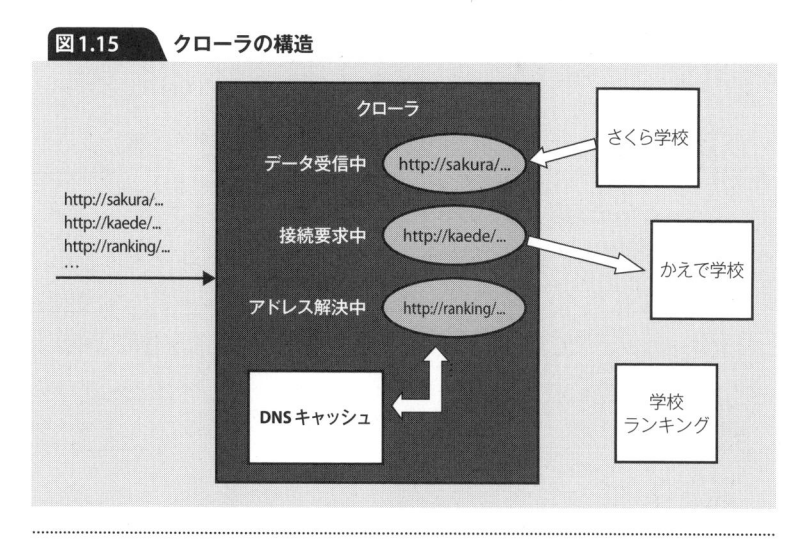

図1.15　クローラの構造

注5　たとえば、"www.google.com"といったWebサーバの名前から、そのIPアドレスを調べる処理です。

わせを最小限にとどめるよう工夫されています。

　ダウンロードの完了したWebページから順にリポジトリに格納され、クローラは次のアドレスをURLサーバからもらって処理を続けます。あとはひたすらこれを繰り返すのみです。

　リポジトリにデータが書き込まれると、これ以降は別のマシンによってインデックス生成が始まります。

1.4 インデックス生成 — 検索用データベースを作り上げる

　リポジトリにWebページが集められると、そこからインデックス生成が始まります。インデックス生成の仕事は多岐にわたり、複数のマシンに分散して処理が進められますが、ここでは生成されるインデックスに焦点を当てて話を進めます。

Webページの構造解析

　インデックス生成は、リポジトリからWebページを取り出すところから始まります。最初の仕事は「構造解析」です（図1.16）。まず、Webページに含まれるHTMLタグを解析してタイトルなどの情報を抜き出し、同時に不要な情報は捨てて検索のためのテキストだけを取り出します。

　ここでもクローラの場合と同じように、好ましいWebページばかりが得られるとは限りません。なかには嫌がらせとしか思えないでたらめなページもありますが、どんなページを与えられても仕事をこなす屈強な解析エンジンがあるものとして話を進めましょう。

　構造解析の段階では、「DocIndex」と「URLlist」という2つのインデックスが生成されます（図1.17）。

　DocIndexはWebページの基本情報が書き込まれるインデックスで、「docID」をキーとして、そのWebページの情報が書き込まれます。たとえ

ばWebページのタイトルは構造解析の段階でわかるので、ここで書き込まれます。

　URLlistはそれとは逆に、WebページのURLをキーとしてdocIDを得るためのインデックスです。これにより、URLがわかればそのdocIDを後から調べられるようになります。

単語情報のインデックス

　Webページのテキストが得られたら、次は**単語情報のインデックス**です。これがあるからこそ検索が可能になるという重要なポイントですので、少し詳しく説明します。

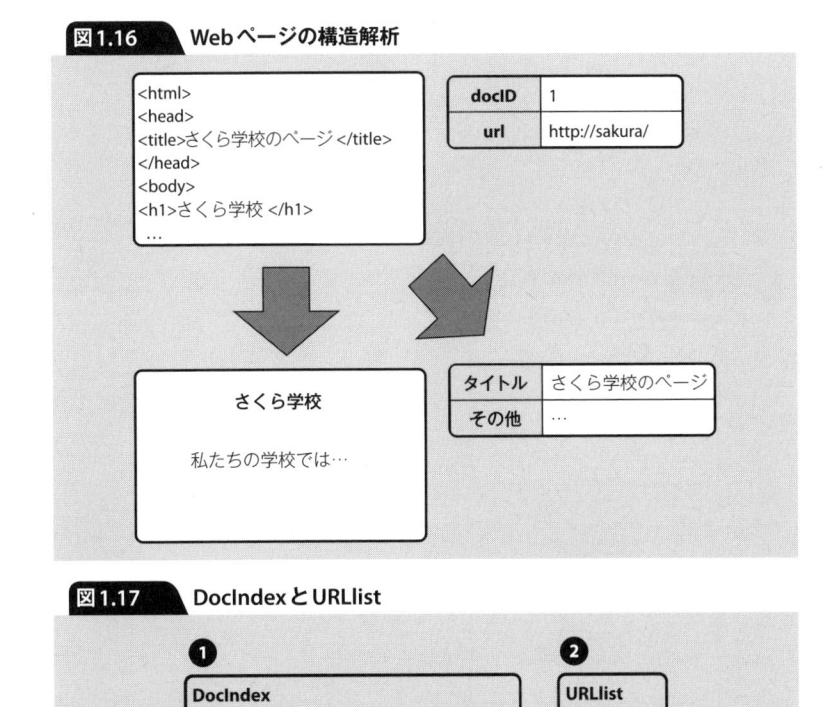

図1.16　Webページの構造解析

```
<html>
<head>
<title>さくら学校のページ</title>
</head>
<body>
<h1>さくら学校</h1>
…
```

docID	1
url	http://sakura/

さくら学校

私たちの学校では…

タイトル	さくら学校のページ
その他	…

図1.17　DocIndexとURLlist

❶
DocIndex
docID	url	タイトル	その他の情報

❷
URLlist
url	docID

単語をwordIDに変換する ― Lexicon

まず最初の仕事は、テキストを単語に分解し、それを「wordID」という数値に変換することです（図1.18）。

初代Googleでは、このとき用いられるインデックスを「Lexicon」(用語集、といった意味)と呼んでいます。Lexiconは、あらかじめよく使われる数千万の単語を登録したものが用意されていますが、それでも見つからない単語は新しく登録されていきます。

単語インデックスの生成 ― Barrels

続いて行われるのは、Webページ内の各単語の情報をインデックスに登録する作業です。

初代Googleでは、Webページ内のすべての単語について、表1.3の情報をインデックスに登録します。

図1.18の例で表すと、登録されるデータは図1.19のような感じになります。

全世界のWebページの、そのすべての単語の位置まで記録するわけですから、これは膨大なデータ量になることは容易に想像できます。実際、こ

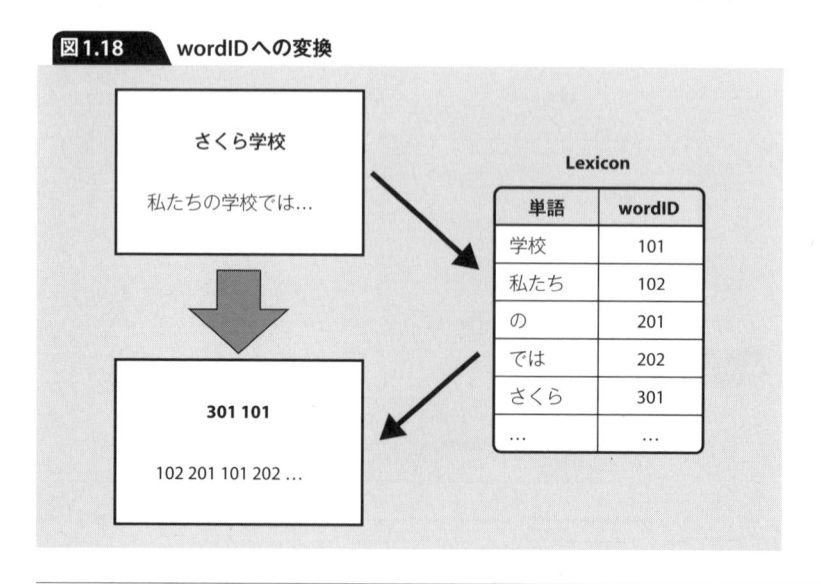

図1.18 wordIDへの変換

の情報は1つのハードディスクに収まりきらないほど大きいので、wordID
に応じて分割した複数のインデックスが作られます（図1.20）。

初代Googleは、ここで作られるインデックスのことを「Barrels」（樽のよ

表1.3　インデックスに登録する情報

情報	説明
docID	Webページ固有の数値
wordID	特定の単語を表す数値
位置	Webページ内での単語の位置
大きさ	Webページ内での単語の大きさ（重要度）
その他	その他の文字飾りのような情報

図1.19　登録されるデータ

docID	wordID	位置	大きさ	その他
1	301	0	3	…
1	101	1	3	…
1	102	2	2	…
1	201	3	2	…
1	101	4	2	…
1	202	5	2	…
1	…			

図1.20　単語情報の分配

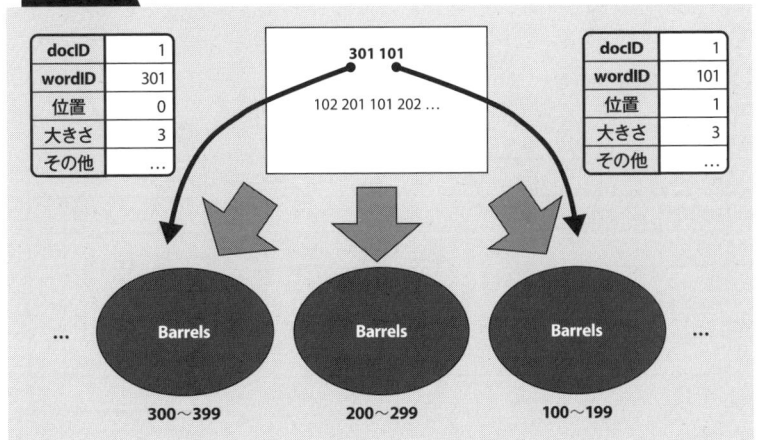

うに大きな容器、という意味)と呼んでいます。Barrelsには膨大な数の単語情報が登録されるので、少しでもコンパクトになるよう工夫されます。具体的には、docIDをキーとして、さらにwordIDごとにデータをまとめた図1.21❶のような形式で格納されます。先ほどの図1.18の例であれば図1.21❷のようになります。

わかりやすく表形式にしていますが、実際にはメモリ上では次のように一連の数値の並びとして表されます。

1 101 1 3 .. 4 2 .. 102 2 2 .. 201 3 2 .. 202 5 2 .. 301 0 3 ..

ここからさらにデータ量を減らすために一部の情報を符号化し、そして全体を圧縮したものがようやくディスクに書き込まれます。少しでもデータの読み込みを減らすために限界までコンパクトに情報を詰め込んでいるということがわかります。

このようにBarrelsを作ることで、特定のdocIDをキーとすれば、そのWebページに含まれるすべての単語情報が得られるようになりました。

転置インデックスの生成

しかし、待ってください。何かを検索するときに必要なのは、Webページに含まれる単語情報ではなくて、「単語が含まれるWebページの情報」です。先ほどのBarrelsは、そのままでは検索の役には立ちません。ここで

図1.21 Barrels

❶

Barrels				
docID	wordID #1	位置 #1	大きさ #1	その他 #1
		位置 #2	大きさ #2	その他 #2
	wordID #2	位置 #3	大きさ #3	その他 #3
		位置 #4	大きさ #4	その他 #4
	...			

❷

Barrels				
1	101	1	3	...
		4	2	...
	102	2	2	...
	201	3	2	...
	202	5	2	...
	301	0	3	...

Barrelsをちょっと加工して、図1.22のようなインデックスを考えます。

先ほど図1.21のBarrelsと比較すると、wordIDとdocIDの位置が逆転していることに気付かれるかと思います。このようなインデックスは、最初に作ったBarrelsを後から分析してデータを並べ替えれば機械的に生成できます。このようにwordIDをキーにしてdocIDを得られるようにしたものを**転置インデックス**(*Inverted Index*)といいます。

ここにきて、ついにwordIDをキーとすることで、その単語を含むWebページのリストが得られるようになりました。検索エンジンの実現が近付いてきました。

しかし、転置インデックスを作るだけではまだ十分ではありません。転置インデックスからはWebページのリストは得られますが、それをどう並べ換えるか、つまりランキングの情報を得るには不十分だからです。次はランキングの準備を始めましょう。

リンク情報のインデックス

初代Googleでは、PageRankやアンカーテキストによってランキングを行うことはすでに説明しました。ここで必要となるのが「リンク情報のインデックス」です。

ここで登場するのは、構造解析のときに作ったインデックスであるURLlistと、そして新しく登場するインデックス「Links」です(図1.23)。

たとえば、図1.24のようなリンクについて考えます。図1.24のページを

図1.22 転置インデックス

Barrels (転置)					
wordID	docID #1	位置 #1	大きさ #1	その他 #1
		位置 #2	大きさ #2	その他 #2
	docID #2	位置 #3	大きさ #3	その他 #3
		位置 #4	大きさ #4	その他 #4
	...			

第1章 Googleの誕生

インデックスしたとき、URLlistは図1.25❶のようになっています。

今、docID = 3のWebページに含まれるリンク情報がインデックスされようとしています。そこには"http://sakura/"へのリンクが含まれていますが、URLlistを見るとそのdocIDは1であることがわかります。

そこで、Linksに図1.25❷の情報が書き加えられます。これはdocID = 3からdocID = 1へのリンクが存在することを示しています。

リンク先のdocIDがわからないこともあります。たとえば"http://kaede/"の情報はまだURLlistにありませんので、それは未解決のまま保留にされます。同時に、未解決のリンク情報はURLサーバに送られ、新しくクローリングが始まります。いずれクローリングが完了し、リンク先の

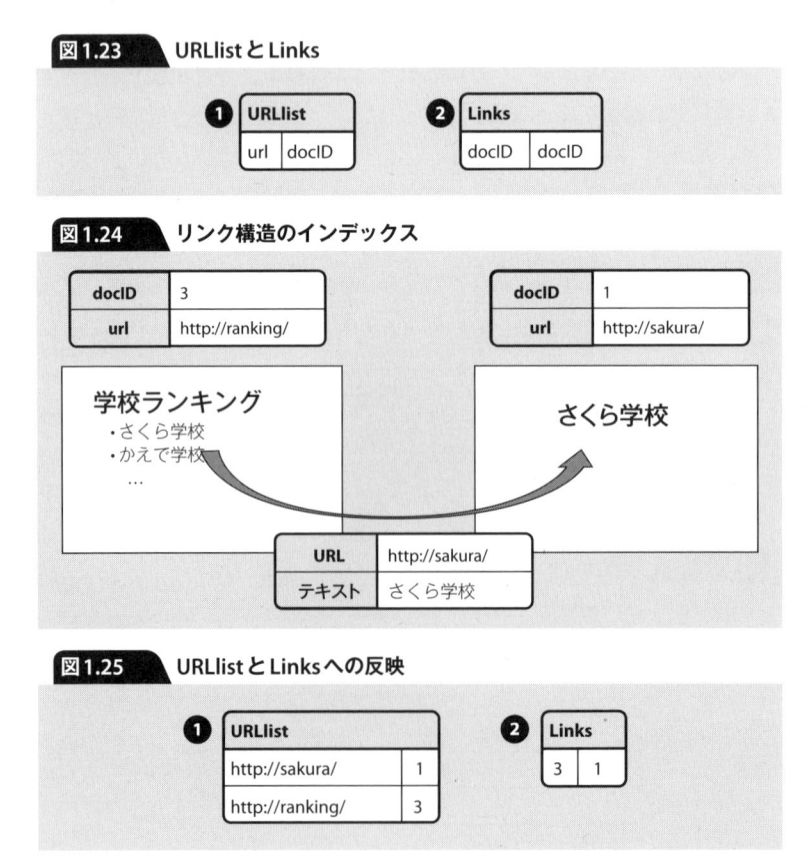

図1.23　URLlistとLinks

❶ URLlist

url	docID

❷ Links

docID	docID

図1.24　リンク構造のインデックス

docID	3
url	http://ranking/

学校ランキング
・さくら学校
・かえで学校
…

docID	1
url	http://sakura/

さくら学校

URL	http://sakura/
テキスト	さくら学校

図1.25　URLlistとLinksへの反映

❶ URLlist

URLlist	
http://sakura/	1
http://ranking/	3

❷ Links

Links	
3	1

docIDが決まれば、保留にしていたLinksも更新されます。

アンカーテキストも特別にインデックスされます。図1.25の例では、"さくら学校"というアンカーテキストはdocID = 3のWebページに含まれますが、リンク先であるdocID = 1の単語情報としても登録されます。それによって、アンカーテキストである"さくら学校"が検索されたときには、リンク先であるdocID = 1もまた検索結果として得られるようにするのです。

ランキング情報のインデックス

単語情報とリンク情報とをインデックスしたことにより、いよいよランキングを行えるようになります。検索を少しでも高速にするため、ランキングのための情報もできるかぎりあらかじめ計算されてインデックスされます。

初代Googleでは、ランキングは3つの情報により決定されることを説明しました。つまり「PageRank」「アンカーテキスト」「単語」の3つです。

このうち単語情報は、Barrelsに書き込まれた内容そのものです。すなわち、単語の位置や大きさがランキングのために用いられます。また、アンカーテキストも同じく特別な単語情報として書き込まれることを先ほど説明しました。まだ得られていない情報はPageRankだけとなります。

PageRankの具体的な計算方法については省略しますが、これはリンク情報だけから計算できます。つまり、どのページがどのページにリンクしているという情報を網羅的に調べることで点数が決まるしくみです。

Webページのリンク情報は常に変化し続けています。したがって、PageRankも「いつ計算される」というものではなくて、その時点で最新のリンク情報を元に何度も何度も繰り返し計算し続けられるものです。詳しい計算方法について興味のある方は、参考文献を参照してみてください[注6]。

注6　PageRankについては、以下のWebページの解説も参考になります。
　　「Googleの秘密 - PageRank徹底解説」(馬場 肇)
　　　URL http://www.kusastro.kyoto-u.ac.jp/~baba/wais/pagerank.html

検索順位は検索するまでわからない

　これで初代Googleのインデックス生成は終了です。逆にいうと、これ以降は検索サーバの仕事ということになります。

　まだ説明していない最後のしくみは、「ランキング関数」です。最終的にWebページが表示される順序はランキング関数によって決まるので、実際のところWebページのランキングは検索が行われるまでわからないということになります。

　考え方によっては、あらかじめすべての検索語についてランキング関数を適用した結果をインデックスしておき、検索サーバの負担を減らすことも可能です。実際、Google以前の検索エンジンでは、最初からある程度ランキングされた結果をインデックスに登録することで、検索速度を向上させていました。

　しかし、複数の単語による検索などを考えると、前もってすべての検索パターンについてランキングを行っておくことは事実上不可能です。ランキングを事前に行うことで検索サーバの負担を減らそうとする方針では、実現可能なランキング方法はごく限られたものとなり、つまりランキングの品質を下げることになります。

　Googleが取り組んだのは、何よりもランキングの品質を上げるために、事前にランキングするという路線は捨てて、「検索サーバにその都度ランキングを行わせる」という方法です。これは検索サーバに大きな負担を強いる行為ですが、Googleはその負荷を受け入れることで「高度なランキングを実現する」道を選びました。この点が、それまでの効率重視の検索エンジンとは一線を画すところです。

＊　＊　＊

　検索の準備は整いました。それではこれまでに作成したインデックスを使って、実際に検索が行われる過程を見ていきましょう。

1.5 検索サーバ ── 求める情報を即座に見つける

インデックスが完成すれば、いよいよ検索サービスを提供できるようになります。検索サーバは可能なかぎり早く結果を返すことが求められます。ここでの一番の問題は、いかに効率的にランキングを行うかという点になります。

検索結果に順位を付ける

まずは基本的な検索の流れを見ておきましょう（図1.26）。手始めに単語1つで検索した場合に何が起こるかを追っていきます。

利用者が検索を行うと、最初に検索サーバに検索リクエストが渡されます（❶）。検索サーバは送られてきた文字列から単語を取り出し、Lexiconを用いてwordIDに変換します（❷）。このLexiconはインデックス生成のときに使われたものと同じものです。

続いて、wordIDをキーとしてBarrelsの転置インデックスを調べることで、その単語を含むdocIDのリストを得ることができます（❸）。この時点ではdocIDは登録順に並んでおり、ランキングされていません。

ここで検索サーバは得られたdocIDのそれぞれについてランキングを計算し、点数の高い順にdocIDを並べ替えます（❹）。そのうち上位いくつかが利用者に返すべき検索結果となります。最後に検索結果となるdocIDのそれぞれについて、WebページのタイトルやURLなどをDocIndexから取り出し（❺）、見やすい形に整えて送り出せば検索サーバの仕事は終わりです（❻）。

勘のいい方は気付かれるかもしれませんが、ここで最も時間の掛かるのはランキングの計算です。得られたdocIDのすべてについて計算しなければ並べ替えを行うこともできず、したがって大量のWebページが見つかった場合には負荷が大きくなり過ぎると考えられます。

ランキングを効率化するための方法については後ほど考えるとして、もう少し複雑な検索についても見ておきましょう。

複雑な検索も高速実行

Webを検索するとき、しばしば複数の単語を入力します。文字どおり「東京　学校」のように複数の単語で検索することもあれば、「東京都千代田区」と一続きで入力しても、実際には検索エンジンによって「東京　都　千代田　区」のように分割して検索されることもあります。

複数の単語がある場合には、検索サーバは図1.27のような動作をします。まず、それぞれの単語がwordIDに変換され、その一つ一つに対して検索

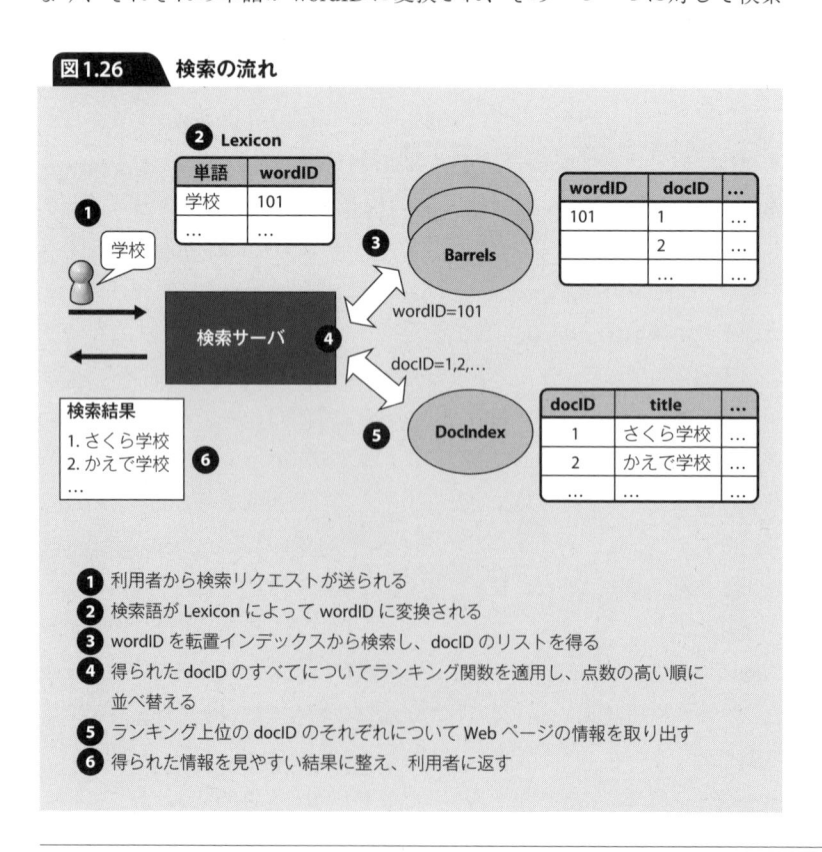

図1.26　検索の流れ

❶ 利用者から検索リクエストが送られる
❷ 検索語がLexiconによってwordIDに変換される
❸ wordIDを転置インデックスから検索し、docIDのリストを得る
❹ 得られたdocIDのすべてについてランキング関数を適用し、点数の高い順に並べ替える
❺ ランキング上位のdocIDのそれぞれについてWebページの情報を取り出す
❻ 得られた情報を見やすい結果に整え、利用者に返す

が行われます。それによってdocIDのリストが複数得られるので、すべてのリストに含まれる共通のdocIDを見つけ出すことになります。

共通のdocIDを見つけるのは比較的簡単です。docIDのリストはあらかじめ小さい順に並んでいるので、リストの先頭から順に比較して、すべてのリストに含まれるdocIDだけを抜き出していきます。これをリストの最後まで繰り返せば、すべてのwordIDを含んだdocIDのリストが得られます。後は単語1つの場合と同じように、この新しいリストに対してランキングを行えばよいわけです。

同じようなやり方で、もっと複雑な検索も実現できます。たとえば、Googleで検索語を「"東京　学校"」のように「"」(二重引用符)で囲むと、単語の並びを指定した検索を行えます(フレーズ検索)。これはdocIDを絞り込む過程で、wordIDの位置情報も見て、それらが隣り合うかどうかを確認することで実現できます。

あるいは「東京-学校」のように「-」(マイナス記号)で検索結果を絞り込む場合も、同じようにそれぞれのwordIDについて検索してから、一致するdocIDを取り除くという方法によって実現できます。

このように転置インデックスを組み合わせるだけで、日常的に用いられるさまざまな検索方法が可能となります。

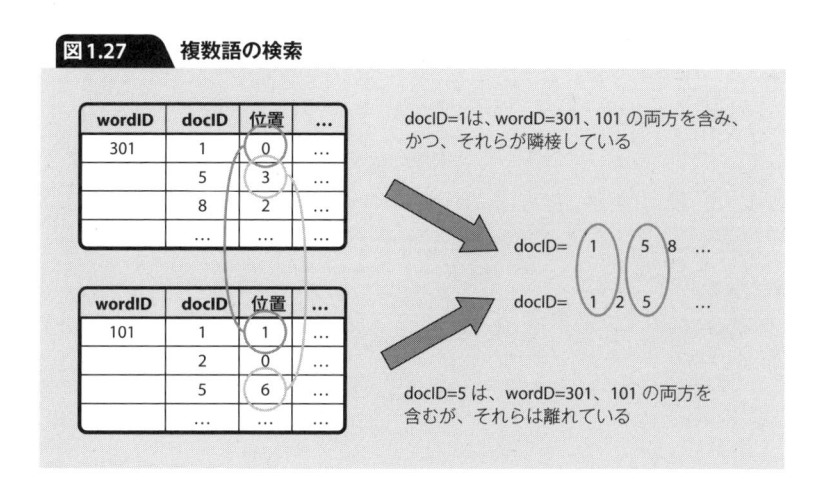

図1.27　複数語の検索

wordID	docID	位置	...
301	1	0	...
	5	3	...
	8	2	...
	...	...	...

wordID	docID	位置	...
101	1	1	...
	2	0	...
	5	6	...
	...	...	...

docID=1は、wordID=301、101の両方を含み、かつ、それらが隣接している

docID= 1　5　8 ...
docID= 1　2　5 ...

docID=5は、wordID=301、101の両方を含むが、それらは離れている

ランキングの高速化は難しい ── 3段階のランキング

　最後に、ランキングの具体的な手順を明確にしておきます。

　初代Googleでは、ランキングは実際には3段階の方法によって行われています。いずれも最初にwordIDを検索してdocIDを得るという点では同じですが、得られたリストの長さによって動作が変わります。

　まず1つめは、通常のBarrelsから重要な情報（Webページのタイトルやアンカーテキスト）だけを抜き出して、あらかじめ小さな転置インデックスを作っておくという方法です。最初にこの小さな転置インデックスから検索し、それでも十分な数の検索結果が得られるなら、それだけでランキングを終えてしまおうという戦略です。小さな転置インデックスからは少数のdocIDしか得られませんから、これによってランキングの負荷が増大するのを抑えられます。

　小さな転置インデックスでは十分な検索結果が得られない場合、通常の転置インデックスからすべてのdocIDを探します。ここで検索結果があまりにも多いときには、「ランキングしない」というのが初代Googleの選択です。この場合、完全なランキングはあきらめて、適度に点数の高いWebページが選ばれます。

　最後に、見つかったdocIDが一定数（初代Googleでは4万）以下の場合に限って、得られたdocIDのすべてについてランキングが行われます。初代Googleが目指した優れたランキングが行われるのはこの場合に限られます。

　つまり、せっかくのランキング関数も、それが適用されるのは一定の場合に限られてしまっていました。実際のところ、初代Googleはまだまだ発展途上で、ランキングの方法には改善の余地が残されていたようです。

　ランキングのしくみを根本的に改善するもっと優れた手順については、第2章で説明します。

1.6 まとめ

ずいぶん駆け足で見てきましたが、クローリングから始まった検索エンジンの探訪もこれで終わりです。最後に、ここまでに紹介した初代Googleの全体像をもう一度、振り返っておきましょう（図1.28）。

最初に、URLサーバがクローラに対してWebページをダウンロードするよう要求します（❶）。複数のクローラが並行稼動して次々とダウンロードを行い、docIDを割り当ててリポジトリに格納します（❷）。リポジトリからWebページを取り出すと、インデックス生成が始まります。まずは構造解析によってWebページ内のテキストが抜き出されるのと同時に、タイトルなどがDocIndexに、URLがURLlistにそれぞれ書き込まれます（❸）。

続いて単語処理により、すべての単語がLexiconに従ってwordIDに変換され、単語の位置や大きさと一緒にBarrelsに書き込まれます（❹）。Barrelsには大量の情報が書き込まれるため、負荷分散のためにwordIDによって分割されます。Barrelsは最初、docIDごとに作成されますが、後ほどwordIDごとに並べ替えた転置インデックスに変換されます。

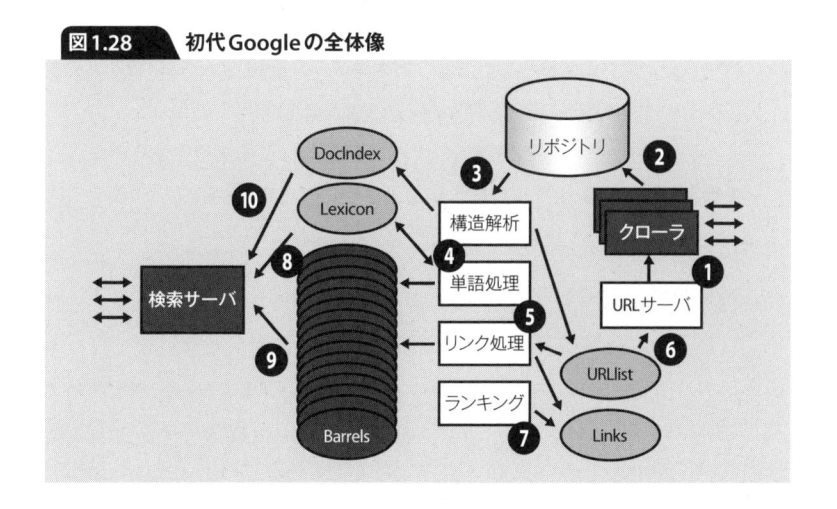

図1.28　初代Googleの全体像

Webページ内にリンクがあると、URLlistを元にdocIDを調べ、リンク関係をLinksに記録します（❺）。docIDが見つからなければ、URLサーバによって新しくクローリングが始まります（❻）。また、リンクのアンカーテキストはリンク先の単語情報としてBarrelsに記録されます。

　最後にランキングのための事前処理が行われます。ここではLinksを元にしてPageRankが計算されます（❼）。事前計算できる内容には限りがあるので、最終的なランキング処理は検索サーバによって行われます。

　検索サーバは利用者からのリクエストを受け取ると、Lexiconに従って検索語をwordIDに変換し（❽）、続いてBarrelsの転置インデックスからdocIDのリストを取り出し、それぞれについてランキング関数を適用して順位を決定します（❾）。ランキングで上位になったdocIDについてDocIndexからWebページの情報を取り出し（❿）、見やすく整えて利用者に返します。

＊　＊　＊

　いかがでしょうか。比較的単純な初代Googleでも、このようにさまざまなプロセスを経て検索が行われるのだということを、大まかにでもつかんでいただけたらと思います。

　本章は検索エンジンの大まかなしくみについて説明することが目的であったため、技術的な詳細についてはずいぶん省略してしまいました。たとえば、次のような問題についてはほとんど触れていません。

- ハードディスクに収まらないほどの大容量データをどのように保管するのか
- インデックスの読み書きは具体的にどのようにして行うのか
- インデックス生成を高速化するための分散処理はどのようにするのか
- 検索実行時のランキング処理を高速化するにはどうすればいいのか

　これらは一つ一つが大きな問題であるのと同時に、初代Googleと現在のGoogleとを隔てる決定的な違いでもあります。Googleは誕生してからの数年で、こうした基本となるシステムの部分で大きな進化を遂げました。この進化があったからこそ、現在のような世界最大の検索エンジンを構築するまでになったのです。それでは次章からいよいよ、検索エンジンを大規模に展開する現在のGoogleの技術について見ていくことにしましょう。

第2章
Googleの大規模化

2.1 ネットを調べつくす巨大システム　p.41

2.2 世界に広がる検索クラスタ　p.51

2.3 まとめ　p.60

第2章 Googleの大規模化

　現在のGoogleが初期と比べて圧倒的に異なるのは、そのスケールです。初代Googleは数台のPCで動いていましたが、増え続けるWebページと利用者からの検索リクエストに応えるため、現在のGoogleでは数十万台のコンピュータが稼動しているともいわれています。

　コンピュータシステムは、ただ台数を増やせば速くなるというものでもありません。増やしたコンピュータをうまく活用するようにソフトウェアを設計しなければ、その性能を生かすこともできません。また、台数が増えれば増えるほど故障などのトラブルも多くなってしまうため、その対策も考えなければなりません。

　世界中からの検索リクエストに答えるため、今のGoogleはどのようなシステムを構築しているのでしょうか？　本章では、Googleがどのように大規模システムを構築しており、そして新しくなった検索システムがいかにして高速な検索を実現しているかを見ていくことにします。

図2.1　初期のラック[※]

Google初期のラックの一つ（1999年頃）。自分たちで加工したフレームにむき出しのパーツが多数取り付けられていた。ラックの前面と背面にそれぞれ40ずつ、合計80台のPCに相当する部品が組み込まれていた。米国Computer History Museum（URL http://www.computerhistory.org/）に展示されている。

写真 Steve Jurvetson

[※]　「Google platform」より。
URL http://en.wikipedia.org/wiki/Google_platform
（last visited Jan. 12, 2008）

2.1 ネットを調べつくす巨大システム

Webページの数が年々増加するのに合わせて、検索エンジンに求められる性能も拡大を続けています。全世界のWebページを検索できるようにし、それを世界中の利用者に提供するには、どのようなシステムが必要になるか考えてみましょう。

安価な大量のPCを利用する

図2.2のグラフは、Googleが扱うWebページの数と、1日に要求される検索件数の推移を表したものです。現在のGoogleから比べると、初代Googleのシステムはもはや見る影もありません。

これだけ規模が大きくなると、当然ながら初代Googleと同じシステムのままで対応することは不可能です。もっと大規模にシステムを展開できるよう、設計を根本的に考え直す必要があります。

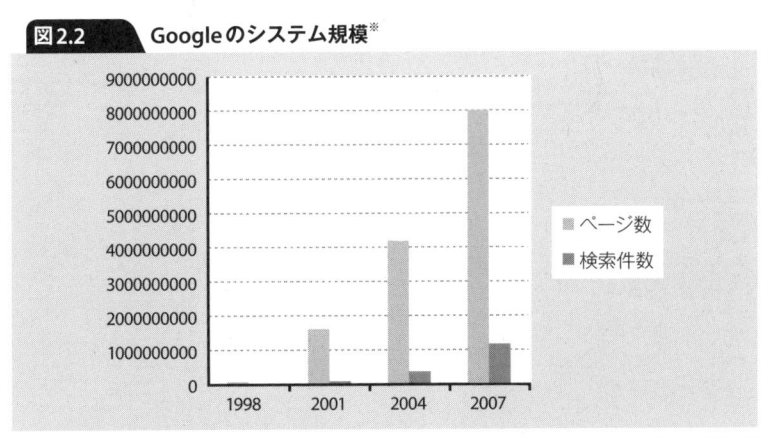

図2.2　Googleのシステム規模[※]

※　ページ数と2001年までの検索件数は以下より。ページ数は2004年末に80億ページに達して以降、正確な数は発表されていません。
URL http://www.google.com/corporate/history.html

一般的に、コンピュータシステムの性能を向上させるには二つの方法があります（図2.3）。一つは**スケールアップ**（*Scale-up*）で、より優れたハードウェアを導入するという方法です。もう一つは**スケールアウト**（*Scale-out*）で、こちらはハードウェアの数を増やす方法です。

スケールアップの利点は、システムを単純にできるということと、ソフトウェアの変更が必要ないという点です。何も新しいことをしなくても、ハードウェアを入れ替えるだけで性能が上がるならば、これほどうれしいことはありません。欠点は、高性能なハードウェアは高価であるということです。少しでも性能を上げようとすると価格は飛躍的に増大します。

スケールアウトの利点は、必要に応じて数を増やせることと、比較的コストを抑えられるという点です。逆に欠点として、最初から複数のハードウェアを想定してソフトウェアを作らねばならず、設計が悪いと数だけ増やしても性能は上がりません。

スケールアップをとるかスケールアウトをとるかは時と場合によって異なりますが、検索エンジンというものはその性質上、いくらでもコピーすることが可能なシステムです。このようなシステムでは複数のハードウェアを用いることも比較的簡単なので、スケールアウトのほうがコスト面で有利であると考えられます。

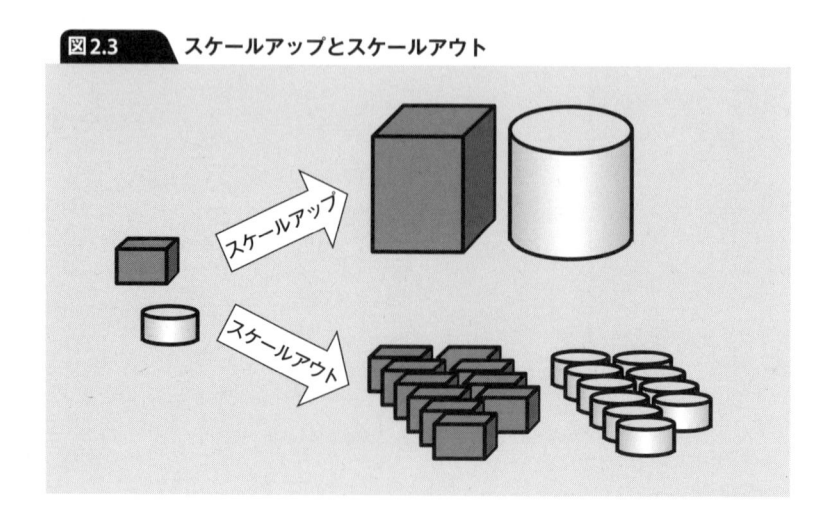

図2.3　スケールアップとスケールアウト

Googleはこの考え方をさらに推し進めて、ハードウェアはなるべく安価に普及しているものを使いつつ、その性能を十分に引き出すソフトウェアを自分たちで作るという道を選びました。つまり、私たちが普段使ってるのと同じようなPCを大量に使って、世界規模の分散コンピュータシステムを作り上げる。それがGoogleの選んだ戦略です。

一つのシステムとして結び付ける

　大量のPCを使うとはいっても、具体的にはどのようにするのでしょうか？ Googleでは完成されたシステムを外から購入してくるのではなく、CPUやメモリといったPCの部品を買い集めて、それを一つのシステムとして自分たちで組み立てているようです。とはいえ、もちろんそのスケールはそこらの自作PCとはわけが違います（図2.4）。

　まず最初にシステムの基本となるのが「ラック」（Rack）です。1つのラックには40〜80台のPCに相当する部品が組み込まれます。使われる部品は私たちが普段使っているPCのものとほぼ同じものです。ただし高い性能を発揮させるため、ラック内には2〜4個のCPU、2〜4GBのメモリ、2〜4個のハードディスクドライブを組み合わせたマシンがいくつも形作られます。ラック内の各マシンは1Gbps（*Gigabit per second*）のLANで結ばれ、ネッ

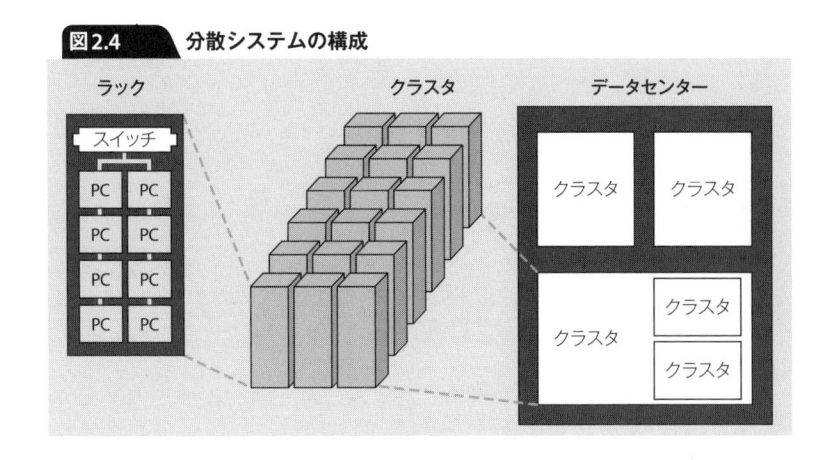

図2.4　分散システムの構成

トワークを通して互いに通信できます。

さらに、ラックを1つの単位として、それが多数結び付くことで「クラスタ」(*Cluster*)が作られます。クラスタとは、互いに協調して動作することで一つの機能を提供するコンピュータの集まりです。Googleには目的に応じてさまざまなクラスタがあります。たとえば、利用者からの検索リクエストに答える「検索クラスタ」、Webページを集めてインデックスを作る「データ収集クラスタ」などです。開発者が用いる実験用のクラスタもあるでしょう。

多数のラックが地理的に集められたものが「データセンター」(*Data Center*)です。1つのデータセンターには、1つまたは複数のクラスタがあると考えられます。個々のクラスタは完全に独立している必要はなく、同じラックが複数のクラスタで使われていてもかまいません。たとえば、Webページのデータを保管するクラスタと、インデックスを生成するクラスタが同じラックで動いていても問題ありません。

Googleはこのようなデータセンターを世界各地に分散配置しています。それぞれのデータセンターでは数千またはそれ以上のマシンが動いており、それらすべてを合わせると、今のGoogleには数十万ものマシンがあるのではないかといわれています[注1]。

数を増やせばいいというものでもない

安価なマシンを大量に用いることはコスト面では有利ですが、このようなシステムではいくつかの問題について考えなければなりません。

ハードウェアは故障する

安価なハードウェアは、(比較的に)故障する確率も高くなります。数を増やせば増やすほど、どれか1つが壊れる確率も高まります。たとえ何が壊れてもシステムが停止することのないよう、常に気を配らなければなりません。

高価なハードウェアではあらかじめ故障について考えられていますが、

注1　データセンターについては、第5章で取り上げます。

普通のPCにそのような機能はありません。少なくとも次のような障害を想定しておく必要があるでしょう。

- いきなり電源が切れて再起動する
- いきなり電源が切れたまま二度と起動しない
- ハードディスクの一部に読み書きできなくなる
- ハードディスクがまったく動かなくなる
- しばらくネットワークにつながらなくなる
- ずっとネットワークにつながらなくなる

ハードウェアレベルでこうした障害への対策がないならば、その上で動くソフトウェアで工夫して、システムの一部にどのような問題が生じたとしても「全体としては動作を続けられるようにする」ことは必須事項です。

分散処理は難しい

多数のマシンを用意するなら、それらを同時に使わなければ意味がありません。ところが、複数のことを同時に実行するのはそれほど簡単なことではありません。

まず、同時に実行するのが簡単なことと、簡単ではないこととがあります。たとえば、Webページのダウンロードであれば、一度に大量に実行することも簡単です。しかし、たとえばWeb検索用の転置インデックスを作るといった処理は、同時実行できるものなのかどうか自明ではありません。

また、仮に複数のマシンに処理を分散させたとしても、期待どおりの性能が出るかどうかはわかりません。たとえば、1万のWebページを処理するのに、100台のコンピュータに100ページずつ分けたとしましょう。しかし、Webページの大きさにはばらつきがあるので、いくつかのマシンは忙しくしているのに、いくつかは遊んでいるといったことが必ず起こります。すべてのマシンの状態を把握し、うまく仕事の割り振りを行わなければなりません。

一般的に、マシンの数を増やせば増やしただけ性能が向上する性質を「スケールする」といいます。一方、システムのどこか一部に性能向上を妨げる

要因があるとき、それを「ボトルネックがある」といいます。大規模な分散システムを構築するのであれば、まずはいくらでもスケールするしくみを考えた上で、システムのどこにもボトルネックがない状態にしなければなりません。

こうした難しい問題を開発者が一つ一つ考えていたのでは、いくら時間があっても足りません。できることはなるべくシステムが面倒を見ることで、開発者の負担を減らす方向に考えることが必要です。

CPUとHDDを無駄なく活用する

多数のマシンを活用したソフトウェア開発を容易にするため、Googleでは数々の基盤システムを構築しています。それぞれのシステムには名前が付けられており、それらがクラスタ単位で動いているようです。そのなかでも基本となるのが「GFSクラスタ」と「Work Queueクラスタ」の二つです（図2.5）。

GFSとは「Google File System」の略で、多数のマシンを用いて巨大なファ

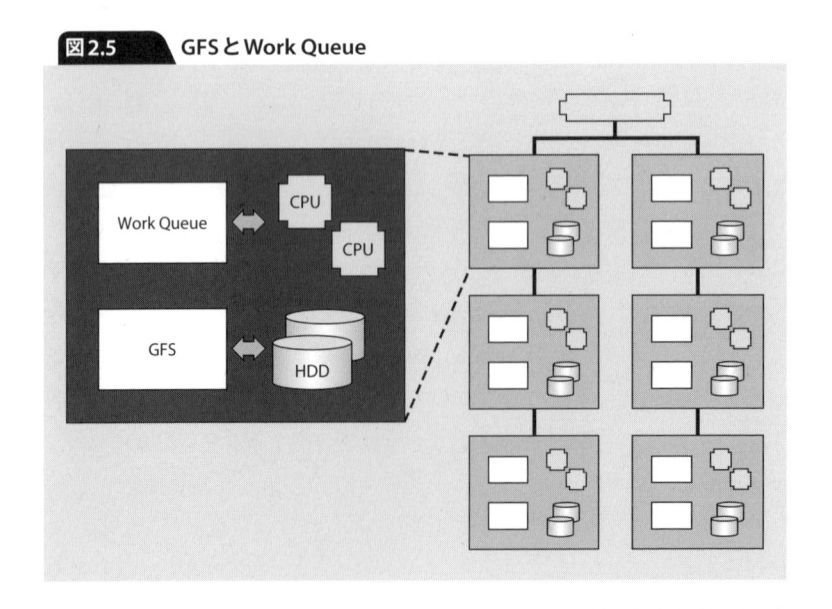

図2.5 GFSとWork Queue

イルシステムを作り上げるGoogleの独自技術です[注2]。データセンターの各マシンは、それぞれが複数のハードディスクドライブを備えていると書きましたが、それらがばらばらに存在したのでは必要なデータがどこにあるのかもわかりません。そこで、これらのマシンをネットワークで結び付けることで一貫してデータを読み書きできるようにする技術がGFSであり、GFSによって結び付けられたマシン群が「GFSクラスタ」です。

GFSがおもにハードディスクドライブを扱うものだとすれば、おもにCPUを扱うのがWork Queueだといえるでしょう。こちらもGoogleの独自技術で、OSのタスク管理を複数のマシンで分散して行うようなしくみです[注3]。Work Queueは各マシンの負荷を監視しており、比較的余裕のあるマシンで与えられたタスクを実行するという機能を持ちます。何か実行したいタスクが大量にあるときには、一群のマシンからなる「Work Queueクラスタ」にそれを依頼することで、手の空いているマシンが自動的に見つけられて次々と実行されます。

GFSとWork Queueは互いに独立したシステムですが、これらは一緒に動かされることが多いようです。GFSのおもな仕事はディスクの読み書きとデータ転送であり、CPUの負担は比較的小さく済みます。そこでWork QueueによってCPU負荷の高いタスクを同時に実行すれば、各マシンの能力を最大限に活用できるというわけです。

GFSもWork Queueも障害対策について考えられており、個々のマシンが壊れたとしても、これらのクラスタの機能は失われません。ひとたびGFSクラスタにファイルを預ければ、そのファイルはもう壊れることがありません。ひとたびWork Queueクラスタにタスクを依頼すれば、どこかしら空いているマシンでそれが実行されます[注4]。

Googleではこのように「クラスタ単位で機能を実現する」ことで、開発者は個々の障害について考えることから解放され、クラスタに任せられる部分は任せた上で、新しい技術開発を行うことができるようになるのです。

注2　GFSについては、第3章で取り上げます。
注3　Work Queueについては、第4章で取り上げます。
注4　条件次第ではエラーが起こることもありえます。開発者はそれぞれのクラスタが保証している範囲で、それに頼ることができます。

検索エンジンを改良しよう

　基本となる方針は決まりました。ここで改めて、大規模な検索エンジンを作る上での課題を整理しておきましょう。

　第1章では、検索エンジンを構成する3つの要素について説明しました。すなわち、「検索サーバ」「検索バックエンド」「インデックス」の3つです。これらを大規模化するためには何が必要でしょうか？

検索サーバの大規模化

　初代Googleでは検索サーバは1台しかありませんでしたが、これを増やせないという理由はありません。単純に数を増やせば増やしただけ利用者からの検索リクエストが分散され、性能は向上しそうです（図2.6）。つまり、スケールします。

　しかし、検索サーバから利用されるインデックスのほうを見るとそうともいえません。初代Googleでは、単語情報がwordIDに応じて分散されることを説明しました[注5]。これは一見よさそうですが、一つの単語に関する情報が1カ所に集まってしまうという問題があります。このままでは検索される単語によっては負荷に偏りが生じ、ボトルネックとなる可能性があ

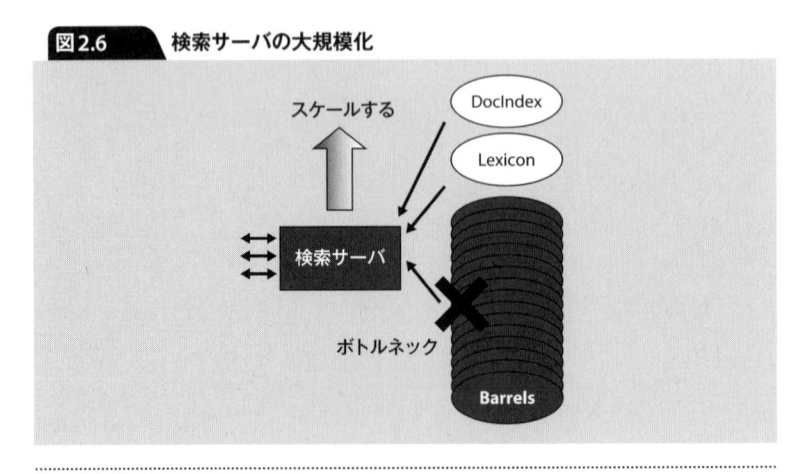

図2.6　検索サーバの大規模化

注5　1.4節内の「単語情報のインデックス」（p.25）を参照してください。

ります。

また、初代Googleでは、検索結果が多過ぎるとランキングを行わないという問題が残されていました[注6]。大量の検索結果があるときに、そのすべてについてランキングを行うのは大変そうです。この問題はどうやって解決すればよいでしょうか？

検索サーバを大規模化するには、これらの問題について考え直す必要がありそうです。

検索バックエンドの大規模化

検索バックエンドについても考えてみましょう（図2.7）。こちらは検索サーバほど応答速度が求められるわけではありませんが、検索すべきWebページが増え続けることを考えると、必要に応じていくらでもスケールさせられるシステムでなければすぐに処理が追いつかなくなるでしょう。

まず、クローリングはすでに分散されていることを説明しました[注7]。個々のクローラは完全に独立していますので、これは数を増やせば増やしただけ性能が上がりそうです。ただし、クローラの性能が上がるほど、リポジトリに書き込むデータ量も増えていきます。ここは高速化しておかないと、もしかしたらボトルネックになるかもしれません。

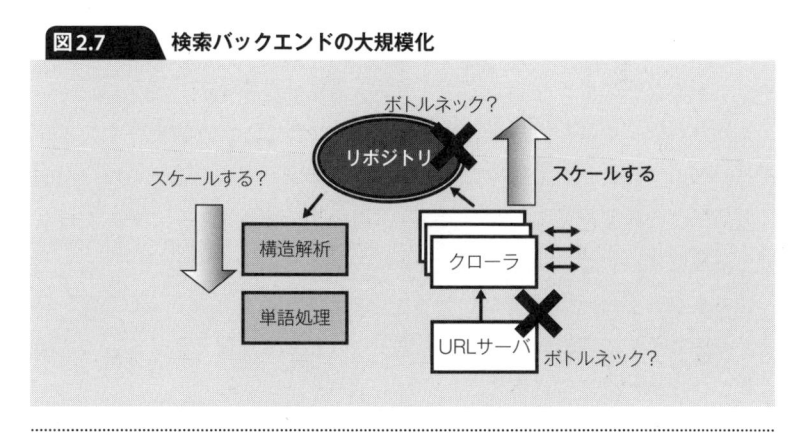

図2.7　検索バックエンドの大規模化

注6　1.5節内の「ランキングの高速化は難しい -- 3段階のランキング」(p.36)を参照してください。
注7　1.3節「クローリング -- 世界中のWebページを収集する」を参照してください。

また、クローラに命令を出すURLサーバもボトルネックになる可能性があります。URLサーバは、これからどのWebページをどういう順にダウンロードすべきかを判断するため、これまでにダウンロードしたすべてのWebページや、これからダウンロードすべきもの、あるいはこれまでにエラーになったページなど、多数の情報を管理する必要があります。Webページの数が増えれば増えるほど、これは大きな処理となります。

インデックス生成については、負荷分散のことを何も考えませんでした。Webページの構造解析を分散することはできそうですが、最終的なインデックスは一つにまとめないといけないので、うまい方法を考える必要がありそうです。

こうしてみると、クローラがダウンロードした大量のWebページをどうやって管理し、そしてどのようにして効率的にインデックス生成を行うかというのがここでの課題となりそうです[注8]。

インデックスの大規模化

インデックス自体を大規模にする必要はあるでしょうか。二つの考え方があります。

一つは、初代GoogleにおけるBarrelsのようにインデックスを分割することで、そもそも大規模なインデックスを用いないという方向です。個々のインデックスが一定の大きさに保たれるならば、一定以上に性能が悪化することもないので、安心してシステムを構築できます。

もう一つは、やはり大規模なインデックスを作るという方向です。インデックスの分割について毎回考えるのは面倒ですから、システムが自動的に分散処理の面倒を見てくれるような汎用のインデックスシステムがほしいところです。

GoogleにはGFSという分散ファイルシステムがあると書きましたが、ファイルシステムは検索のためのインデックスとしては使えません。ここでも新しい技術が求められます[注9]。

注8　この点については、続く第3章、第4章で取り上げます。
注9　この点については、第3章で取り上げます。

2.2 世界に広がる検索クラスタ

世界中からの大量の検索リクエストに答えるため、Googleのデータセンターもまた世界各地に分散配置されています。現在のGoogleは、いかにして高速な検索と高度なランキングを実現しているのか見ていきましょう。

▎Web検索を全世界に提供する

誕生からわずか数年で、Googleは世界中で利用される大規模な検索エンジンへと進化を遂げました。Googleの検索システムも刷新され、より多くの利用者により高速な検索結果を返せるように改良されています。

初代Googleについて書かれた論文から5年、2003年に発表された論文「Web Search for a Planet: The Google Cluster Architecture」（下記 **Note** を参照）には、Googleの新しい検索エンジンについての解説が載せられています。やや古い論文ですが、すでにこの頃には世界規模で検索サービスを提供できるだけの十分に効率的な検索システムが実現されていたようです。

新しい検索エンジンでは、「1回の検索自体が多数のコンピュータによって分散処理」されます。初代Googleでは検索結果が多い場合に完全なランキングを行うことは困難でしたが、ランキングにも多くのコンピュータを用いることでそれが可能となります。こうしたWeb検索の基本的な考え方は今でも大きく変わらないと思われます。ここでは前述の論文を参照しながら、Googleの生まれ変わった検索システムについて見ていくことにします。

Note

本節は次の論文について説明しています（以下、**Google Cluster 論文**）。
- 「Web Search for a Planet：The Google Cluster Architecture」（Luiz Andre Barroso／Jeffrey Dean／Urs Hölzle 著、IEEE Micro、Vol.23（2003）、p.22-28）
  URL http://labs.google.com/papers/googlecluster.html

近くのデータセンターに接続する

私たちがブラウザに"http://www.google.com/"と入力したとき、あるいは検索ボックスで何かを打ち込んだとき、最初に行われるのはDNSによる名前解決、つまりGoogleのIPアドレスを調べることです。Googleの負荷分散はここから始まっています(図2.8)。

GoogleのIPアドレスは、利用者の地理的な場所によって変わります。たとえば、Googleに日本からつなぐときと米国からつなぐときでは、DNSから返されるIPアドレスが異なります。同じ日本国内であっても、いつ検索するか、どこで検索するかによってIPアドレスが変わる可能性があります。

世界中のどこにいようとも、"http://www.google.com/"と打ち込めばGoogleにつながります。しかし実際につながる先は、自分にとってなるべく近くのGoogleのデータセンターであり、利用者によってつながる先は異なります。そのため特定のデータセンターにアクセスが集中することが格段に減り、これが負荷分散の第一歩となります。

個々のデータセンターは、それぞれが独立してWeb検索を行えるよう、検索サーバと検索用のインデックスからなる完全な検索クラスタを備えています。現在のGoogleでは、検索を行うシステムとインデックスを生成す

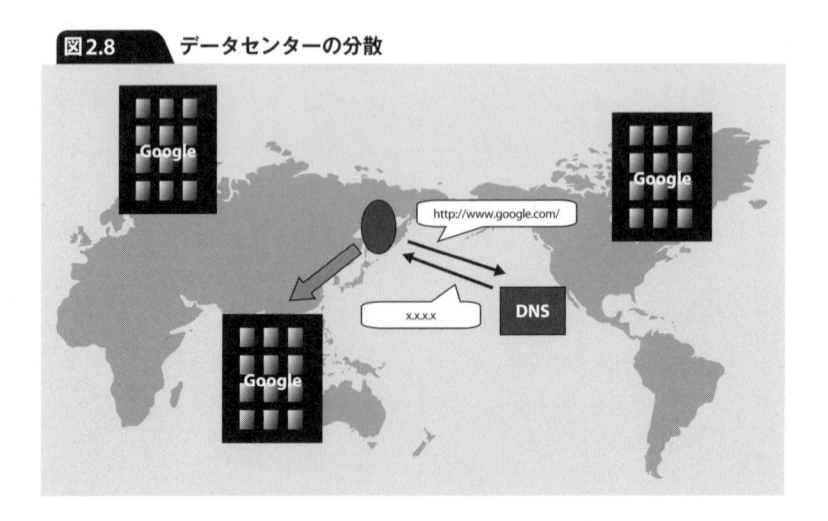

図2.8 データセンターの分散

るシステムとは分離されており、検索クラスタは生成済みのインデックスのコピーを持っています。検索クラスタ自身はインデックスを更新する必要がないため、インデックスは必要なだけコピーすることが可能で、これによって検索性能を高めることが可能となります。

　もしも大災害などのために一つのデータセンターが壊滅的な打撃を受けると、DNSはそのデータセンターのIPアドレスを返さなくなります。GoogleのDNSは各データセンターの状態を監視しており、利用可能なデータセンターのアドレスだけを返すようになっています。したがって、利用者はいつでもどこかしらのデータセンターにつないで、検索を行うことができるようになっているのです。

Tip
データセンターが燃える

　実際の話として、Googleのデータセンターが火事で消失したこともあるそうです[※]。しかし、このときも障害対策がうまく機能し、利用者は障害に気付きもしなかったそうです。

※『Google誕生 --ガレージで生まれたサーチ・モンスター』(David A. Vise／Mark Malseed著、田村 理香 訳、イースト・プレス、2006)、p.128より。

多数のサーバで負荷分散する

　初代Googleの検索サーバとは異なり、新しい検索クラスタでは「複数のサーバを組み合わせて検索」を行います。なかでも大きな役割を果たすのが、「GWS」「インデックスサーバ」「ドキュメントサーバ」の3つです(図2.9)。

　GWS(*Google Web Server*)の役割は、個々の検索リクエストの取りまとめを行うことです。GWS自身は検索を行わず、インデックスサーバやドキュメントサーバなどに実際の検索処理を依頼して、結果を利用者に返します。つまり、GWSとはその名のとおりWebサーバのような位置づけです。

　利用者からの検索リクエストは、まず最初にロードバランサ(*Load Balancer*、LB)によって振り分けられ、複数あるGWSのいずれか一つにつながります。ロードバランサはGWSの動作状況を常に監視しており、なるべく負荷の軽いGWSに処理が任されます。いずれかのGWSに障害が起き

たときには、ロードバランサがそれを検知し、生き残ったGWSによってサービスが提供されます。

GWSは、はじめに検索リクエストを分析し、インデックスサーバに処理を依頼します。インデックスサーバは、あらかじめ用意されたインデックスから検索を行い、見つかったWebページのリストを返します。続いて、GWSはドキュメントサーバに見つかったリストを渡します。ドキュメントサーバはそれぞれのWebページについて、そのタイトルや要約などの情報を作り出します。GWSは、最後にそれらを見やすいHTMLに整えて、最終的な検索結果として利用者に返します。

数を増やせばいくらでも負荷分散できるGWSと違って、インデックスサーバとドキュメントサーバには負荷が集中することが予想されます。これらのサーバもうまく分散することを考えなければなりません。

一定数のページごとにインデックスを分割

検索エンジンが扱うWebページの数は年々急速に増え続けています。高速な検索を行うためには、たとえどんなにWebページが増えたとしてもスケールする検索システムを考えなければなりません。

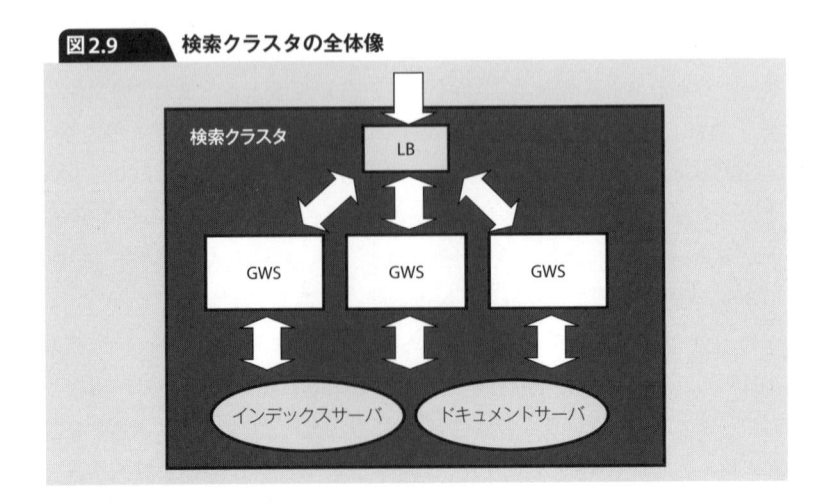

図2.9　検索クラスタの全体像

初代Googleでは、検索結果が多過ぎる場合にはランキングが行われないという問題点を取り上げました[注10]。検索により見つかったすべてのWebページにランキング関数を当てはめなければより良い比較は行えないため、検索実行時の計算量を根本的に減らすことはできません。完全なランキングを行いながら検索速度を上げるためには、考えられる方法は「1回の検索自体を分散処理する」ことです。

以前の検索サーバでは、1回の検索が始まってから終わるまで1つのサーバがすべての処理を行っていました。そうではなくて、多数のサーバで分担して作業を進めることができれば、それだけ早く検索を終えることができるでしょう。そのために必要なのは、1回の検索を分散できるよう、同じ単語を含む多数のインデックスを用意することです。

初代Googleでは、wordIDによって分割されたBarrelsというインデックスが作られていました[注11]。この場合、同じwordIDによる検索は1つのインデックスに集中してしまい、分散処理されないという問題がありました。新しい検索クラスタではこれを改め、wordIDではなくdocIDによってインデックスを分割するようになっています（**図2.10**）。つまり、インデックスあたりのWebページの数を制限し、しかしその一つ一つについてはすべての単語を含んだ完全なインデックスを作るということです。

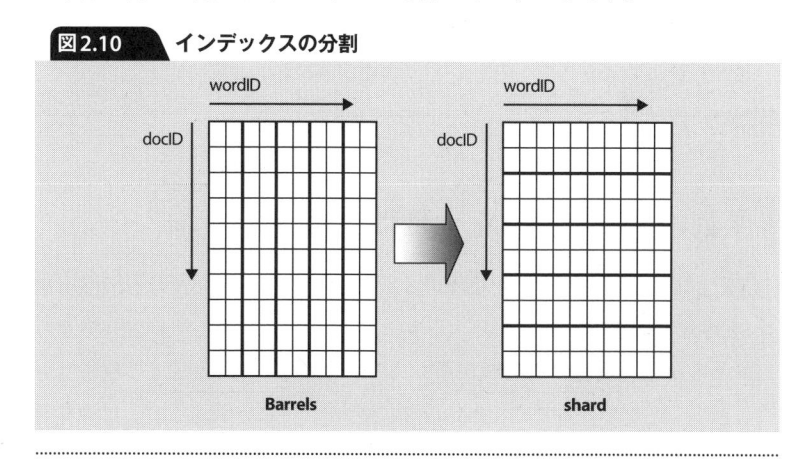

図2.10　インデックスの分割

注10　1.5節内の「ランキングの高速化は難しい――3段階のランキング」(p.36)を参照してください。
注11　1.4節内の「単語情報のインデックス」(p.25)を参照してください。

インデックス分割方法の変更のメリット

　これは小さな変更ですが、その効果は多大なものがあります。以前の方法では、1つの単語は1つのインデックスにしか収められておらず、そしてそこからすべてのWebページが得られました。新しい方法では、1つの単語がすべてのインデックスに含まれており、そして個々のインデックスに含まれるWebページの数を一定以下に抑えることができます。

　どういうことかというと、新しい方法では1回の検索をすべてのインデックスに分散することが可能となり、そして個々の検索により見つかるWebページの数には上限が与えられるということです。上限が与えられるということは、検索にかかる負荷も予測可能になります。あらかじめ十分な速度で検索を終えられるようにインデックスを分割しておくことで、どんなにWebページの数が増えたとしても一定の時間内に検索を終えられるという根拠が得られることになります。これは以前の方法にはなかった利点です。

　また、インデックスを作る側にとっても利点があります。インデックス生成はWebページごとに処理を行うので、Webページの数を絞り込めるなら、生成されるインデックスも小さくまとめることができます。単語ごとに分割するという以前のやり方では、すべてのWebページを含む巨大なインデックスを作り上げてから、それを分割しなければなりません。

　こうした点を考えると、新しいやり方のメリットは明白です。さっそく、新しいインデックスを検索に取り入れてみましょう。

多数のインデックスを一度に検索

　docIDによって分割された個々のインデックスをGoogleでは「shard」（破片）と呼んでいます。検索を行うときには、すべてのshardで同じ検索を行い、その結果を統合する必要があります。ただし、各shardでの検索は一斉に行うことができるため、shardを複数のマシンに分散することにより短時間で検索を終えることが可能となります。

　個々のshardに負荷が集中しないよう、各shardはさらに小さなクラスタ

として構成されます（図2.11）。同じshardが複数のマシンにコピーされ、どのマシンで検索を行っても同じ検索結果が返るようになります。このクラスタでも小さなロードバランサが働いており、すべてのマシンに均等に負荷分散が行われるのと同時に、ここでも障害に対する備えとなっています。

shardは読み取り専用で、定期的なアップデートのとき以外に更新されることはありません。したがって、単純にコピーを増やせば増やすほど負荷分散することが可能で、検索リクエストがどんなに増えたとしても、クラスタに割り当てるマシンを増やすことによって対応することができます。

一方、Webページの数がどんなに増えたとしても、新しくshardを増やすことでシステムを拡大できます。1つのshardに含まれるWebページの数は限定されることから、個々のshardによる検索時間は増加することがありません。shardに含めるWebページの数はマシンの性能に応じて決めることもできるので、新しいマシンと古いマシンとがあってもshardの性能は一定に保つことが可能です。

こうしてshardによるインデックスの分割により、利用者の増加にもWebページの増加にも、単純にマシンを増やすだけで対応できることがわかります。つまり、初代Googleとは違って、新しい検索クラスタは必要に応じていくらでもスケールするしくみとなっているのです。

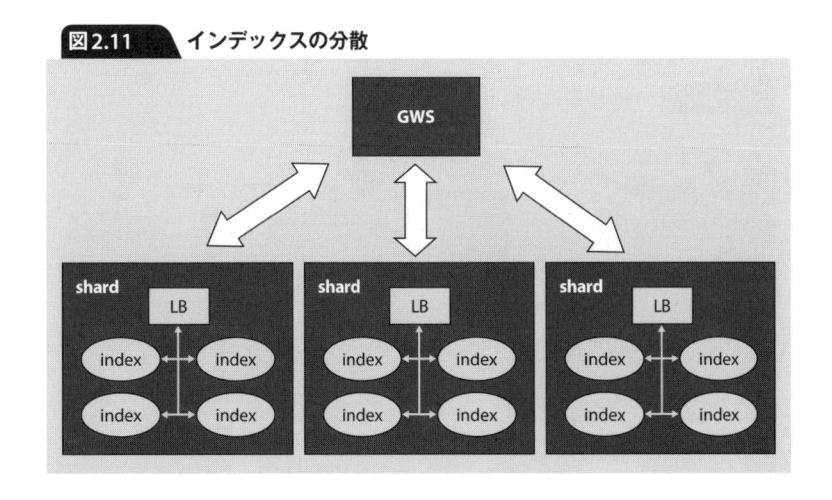

図2.11　インデックスの分散

新しいWeb検索の手順

インデックスのしくみがわかったところで、実際の検索の流れを確認しておきましょう（図2.12）。

❶インデックスサーバ

　　GWSは検索リクエストを受け取ると、インデックスサーバを構成するすべてのshardクラスタに対して検索を要求します。一つ一つのshardクラスタには一部のWebページの情報しか含まれないため、すべてのshardクラスタで同じ検索を行わなければ完全な検索結果が得られません。

　　各shardクラスタでは、それぞれが担当する範囲で検索を行い、見つかったWebページに対してランキングを行います。新しいシステムでも、検索結果があまりにも多い場合には完全なランキングを行っていない可能性がありますが、それでも多数のshardクラスタで分散して処理を行えるようになったことから、以前のやり方と比べるとずっと多くのWebページについてランキングを計算することができます。

　　ランキングの結果、上位に選ばれたWebページのdocIDとそれぞれの点数がGWSに返されます。GWSはすべてのshardクラスタからの検索結果を待って、得られたすべてのリスト中から上位のWebページを最終的な検索結果として採用します。

❷ドキュメントサーバ

　　検索結果を絞り込んだら、次はドキュメントサーバに処理が渡ります。
　　ドキュメントサーバも基本的なしくみはインデックスサーバと同じです。

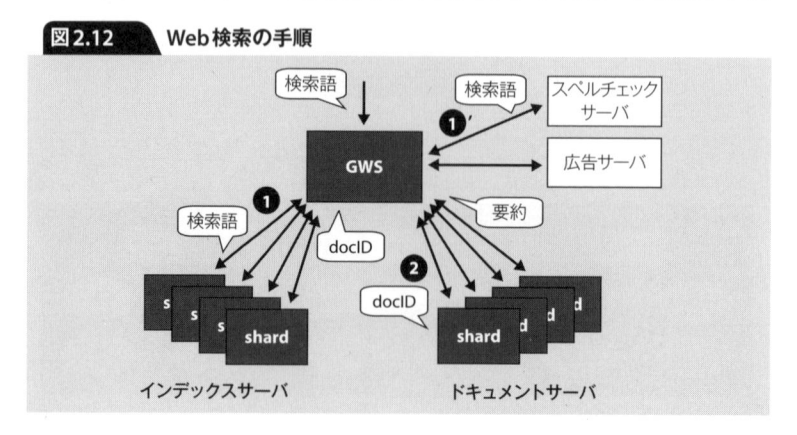

図2.12　Web検索の手順

Webページの内容は複数のshardに分割され、それぞれのshardが複数のマシンによりクラスタとして提供されます。

インデックスサーバのshardには、検索とランキングのために必要な情報だけが含まれますが、ドキュメントサーバのshardには、WebページのURLやタイトル、本文などのテキスト情報がすべて含まれます。ドキュメントサーバはGWSから送られたdocIDを元に、検索結果として表示すべき各Webページのタイトルや要約などを作り上げます。

インデックスサーバの場合と同様に、ドキュメントサーバにも一斉に要求が送られ、要約の作成も複数のマシンで分散処理されます。したがって、こちらの処理も一瞬で終えることが可能です。

❶ その他の処理

インデックスサーバやドキュメントサーバによる処理と並行して、GWSはほかにもいくつかのサーバとも同時に通信を行います。

たとえばスペルチェックを行うサーバと通信することで、利用者の入力した言葉が打ち間違いでないかを確認し、ほかの検索候補があればそれを提示します（日本語では「もしかして」と出るあの機能です）。

また、検索結果と一緒に表示される広告もまた専用のサーバによって処理されます。インデックスサーバは検索語にマッチするWebページを探す一方で、広告サーバはそれにマッチする広告を同時に探すというわけです。

すべての処理が完了すると、GWSはそれらの結果を1つのHTMLページにレイアウトし、それを利用者に返して検索が完了します。

このように、現在のGoogleではさまざまな処理をできるだけ多くのサーバで分散処理することによって、高速な検索を実現しているのです。普段、なにげなく行っているWeb検索ですが、その背後では想像以上に多数のコンピュータの働きがあるのだということがわかります。

Tip
その他の高速化手法

Google Cluster論文では触れられていないものの、新しい検索クラスタでは高速化のためにほかにもさまざまな手法を取り入れていると考えられます。たとえば検索結果はサーバ側でキャッシュすることが可能です。最近検索された内容はしばらく残しておくことによって、次に同じ検索リクエストが来たときには改めて検索する必要がなくなります。実際、Googleで同じ検索を続けて行うと、1回めよりも2回めのほうが検索時間が若干短くなる傾向にあるようです。

2.3 まとめ

本章では、Googleがどのように世界規模の分散システムを構築し、そして高速な検索システムを実現しているかを見てきました。Google全体を通して貫かれている基本的な考え方は次の三つです。

- **ソフトウェアによって信頼性を高める**

  個々のマシンにUPS（*Uninterruptible Power Supply*、無停電電源装置）を付けたり、RAID（*Redundant Arrays of Inexpensive Disks*）によってハードディスクを冗長化するといった、ハードウェアレベルでの信頼性を高めることはしていません。それよりも、ハードウェアが故障してもシステム全体としては動作を続けられるよう、ソフトウェアによって信頼性を高める工夫がされています。

- **ハードウェアを増やして負荷分散する**

  コピーできるデータはコピーし、分割できるデータは分割することによって、ハードウェアを増やすだけでいくらでもスケールするシステムが考えられています。特定の一部がボトルネックにならないようにし、必要に応じて規模を拡大できる設計が行われています。

- **コストパフォーマンスの高いハードウェアを選ぶ**

  ソフトウェアによって信頼性を高め、多数のハードウェアによって負荷分散を行うことから、必然的にハードウェアを選ぶ基準は、価格あたりの性能が最も高くなるものとなります。これによって、同じ性能のシステムを作るのにも、Googleでは既存システムの数分の一のハードウェアコストで実現しているとのことです。この点については第5章で取り上げます。

* * *

本章ではGoogleの表側である検索クラスタについて見てきました。検索処理はどちらかというと分散処理を考えるのも容易でしたが、それよりも難しいのは、Googleの裏方となるインデックス生成です。次章からは、Googleの裏で活躍する数々の基盤技術を見ていくことにしましょう。

第3章
Googleの分散ストレージ

3.1 Google File System──分散ファイルシステム　p.63
3.2 Bigtable──分散ストレージシステム　p.87
3.3 Chubby──分散ロックサービス　p.116
3.4 まとめ　p.134

第3章 Googleの分散ストレージ

　世界規模の検索エンジンを構築する上で最初の課題となるのは、大量の情報をどのように保存するかということです。世界中のWebページをすべてダウンロードするともなると、それだけでも何千、何万という数のハードディスクが必要です。それらを管理し、効率的に読み書きを行うにはそれ相応の技術が求められます。

　単にデータを保存するだけでは十分ではありません。そこからほしい情報をほしいときに取り出すには、情報をデータベース化することが必要です。しかし、1台のコンピュータでは扱えないほどの大量の情報をデータベースにするのは単純なことではありません。ここでも新しい技術が必要となります。

　Googleは、大量のコンピュータを使ったデータ処理のためにいくつもの独自技術を開発しています。本章では、Googleがどのようにして膨大なデータを読み書きしているかについて見ていきます。

図3.1　2004年頃のデータセンターの様子[※]

（3日後）

ここでは4×4＝16のラックが設置されている。ラックあたりのマシン数が40台だとすると、ここに見えているだけで640台のコンピュータがある。

[※]「Challenges in Running a Commercial Web Search Engine」より。
URL http://www.research.ibm.com/haifa/Workshops/searchandcollaboration2004/papers/haifa.pdf

3.1
Google File System──分散ファイルシステム

世界中のWebページを集めて処理しようとすると、1つや2つのハードディスクでは到底扱えない大きなディスク容量が必要です。Googleでは多数のマシンに複数のハードディスクを接続することで、事実上いくらでもディスク容量を拡大できるようにしています。

巨大なディスク空間を実現する

　Web検索エンジンのように大量のデータを扱うシステムでは、それをいかに保存するかということが最初の課題になります。ハードディスクの容量は年々拡大を続けているとはいえ、インターネット上には常にそれ以上のデータがあります。それらのデータを安全に保存し、そして効率的に処理するためには、多数のハードディスクを組み合わせてデータを格納する新しい技術が必要です。

　GFS（*Google File System*）は、そうした要求を満たすために作られたGoogle独自の分散ファイルシステムです。分散ファイルシステムとは、多数のマシンを組み合わせて巨大なストレージ（外部記憶装置）を作り上げる技術です。たとえば、普通のPCに組み込まれている数十～数百GBのハードディスクを大量に組み合わせて、全部で数百TB（*Terabyte* = 1,000GB）、あるいは1PB（*Petabyte* = 1,000TB）以上の容量を持つストレージを実現することができます。

　分散ファイルシステムの利点は容量の大きさだけではありません。分散ファイルシステムでは多数のマシンが同時に動くことによって、1台ですべてを行うよりも効率的なデータ転送が可能となります。多数のマシンで大量のデータ処理を行うGoogleにとっては、最も基本となる技術の一つであるといえるでしょう。

　分散ファイルシステムという技術自体は以前からあるもので、Google固有のものではありません。では、なぜGoogleは独自に分散ファイルシステ

ムを作る必要があったのでしょうか？ Googleが2003年に発表した論文「The Google File System」（下記**Note**を参照）で、GFSの基本的な設計とその特徴が説明されています。ここではおもにこの論文を参照しながら、Googleがどのように大量のデータを扱うのかについてを見ていくことにしましょう。

> *Note*
>
> 本節は次の論文について説明しています（以下、**GFS論文**）。
> - 「The Google File System」（Sanjay Ghemawat／Howard Gobioff／Shun-Tak Leung 著、Proceedings of the 19th ACM Symposium on Operating Systems Principles、2003、p.20-43）
>   URL http://labs.google.com/papers/gfs.html

膨大なデータの通り道となる

GFSは、ネットワークを通してファイルを読み書きするためのシステムです。単にネットワーク経由でファイルを扱うだけならほかにいくらでも方法がありますが、扱われるファイルが巨大であるという点で通常のファイルシステムとは大きく異なります。

GFSにおける1つのファイルは、ハードディスクに収まらないほど大きくすることができます。したがって、それを手元のPCにコピーするなどということはできません。基本的にGFS上のファイルには新しいデータをどんどん書き加えるか、あるいは書き込まれた内容を最初から最後まで読み出し続けるかのいずれかです。イメージとしては、GFSは「巨大なデータの通り道」のような存在です。

Googleの多くのソフトウェアは、GFSからデータを読み込んで加工し、それをまたGFSへと保存します。扱うデータが大き過ぎて1台のマシンには収まらないので、Googleでは図3.2のようにファイルからファイルへと変換するプロセスを多数行います。

GFSが必要になる例として、たとえばクローリングによるWebページの収集と、その後のインデックス生成までの流れが考えられます。第1章では、複数のクローラがダウンロードしたWebページを次々とリポジトリに

格納することを説明しました[注1]。ここではファイルへの書き込みが絶えることなく延々と続けられることが予想されます。インデックス生成も分散処理すると考えると、リポジトリからは同時に大量のデータが読み出されることでしょう。読み込まれたデータは加工され、それがまた次の処理へと進むために中間ファイルに書き出されます。

検索エンジンでは図3.3のように、多くのマシンが大量のデータを書き込み、そして大量のデータを読み出します。まさにこうした目的のために開発されたのがGFSという技術です。

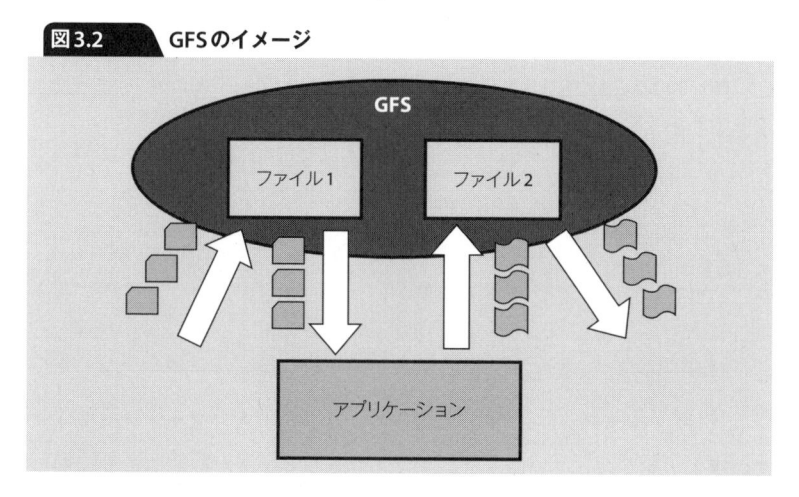

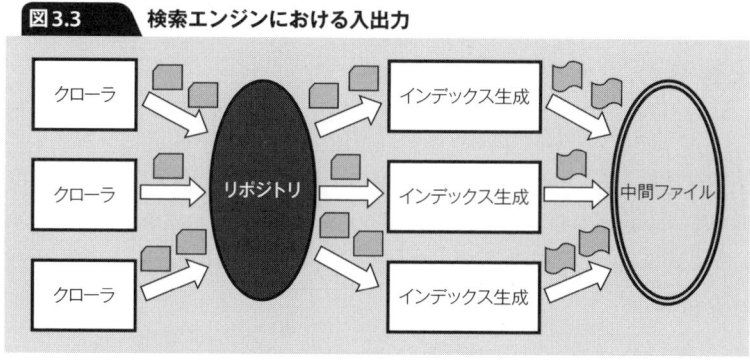

図3.2　GFSのイメージ

図3.3　検索エンジンにおける入出力

注1　1.3節内の「多数のダウンロードを同時に進める」(p.21)を参照してください。

データ転送に特化された基本設計

　GFSはGoogle特有の事情に合わせて開発されています。「ソフトウェアによる障害対策」「大容量のファイルの読み書き」「ファイルをキューとして用いる」と順に見ながら、GFSのデータ転送に特化された基本設計について考えていきます。

ソフトウェアによる障害対策

　Googleでは比較的安価なハードウェアを大量に用いるという方針により、あらかじめ故障の発生を前提としたシステムを設計しなければなりません。その第一歩となるのがGFSであり、GFSはハードウェアの故障からファイルを守ります。

　GFSでは、「ファイルは常にバックアップされた状態」にあります。バックアップという作業を特別に行わずとも、システムが常にファイルの複数のコピーを保持し続けます。GFSを構成するマシンのうち1台が壊れると、そこに書き込まれていたデータの新しいコピーがほかのマシンに作られます。そのぶん全体のディスク容量は減少してしまいますが、新しいマシンを追加すればいくらでも容量を拡大することができます。

　こうした自立的なバックアップ機能により、GFS上のファイルはディスクに空きがならない限りは、いくらハードウェアが故障しても失われることはありません[注2]。

大容量のファイルの読み書き

　GFSで扱われるのは、最低でも数百MB（*Megabyte*）もあるような大きなファイルです。私たちが普段用いるような小さなファイルはGFSで扱うには向いていません。どちらかというと、「大量の小さなデータを1つのファイルに詰め込んで、それを一気に流し込む」というのがGFSの一般的な使われ方です。

注2　もしファイルのすべてのコピーが一度に壊れるとデータが失われますが、その確率は極めて低いものになります。

また、GFSでは一度書き込んだデータを書き換えるということはほとんど想定されていません。「書き込んだものは、後はもう読み出すだけ」です。そのため、GFSはデータベースのように用いるには向いていません。あくまでもデータを大量に書き込んで、そして読み出すという「データの送受信に特化」した設計になっています。

Tip
用途を絞り込むことで単純化する

GFSには、一度アクセスしたファイルの内容をキャッシュして、以降の読み書きを高速化するような工夫もまったくありません。GFSは頻繁に読み書きを行うような用途には向いておらず、大量のデータを連続して転送する場合に限って高い性能を発揮するように設計されています。

ファイルをキューとして用いる

GFSには、ファイルをロック（*Lock*、排他制御）する機能もありません。そのため複数のプロセスが同じファイルに同時に書き込みを行うと、データが壊れる可能性があります。それでは都合が悪いので、そうした場合にでも安全に書き込みを行う方法として、ファイルの末尾にデータを追加する専用の方法が用意されています。

GFSの一般的な使い方は、「ファイルをデータのキュー（待ち行列）として用いる」ことです。先にも触れたように、GFS上のファイルというのはデータの通り道であり、そこにはデータがとどまることなく追加され、そして追加されたデータは後から読み込んで処理されます。

ファイル操作のためのインタフェース

GFSは「ファイルシステム」という名前を持ちますが、いわゆるOSにおけるファイルシステム[注3]ではなくて、一種のサーバ・クライアントシステムとして動作する通常の「ネットワークソフトウェア」です。GFS上のファイルを

注3　WindowsであればNTFS、Linuxであればext3などが一般的です。

直接、普通のファイルと同じように開いたり閉じたりすることはできません。

GFS上のファイルを扱うには、「GFS専用のコマンド」を用いるか、あるいは「GFSのクライアント用ライブラリ」を利用します。GFSのファイルを読み書きするアプリケーションを作る場合には、このライブラリを通してファイルを操作します。

アプリケーションから見ると、GFSの利用方法は通常のファイル操作と大体同じです。GFSは表3.1の機能を提供します。

表3.1のうち、「スナップショット」と「レコード追加」の2つは、少し特殊なので説明しておきます。

「スナップショット」は、ファイルの複製を一瞬で作成する機能です。巨大なファイルをコピーするとなると大変ですが、GFSでは元々ファイルの複数のコピーを持っているという性質をうまく利用して、効率的にファイルを複製することが可能です。

「レコード追加」は、ひとまとまりのデータをファイルの最後に追加します。先にも述べたとおり、GFSではファイルをロックして安全に書き込みを行うための一般的な方法が用意されていないため、多数のクライアントから同じファイルに同時に書き込みを行う場合にはレコード追加を利用しなければなりません。通常の書き込みの場合、複数のクライアントが同時に書き込みを行うとデータが破壊される可能性があります。

GFSは単体で用いるだけでなく、ローカルファイルシステムと組み合わせて利用することも自由です。GFS上のファイルとのやり取りは基本的に

表3.1　GFSの機能

操作	説明
作成（*Create*）	新しいファイルを作成する
削除（*Delete*）	既存のファイルを削除する
オープン（*Open*）	既存のファイルを開く
クローズ（*Close*）	開いたファイルを閉じる
読み込み（*Read*）	ファイルの指定した位置からデータを読み込む
書き込み（*Write*）	ファイルの指定した位置にデータを書き込む
スナップショット（*Snapshot*）	ファイルをコピーする
レコード追加（*Record Append*）	ファイルの最後にデータを追加する

ネットワークを通して行われるので、当然ながらローカルのファイルを読み書きするよりも遅くなります。したがって、データ処理中は一時的にローカルファイルシステムを利用し、処理が完了したらGFSに保存するといった使い方も考えられます。

ファイルは自動的に複製される

　GFSは、大きく分けて3つの要素から構成されます(図3.4)。まず、「マスタ」(*Master*)はGFS全体の状態を管理しコントロールする中央サーバです。マスタの管理下には多数の「チャンクサーバ」(*Chunk Server*)があり、これらが実際にハードディスクへの入出力を担当します。最後に、「クライアント」(*Client*)はGFSを利用してファイルを読み書きするアプリケーションです。

　GFS上のファイルは、64MBを1つのブロックとする複数の「チャンク」(*Chunk*、大塊)に分割されます(図3.5)。個々のチャンクは、通常3つのチャンクサーバにコピーされて保管されます。どのファイルがいくつのチャンクで構成されるか、どのチャンクサーバがどのチャンクのコピーを持っているか、といった情報は、マスタがすべて管理しています。

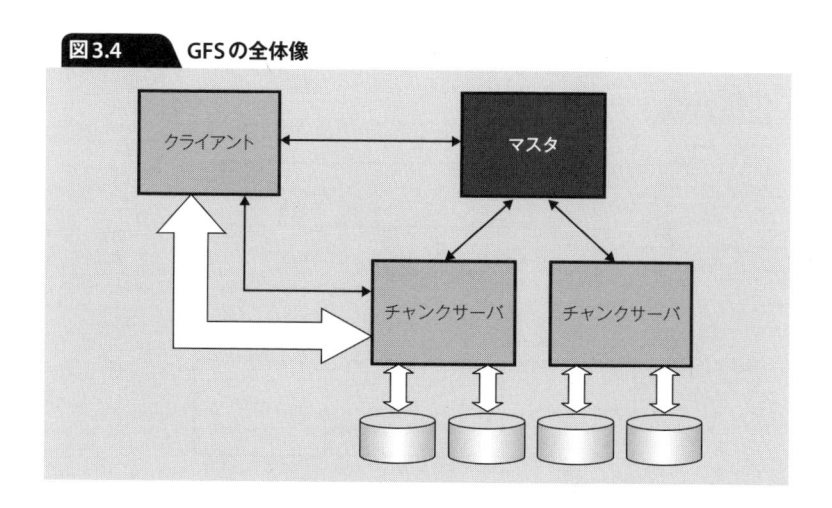

図3.4　GFSの全体像

チャンクのコピーはすべて同じ内容であるので、クライアントはどのチャンクサーバからでもチャンクの内容を読み込むことができます。特定のチャンクサーバが故障した場合にでも、他のチャンクサーバによってチャンクの内容は保たれます。

クライアントはファイルの読み書きを行うとき、まず最初にマスタにチャンクの情報を問い合わせます。書き込むべきチャンクがまだないときには、マスタは新しいチャンクを作成して、複数のチャンクサーバにそれを割り当てます。クライアントは、読み書きを行うべきチャンクサーバの情報をマスタから受け取り、以後の読み書きはクライアントとチャンクサーバとの間で行われます。

読み込みは最寄りのサーバから

GFS上のファイルからデータを読み込むのは比較的簡単です（図3.6）。クライアントはまず、マスタにチャンクの情報とチャンクサーバのアドレスを問い合わせます。マスタは、そのチャンクを管理するすべてのチャンクサーバのアドレスを返すので、クライアントはそのなかから最も近くにあるチャンクサーバを選んで、データを要求します。

個々のチャンクのコピーは独立して読み込みが可能であり、多数のクライアントが同じチャンクを読み込もうとしていても、それぞれのチャンク

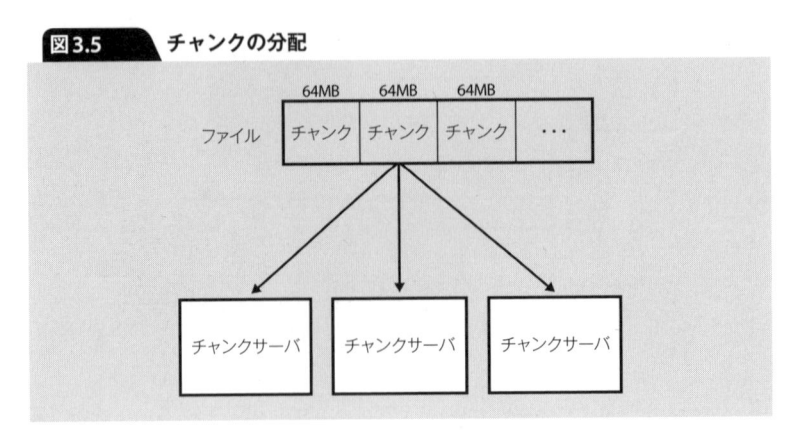

図3.5　チャンクの分配

サーバによって負荷が分散されます。もしも負荷分散が追いつかなければ、コピーの数を増やすようマスタに要求することで、いくらでも読み込み性能を高めることが可能です。

1つのファイルは大量のチャンクに分割され、それぞれのチャンクが複数のチャンクサーバにコピーされるため、ファイルは全体として大量のマシンに分散して保存されることになります。したがって、一つのファイルからのデータの読み出しは広く分散処理することが可能で、一度に読み出せるデータの量は、マシンの数に応じて増加します。

もしもチャンクサーバにつながらなかったり、チャンクサーバがエラーを返した場合[注4]には、クライアントは他のチャンクサーバからチャンクを読み込みます。もしもすべてのチャンクサーバにつながらなかったとしても、クライアントはチャンクサーバが復活するまでしばらく問い合わせを続けます。したがって、ネットワークが完全に遮断されてまったく通信ができなくなるか、あるいはすべてのチャンクのコピーが一度に壊れるようなことがない限りは、チャンクを読み込めなくなることはありません。

書き込みは複数のサーバへ

読み込みとは異なり、チャンクへのデータの書き込みはずいぶん複雑で

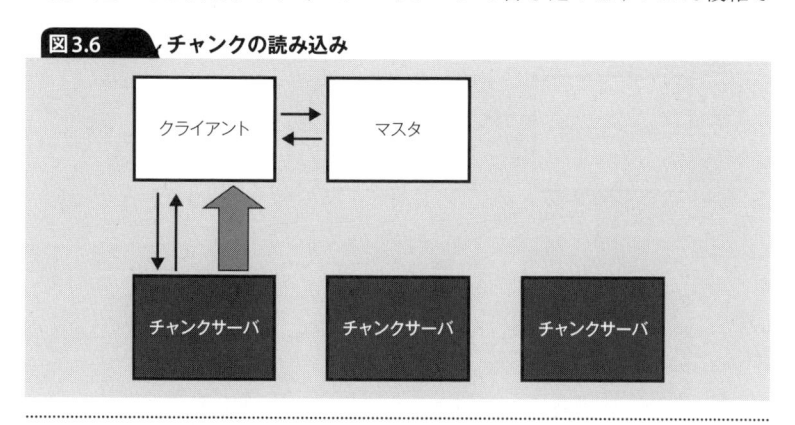

図3.6　チャンクの読み込み

注4　ハードディスクの物理的な障害などにより、チャンクのデータが壊れて読み込めなくなる場合があります。

す（図3.7）。　まずはじめに、クライアントはマスタに対してチャンクへの書き込みを要求します。マスタはそのチャンクを管理するチャンクサーバの中からまとめ役を1つ決定し、それを「プライマリ」（Primary）と呼びます。これに対して他のチャンクサーバは「セカンダリ」（Secondary）と呼ばれます。クライアントにはどのチャンクサーバがプライマリであるかが伝えられ、以降、書き込みが完了するまでこのプライマリが書き込みをコントロールします。

　プライマリが決まると、クライアントは最寄りのチャンクサーバに書き込みたいデータの内容を送ります。送り先はプライマリのチャンクサーバでなくてもかまいません。チャンクサーバに送られたデータは、まだ受け取っていないチャンクサーバへと次々とコピーされます。チャンクサーバは、バケツリレーのようにデータを受け取ると同時に送り出すことで、効率的にコピーが進められます。

　データを送り終わったところで、クライアントはプライマリに対して、今送ったデータを書き込むよう要求します。プライマリは、まず手元のチャンクにデータを書き込んだ上で、セカンダリにもそれを書き込むよう要求します。すべてのチャンクサーバで書き込みが完了すると、書き込みに成功したことをクライアントに伝えて処理が完了します。

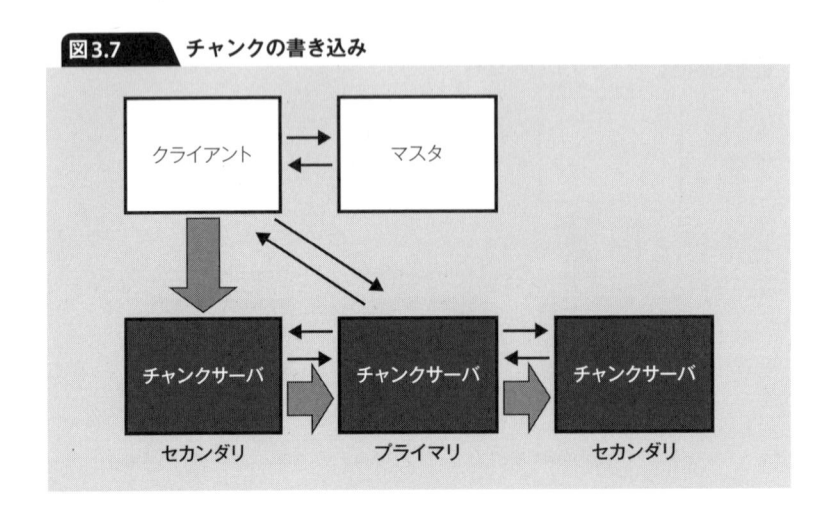

図3.7　チャンクの書き込み

さまざまなエラーへの対応

　書き込みが順調に進んだときはこれで問題ありません。しかし、途中でエラーが発生する可能性についても考えなければなりません。チャンクサーバが途中で故障するかもしれませんし、ハードディスクの問題で書き込みに失敗するかもしれません。

　プライマリが書き込みに失敗したときには単純にエラーが返されて、クライアントははじめから処理をやり直します。プライマリで問題が起こるということは、書き込みがまったく進まないということです。マスタは遅かれ早かれこの問題を検出し、問題の起こったチャンクサーバを切り離して、新しいプライマリを決定します。

　セカンダリで問題が起こった場合はもう少し複雑です。セカンダリに書き込みを要求する前に、プライマリはすでにチャンクの内容を更新しています。このときセカンダリでの書き込みに失敗すると、プライマリとセカンダリとでチャンクの内容が異なるという結果が生まれます。これはあってはならない状態です。

　この問題を避けるため、プライマリはチャンクを更新する前に「チャンクのシリアルナンバー」を決定し、それをマスタに通知します。書き込みに失敗したセカンダリでは、チャンクのシリアルナンバーが更新されず古いままになります。マスタは遅かれ早かれ古くなったチャンクのコピーを発見し、このセカンダリを切り離すことによってクライアントが古いデータを読まないようにします。

　それでもなお、書き込みの途中でそれと同じチャンクを読み込もうとするクライアントがいたとすると、そのクライアントは古いデータを読み込んでしまう可能性があります。GFSでこのような読み書きのタイミングに依存するようなアプリケーションを書く場合には注意が必要です。読み書きを同時に行うときの問題については、「レコード追加」の説明のときにもう一度取り上げます。

　いずれにしても、書き込みで何かしらのエラーが発生した場合には、クライアントは同じ書き込みを何度か繰り返します。チャンクサーバやネッ

トワークの一時的な障害のためにエラーになっただけであれば、いずれ書き込みは成功します。そうでなくとも、しばらくすればマスタがチャンクサーバの異常を検出してそれを切り離します。クライアントは、何度かエラーが続いたときには再びマスタに書き込みを要求し、今度こそ問題なく動いているはずのチャンクサーバに対して書き込みを行います。

　最終的に書き込みに成功するまでこの一連の処理が続けられるので、よほどのことがない限りは、遅かれ早かれいずれ書き込みは成功するようになっています。

Columun

最寄りのサーバとは

　Google内部では、コンピュータのIPアドレスはネットワーク的な距離に応じて規則的に付けられているそうです。具体的には、アドレスの前の部分が多く一致すればするほど近くのコンピュータになっていて、たとえば"10.0.1.1"と"10.0.1.2"はすぐ近くですが、"10.1.1.1"は遠くにあるということがアドレスを見るだけで一目でわかります（図3.A）。

　GFSでは、必要な通信はなるべく近くのサーバと行うことでネットワークの負荷を下げる一方で、チャンクのコピーは離れた場所に分散させるなどして、障害が1ヵ所に片寄らないよう工夫されています。

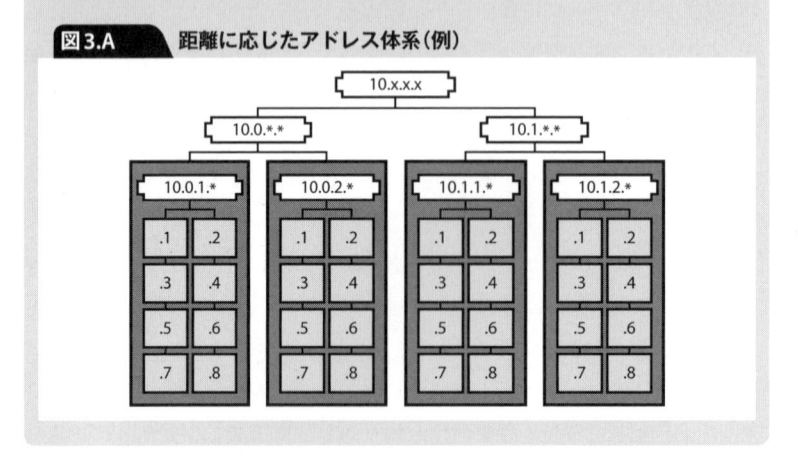

図3.A　距離に応じたアドレス体系（例）

```
                    10.x.x.x
                   /        \
              10.0.*.*      10.1.*.*
              /    \         /     \
         10.0.1.*  10.0.2.*  10.1.1.*  10.1.2.*
         .1 .2     .1 .2     .1 .2     .1 .2
         .3 .4     .3 .4     .3 .4     .3 .4
         .5 .6     .5 .6     .5 .6     .5 .6
         .7 .8     .7 .8     .7 .8     .7 .8
```

同時書き込みで不整合が起こる

　GFSでは、多数のクライアントが同時に読み込みを行っても効率的に分散処理が行われることを説明しました。一方、同時に書き込みが行われる場合については、もっと慎重に考える必要があります。

　書き込まれるデータがチャンク1つに収まる場合は比較的簡単です。複数のクライアントがマスタに書き込みを要求すると、マスタはすべてのクライアントに対してプライマリのアドレスを伝えます。各クライアントは個別にプライマリに書き込みを要求しますが、プライマリはこれを要求された順に処理します。どの要求が先に届くかは実行してみるまでわかりませんが、少なくとも個々のデータが順に書き込まれることだけは確かです。

　しかし、書き込まれるデータがいくつものチャンクに分かれる場合には注意が必要です。データが複数のチャンクにまたがる場合、書き込みはチャンクごとに分割して行われます。個々のチャンクが異なるチャンクサーバによって管理されているとすると、クライアントは複数のプライマリと同時に通信することになります。この場合、これらのチャンクは前から順に書き込まれるとも限らず、書き込みが完了する順序は事前には決まりません。

　書き込みを行うクライアントが1つであれば、これでも問題ありません。しかし、複数のクライアントが同じファイルに同時に書き込みを行うとどうなるでしょうか（図3.8）。

図3.8　同時書き込みによる不整合

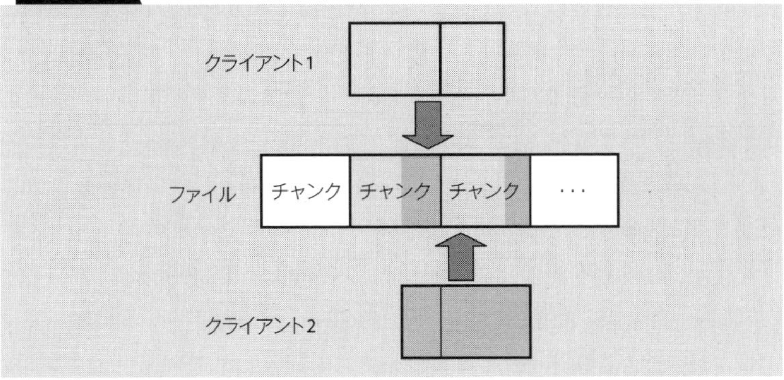

書き込みはチャンクごとに行われますが、どのクライアントのデータが先に書き込まれるかというのは実行してみるまでわかりません。クライアントによって、一部のデータは先に書き込まれたのに、残りのデータは後から書き込まれるということも起こりえます。その結果、複数のデータが混在してしまったとしてもおかしくありません。

このような競合状態を避けるためには、書き込みの順番を保証するロック機構が必要ですが、GFSはそれを提供していません。したがって、GFSで複数のクライアントが同じファイルに書き込みを行うと、書き込まれるデータがどのようになるかは保証されないということになります。

レコード追加によるアトミックな書き込み

書き込みの行われる順番を保証する代わりにGFSが提供するのが、「レコード追加」の機能です。これはファイルの末尾にひとまとまりのデータを効率的に追加するよう設計されています。

GFSでは、一度に読み書きされるまとまったデータのことを「レコード」(*Record*)と呼びます。たとえばクローラはダウンロードしたWebページとURLとを一緒に書き込みますが、こうした関連のあるデータをまとめたものがレコードです。

レコードの内容は途中で書き換えられたくありませんから、そのまま確実に書き込まれることが期待されます。一つの処理が最後まで中断されることなく一度に行われることを一般にアトミック(*Atomic*)な操作といいますが、レコード追加はまさにアトミックな書き込みを行うための機能です。レコード追加では通常の書き込みとは違い、複数のクライアントが同時に書き込みを行っても確実にレコードの内容がファイルに追加されます。一つ一つのレコードはファイルの末尾に追加されるので、データが上書きされてしまうようなことはありません。

ただし、注意点もあります。レコード追加では、レコードの内容が必ず「1回以上」書き込まれることを保証しています。1回以上というのは、同じデータが何度も書き込まれる可能性があるということです。これは少々混

乱しますが、わかりやすさよりも効率を優先した結果だと考えられます。レコード追加は、**図3.9**のようなしくみで行われます。

レコード追加では、まずはじめにプライマリのチャンクサーバによってファイルの末尾に必要な領域が確保され、それから書き込みが始まります。書き込みに成功した場合には、そのまま次のレコード追加が行われます。

書き込みに失敗した場合

問題は書き込みに失敗した場合です。1つめのレコード追加がエラーになったとしても、ひとたび追加された領域はそのままに、次のレコードの処理が始まります。エラーの原因が瞬間的なトラブルの場合、1つめがエラーになっても2つめは成功するようなことも起こりえます。

失敗したレコード追加は、もう一度ファイルの末尾に新しい領域を確保するところからやり直されます。同じファイルを別のクライアントが読み込んでいるかもしれないので、エラーになったところだけを書き換えるというわけにもいきません。

レコード追加の一般的な使われ方は、一つ、または複数のクライアントがファイルにデータを追加し、別のクライアントがそれを読み込むことです。レコード追加でエラーが発生したとすると、同じチャンクでもどのチャンクサーバと通信するかによって、正しく書き込まれたデータを読み出すこともあれば、書き込みに失敗した領域を読み出してしまうこともありえます。クライアントはエラーの発生した領域を単に読み飛ばします。したがって、レコードを確実に読み込んでもらうには、もう一度ファイルの最後にレコードを追加するしかありません。

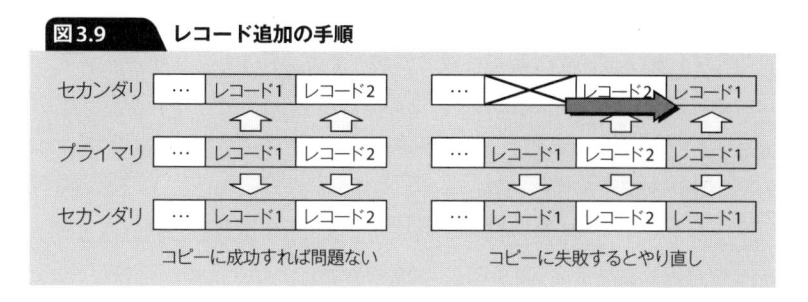

図3.9　レコード追加の手順

	コピーに成功すれば問題ない	コピーに失敗するとやり直し
セカンダリ	… レコード1 レコード2	… ╳ レコード2 レコード1
プライマリ	… レコード1 レコード2	… レコード1 レコード2 レコード1
セカンダリ	… レコード1 レコード2	… レコード1 レコード2 レコード1

結果として、同じレコードの内容が複数回追加されることが起こりえます。レコード追加では、これを仕様として受け入れています。レコード追加は、必ず一度はレコードの内容が書き込まれることを保証していますが、読み出し側では、同じレコードが何度も読み込まれる可能性を考慮した開発が必要となります。

こうした制約はあるにしても、レコード追加を用いることで複数のクライアントが確実にレコードを書き込むことが可能となり、効率的なデータ転送が実現できるというわけです。

Tip
レコード追加の問題を回避する

レコード追加では、書き込みに失敗して壊れたデータがファイルの途中に現れることがあるので、読み出し側でこれを取り除く作業が必要です。そのためレコード追加を行う側では、レコードの内容だけでなくそのチェックサムも同時に書き込みます。読み込みを行う側ではチェックサムを確認し、それが一致しなければ書き込みに失敗したのだということがわかります。

こうした処理はGFSのライブラリ側で行われるため、開発者はその詳細について気にする必要はないようです。ただし、重複したレコードを取り除くことは行われないので、この点については注意が必要です。重複したレコードを検出するには、レコードの中にシリアル番号を入れておいて、同じ番号が続いたらレコードを読み飛ばすといった方法がとられるようです。

レコードの重複は問題にならない場合もあります。たとえばWebページを格納したレコードであれば、レコードが重複しても同じWebページのインデックスが何度も行われるだけで、実質的な問題はありません。

スナップショットはコピーオンライトで高速化

「スナップショット」のしくみについても簡単に見ておきましょう。これはファイルのコピーを一瞬で作成する機能です。

「GFSにおけるファイルはチャンクの集まり」であることは繰り返し説明しました。GFSのマスタは、どのファイルがどのチャンクによって構成されるかという情報をすべて管理しています。

スナップショットとは、同じチャンクを指し示す、新しい名前のファイル情報を作る機能です（図3.10）。コピーされるのはファイル情報だけで、

チャンクそのものはコピーされません。コピー処理はマスタの中だけで完結するので、一瞬で処理が完了するのです。ディスク容量が減少することもありません。

同じチャンクを共有するのであれば、ファイルを書き換えたときにはどうなるんだ、ということになります。スナップショットを作ると、チャンクの内容を書き換えようとしたときにはじめてチャンクがコピーされます。この手法は一般的に「コピーオンライト」(Copy On Write)と呼ばれます。コピーオンライトによって、非常に少ないコストでファイルのコピーが作れるため、毎日のファイルの状態をとっておくようなことも手軽に行えます。

GFSのスナップショットでは、書き換えられるチャンクだけがコピーオンライトされることにも注目です。書き換えられないチャンクはそのままコピー元と同じチャンクを指し続けるので、書き換えも最小限の手間で済ますことが可能です。

負荷が偏らないようにバランスが保たれる―マスタの役割

最後になりましたが、「マスタの役割」についてもう少し詳しく見ておきましょう。マスタの役割は、GFS全体の状態を監視することです。たとえば、次のような情報があります。

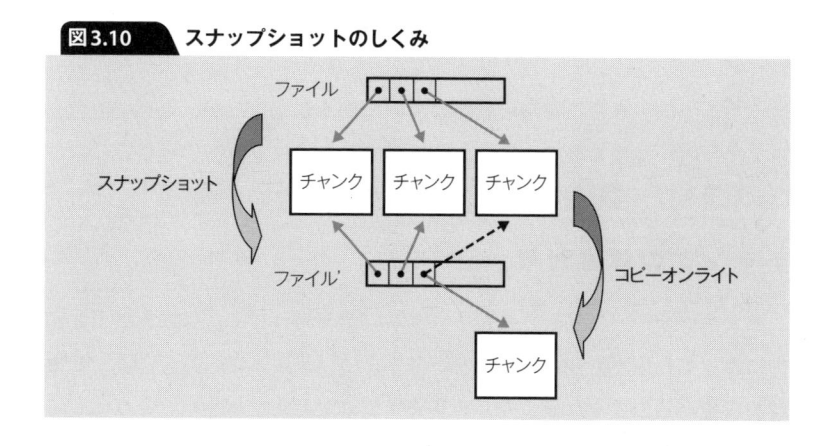

図3.10　スナップショットのしくみ

- ファイル名とそれを構成するチャンクのリスト
- チャンクサーバがどこにあり、今どのような状態か
- どのチャンクサーバがどのチャンクを持っているか

　マスタはまた、すべてのチャンクサーバと定期的に通信することで、それらの状態を確認します。もしも通信できないチャンクサーバがあれば、障害が発生したものとして対策を行います。

　チャンクサーバは起動時に、自身が管理するすべてのチャンクの情報をマスタに伝えます。これによって、マスタはどのチャンクサーバにどのチャンクがあるかという最新情報を得ることができます。マスタは、個々のチャンクのコピーの数が常に一定に保たれるよう、チャンクサーバに新しくチャンクを割り当てたり、逆に切り離したりします。

　マスタはほかにもGFS全体を最適化するための調整を行います。特定のチャンクサーバに負荷が集中していたり、ディスク容量が不足してきた場合には、チャンクの割り当てを変更することで負荷が均等になるよう務めます。古くて使われなくなったチャンクのコピーが見つかれば、それを破棄してリサイクルするようチャンクサーバに伝えます。

　こうした裏方の面倒をマスタがすべて見てくれるおかげで、GFSの状態は最適な状態に保たれます。

あらゆる障害への対策を行う

　ここまではおもに正常時の動作について見てきましたが、現実にはさまざまな障害が発生します。次は、GFSでは考えられる障害に対してどのような対策を行っているかについて見ていきましょう。

チャンクの障害対策

　チャンクサーバに保管されたチャンクの個々のコピーは、さまざまな理由によって利用不可能になることがあります。ディスクの障害によって物理的に読み込めなくなることもありますし、たとえ読み込めたとしても内

容が書き換わっていることさえあります。

　システムの信頼性を高めるため、チャンクサーバはチャンクを保存するときに「チェックサム」を計算し、チャンクの内容と一緒に書き込みます。「チェックサム」(Checksum)というのはデータの正しさを検証するために作られる数値のことで、同じデータからは必ず同じ数値が作られます。したがって、もしも書き込み時と読み込み時とでデータが異なっていた場合、チェックサムの照合に失敗してエラーが発生したとみなされます[注5]。

　チャンクの読み込みでエラーが発生すると、チャンクサーバはクライアントにエラーを返すのと同時に、マスタにも障害の発生が伝えられます。するとマスタは問題を起こしたチャンクサーバをチャンクの割り当てから外し、新しいコピーを作るように別のチャンクサーバを割り当てます。

　チャンクのエラーは読み込もうとしたときにはじめてわかるものなので、長い間読まれていないチャンクのコピーは、気が付いたときには「全部壊れていた！」ということにもなりかねません。これを避けるため、チャンクサーバは手の空いているときにすべてのチャンクのチェックサムを再確認するようになっており、トラブルを事前に防止します。

　チャンク自体にエラーがなくとも、その内容が更新されずに古くなっていることもあります。たとえば書き込み時にたまたまチャンクサーバが再起動したり、あるいはネットワークが不通になったような場合です。チャンクには更新のたびにシリアルナンバーが振られ、マスタは最新のチャンクがどれかを知ることができます。マスタとチャンクサーバは定期的な通信によってチャンクの状態を確認し、古くなっていたチャンクのコピーについては、やはりマスタがチャンクの割り当てを変更します。

　いずれにしても、古くなったり壊れたチャンクの割り当てはマスタによって取り除かれ、新しい割り当てが行われることでチャンクのコピーの数は一定に保たれます。これによって、マスタが生きている限りはチャンクが失われることはまずありません。

注5　こうした処理は本来、OSによって行われるべきことなのですが、OSの不具合に悩まされた結果として、Googleでは自前でチェックサムを照合することにしたそうです。

チャンクサーバの障害対策

　さまざまな理由によって、チャンクサーバとの通信が途絶えることもあります。不具合やメンテナンスのためにチャンクサーバを再起動することもありますし、マシンの電源が落ちたりネットワークがつながらなくなることもありえます。

　クライアントがチャンクサーバとやり取りしている途中で通信が途絶えた場合、それは単純にエラーとみなされて、クライアントは他のチャンクサーバに接続します。すべてのチャンクサーバにつながらなかった場合、クライアントは再びマスタに問い合わせをし、それまでに再割り当てされているであろう新しいチャンクサーバの情報を得てやり直します。

　チャンクサーバとの通信が完全に途絶えた場合、マスタはそれを管理対象から外します。チャンクサーバが管理していたチャンクは新しいサーバに再割り当てされ、チャンクのコピーの数が維持されます。以降、クライアントには停止したチャンクサーバの情報は送られなくなるので、システム全体はそれまでどおりの動作を続けます。

　停止していたチャンクサーバが復活すると、チャンクサーバは自身の存在をマスタに伝えます。このとき同時に、チャンクサーバが保持しているチャンクの情報も伝えられるので、マスタは管理データを更新します。もしもチャンクのコピーが多くなり過ぎるなら、マスタは割り当てを調整して、一部のコピーを削除します。

　まったく新しいチャンクサーバを導入したときにも行われることは同じです。チャンクサーバは自身の存在をマスタに伝え、それ以降、新しいチャンクの割り当てが新しいサーバにもやってくるようになります。

　こうした手順は完全に自動化されており、設定変更などは必要ないことに注目してください。チャンクサーバが故障したまま放置されても、マスタはチャンクのコピーを維持するので、すぐにマシンを入れ替える必要はありません。GFS全体のディスク容量が減ってきたときは、新しいチャンクサーバをネットワークにつなぐだけで、マスタはそれを認識してGFSの容量が増加します。管理者はGFSの容量にだけ気を配っていれば、あとは

マスタがよきに計らってくれるはずです。

マスタの障害対策

最後は、マスタ自身の障害対策です。マスタが停止してしまったのでは、GFS全体が機能しなくなってしまいます。

後述するように、マスタはGFSの外部のシステムによって常に監視されており、何か問題が起こったときには別のマシンで新しいマスタが起動するようになっています。するとマスタのアドレスが変更になりますので、そのときはDNSを書き換えることによって、各クライアントやチャンクサーバにマスタの交代が伝えられます。

問題はマスタの管理情報をどのように維持するかということです。GFSでは、1台のマスタがすべてのファイルの情報を管理しており、新しいマスタにそれを引き継がなければなりません。

故障してからでは手遅れですから、マスタは普段から管理情報を更新するときには、変更内容を「オペレーションログ」(Operation Log)と呼ばれるファイルに記録するようになっています。もしマスタが突然停止したとしても、オペレーションログを読み返してその内容を再現すれば、故障する前のマスタの状態を取り戻せるはずです。

オペレーションログそのものが壊れてはいけないので、このファイルは別のマシンにもコピーされます。マスタが切り替わるときには、このコピーを使ってマスタの管理情報が復元されます。

オペレーションログに書き込まれるのはファイルの情報だけで、チャンクサーバの情報については記録されません。各チャンクサーバがどのチャンクを管理しているかということはチャンクサーバ自身が知っていることなので、マスタが再起動したときにはすべてのチャンクサーバからチャンクの情報が集められ、管理情報が再構築されます。

オペレーションログが大きくなり過ぎると管理情報を復元するのに時間が掛かってしまうため、定期的に管理情報全体のメモリイメージがファイルに書き出され、古いオペレーションログは削除されます。マスタが再起動するときには、まず最新のメモリイメージを読み込んでから、それ以降

のオペレーションログを反映させることによって高速な状態の復元が実現されています。

読み書きともにスケールする

最後にGFSがどのような性能を発揮するものなのかを簡単に見ておきましょう。

図3.11は、GFS論文（p.64）からベンチマークの結果を抜粋したものです。❶は「読み込み」、❷は「書き込み」、❸は「レコード追加」の結果をそれぞれグラフにしてあります。いずれも16台のチャンクサーバに対して、クライアントを1〜16台と変化させたときの読み書きの速度を表しています。

チャンクサーバはすべて1.4GHzのPentium IIIプロセッサ×2、2GBのメモリ、80GBのハードディスク×2で構成されます。チャンクサーバとクライアントはそれぞれ100MbpsのEthernetでスイッチに接続されており、両者の間が1Gbpsの回線で結ばれています。

❶読み込み性能

クライアントとチャンクサーバとの帯域は1Gbps（＝125MB/秒）で、それがネットワークの上限になります（図3.11のグラフの上側の線）。

GFS上の複数のファイルからランダムに大量のデータを読み込んだところ、16クライアントの時点でおよそ94MB/秒（＝750Mbps）という転送レートが得られています。クライアントが増えるに従い、ほぼネットワークの上限まで読

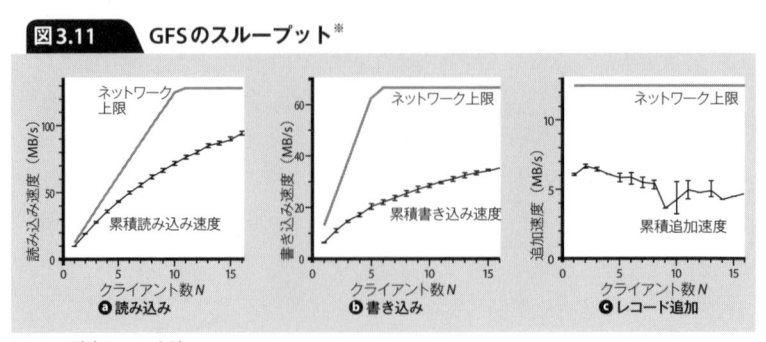

図3.11　GFSのスループット※

※　GFS論文のp.12より。

み込みが可能であるとわかります。

　クライアントが増えるにつれて伸び率が低下していますが、これはチャンクサーバの数が少ないために、同じチャンクサーバからの読み込みが発生しやすいことが原因のようです。チャンクサーバが重なると処理が分散されにくくなり、読み込み効率が低下します。

　いずれにしても、十分な数のチャンクサーバとクライアントを用意できれば、ネットワークの限界に近いスピードでファイルの処理を行えることが予想できます。

❺書き込み性能

　書き込みは読み込みに比べるとずいぶん遅くなります。グラフは各クライアントが個別のファイルに書き込みを行ったときの結果ですが、読み込みと比べるとおよそ1/2～1/3程度のレートになっています。

　書き込みではチャンクの3つのコピーを作成しなければならないため、どうしても速度が低下することは避けられません。複数のチャンクサーバに処理がまたがるため、それだけチャンクサーバの負荷が重なる可能性も大きくなり、クライアントが増えたときの伸び率の低下は、読み込み時よりもさらに大きくなります。

　それでもなお、読み込みの場合と同じように、チャンクサーバとクライアントを十分に増やせば、十分に高い性能での書き込み処理を行うことは可能になるでしょう。

❻レコード追加性能

　最後のグラフは、複数のクライアントが1つのファイルにレコード追加を行ったときの結果です。グラフがまったく伸びていませんが、1つのファイルにレコード追加を繰り返す場合には、特定のチャンクサーバに処理が集中してしまうのでこれは当然の結果です。理想的には、グラフは真横に伸びるのがベストです。

　クライアントが1つの場合、通常の書き込みとほぼ同じレートでレコード追加が行えていることがわかります。つまり、レコード追加ではアトミックな書き込みが行えるにもかかわらず、通常の書き込みと比べても速度の低下がほとんどなさそうです。

　複数のファイルにレコード追加を行った場合には、通常の書き込みと同じような伸び率で書き込み速度が向上すると考えられます。1つのファイルにだけ書き込みを行っていたのでは速度が頭打ちになるため、大量のデータを書き込む必要があるときにはファイルを分けることも考える必要がありそうです。

リカバリ時間

　図3.11のグラフには表されていませんが、GFSはどれくらいの時間で障害から回復するかというデータも興味深いものがあります。

　チャンクサーバが完全に停止した場合、そこに含まれていたチャンクはコピーの数が減少するので、新しいコピーを作らなければなりません。コピーの数が減っているときに新たなサーバが故障しては大変ですから、できる限り早急にコピーを増やすことが求められます。

　Googleの試験では、200以上のチャンクサーバから構成されるGFSクラスタにおいて、1つまたは2つのチャンクサーバを停止したときの振る舞いが計測されています。それぞれのチャンクサーバには15,000程度のチャンクのコピーがあり、それはデータ量にすると600GBにもなります。

　1つのチャンクサーバを停止した場合、すべての新しいコピーが作られるまでに23分必要だったとのことです。さすがにこれだけのデータが一度に失われると、すぐに回復するというわけにはいきません。

　問題は、2つのチャンクサーバが一度に停止した場合です。チャンクのコピーは3つしかないので、2つのチャンクサーバが停止すると、コピーの数が一つだけ、というチャンクがどうしても現れます。これは緊急事態です。

　実際には、個々のチャンクは広く分散されているので、2つのチャンクサーバが停止しても、2つのコピーを同時に失ったのは、15,000のうちの266のチャンクに留まったようです。2つのコピーが失われたチャンクは、他のチャンクよりも優先的にコピーされて、2分以内にはすべてのチャンクが2つ以上のコピーを持つところにまで回復しました。

　つまり、このGFSクラスタにおいては、もしも2つのチャンクサーバが同時に故障したとしても、それから2分以内に3つめのチャンクサーバが故障しない限りは、チャンクのデータは失われることがないという実験的な裏づけが得られたことになります。

　GFSにおいても、3つのコピーがすべて壊れてデータが失われる可能性はゼロではありませんが、緊急を要するデータほど優先的に扱うことで、その危険性を限りなく小さくしているといえそうです。

データ管理の基盤として働く

　GFSは大量のデータを読み書きするための基盤技術で、1台のマシンでは扱えない巨大なファイルを高速に転送し、そして安全に保管することができます。

　GFSでは多数のマシンを接続することで、容量をいくらでも増やせるファイルシステムを実現しています。システムのあらゆる部分で障害対策について考えられており、どこで故障が発生しても全体として動作を続けられるようになっています。

　GFSはいかに「大量のデータを効率よく転送するか」ということに特化した設計になっており、データの書き換えはほとんど想定されていません。複数のクライアントが同じファイルに同時に書き込むと、データが混在してしまうことさえあります。レコード追加を使えばデータの混在を避けられますが、同じデータが重複して書き込まれることもあるので注意が必要です。

　こうした固有の特徴はあるものの、それによってGFSは高い読み書き性能を実現しています。GFS単独ではできることできないことがあり、あらゆる用途に使えるわけではありません。しかし、GFSによってデータ容量には事実上の制限がなくなり、さらにデータが失われる危険も小さくできることから、GFSはほかのさまざまな分散システムの基盤として用いられています。

3.2 Bigtable ── 分散ストレージシステム

　BigtableはGoogleにおけるデータベースのような存在です。Bigtableによって既存のデータベースでは扱い切れないほどの大量のデータでも読み書きすることが可能となり、Googleのさまざまなアプリケーションを支えています。

巨大なデータベースを構築する

GFSは大量のデータを一度に扱うのには向いていますが、小さなデータを読み書きするのにはまったくの不向きです。つまりデータベースとしての用途にはまったく別のシステムが必要であり、そうして開発されたのがBigtableです。

Bigtableは厳密にはデータベースではなく、「構造データのための分散ストレージシステム」と呼ばれています。そこには既存のRDB（*Relational Database*）ほどに行き届いた利便性や、馴染みのある操作方法はありませんが、Googleのような大規模分散システムにおいて、複雑なデータ構造を効率的に読み書きできるよう工夫されています。

Bigtableは、Web検索のために開発されたインデックス技術というわけではありません。Web検索では、何よりも検索速度を重視して設計された専用のインデックス技術が用いられます。Bigtableはどちらかというと、効率優先のインデックスやRDBではとても扱えないほどの「大量のデータにアクセスするための分散システム」です。たとえば、クローラが集めた膨大なWebページを格納するような目的で用いられます。

Bigtableについては2006年の論文「Bigtable: A Distributed Storage System for Structured Data」（下記 **Note** を参照）で詳しく説明されています。本節では、Googleの各種アプリケーションがどのように大量のデータを管理しているのかを見ていきます。

> *Note*
>
> 本節は次の論文について説明しています（以下、**Bigtable論文**）。
> - 「Bigtable: A Distributed Storage System for Structured Data」(Fay Chang／Jeffrey Dean／Sanjay Ghemawat／Wilson C. Hsieh／Deborah A. Wallach／Mike Burrows／Tushar Chandra／Andrew Fikes／Robert E. Gruber 著、7th USENIX Symposium on Operating Systems Design and Implementation(OSDI)、2006、p.205-218)
>   URL http://labs.google.com/papers/bigtable.html

構造化されたデータを格納する

Bigtableが既存のRDBと比べて決定的に異なるのはそのデータモデル（*Data Model*）、つまり「データをどのように格納するか」という考え方です。

テーブルの構造

BigtableにもRDBと同様に「テーブル」（*Table*）、「行」（*Row*）、「列」（*Column*）といった概念はありますが、それが大きく拡張されています。

通常のRDBであれば、1つのテーブルは図3.12のような単純なモデルで表されます。すなわち、テーブルには行と列があって、特定の行と列を与えると1つの値が定まるというシンプルなモデルです。

一方、Bigtableではこれがずっと複雑になります（図3.13）。1つのテーブルに複数の行があるところまでは同じですが、列の代わりに「行キー」と「コラムファミリー」の二種類があります。行キーは行を特定するために用いら

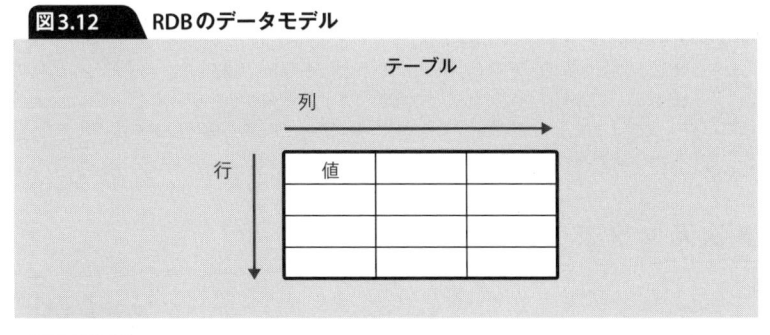

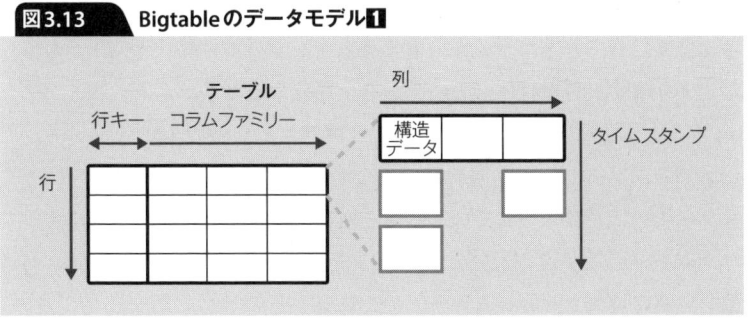

図3.12　RDBのデータモデル

図3.13　Bigtableのデータモデル❶

れるキーです。コラムファミリーは列に似ていますが、これにはまだ先があります。

Bigtableで行キーとコラムファミリーが定まると、その先にまたテーブルのような構造があります。そこでは、横方向に任意の数の列があり、それぞれの列がさらにタイムスタンプ（*Timestamp*）によって区別される過去のデータを保持しています。このなかから、特定の列とタイムスタンプを指定すると、ようやく1つのデータにたどり着くことができます。

ただし、このデータも単純な1つの値とは限りません。ここにはどんなデータでも自由に書き込むことが可能です。それは1つの数値かもしれないし、文字列かもしれない。あるいは、複数の値からなる複雑な構造データ（*Structured Data*）かもしれません。

Bigtableではこのように、何段階も階層を重ねることで目的のデータを得られるようになっています。

Tip

Bigtableにおけるデータ型

Bigtableにおける個々のデータは、RDBでいうところのBLOB型です。つまり、特別な制限なしに任意のバイト列を格納することが可能です。実際には、各データとしてはGoogle標準のデータフォーマットである「プロトコルバッファ」（次章で説明します）を用いて、必要に応じて外部定義された構造データが読み書きされます。

多次元マップ

このままではあまりにも複雑なので、少し見方を変えてみましょう。まず、コラムファミリーの特定の列を表すために「コラムキー」というものを考えます。行キーとコラムキーを与えると、テーブルの中から1つの項目が定まります。各項目は過去のデータを保持しており、タイムスタンプを遡ることで古いデータを取り出すことができます（図3.14）。

コラムファミリーの名前や数はあらかじめ定めなければなりませんが、コラムキーは必要に応じていくらでも増やすことができます。行によってコラムキーの数が違っていてもかまいません。つまりBigtableとは、列の数を自由に増減させられるテーブルと見ることもできます。

タイムスタンプを用いるかどうかは、利用者が自由に決めることができます。まったくタイムスタンプを使わないこともできますし、過去1週間のデータは残しておくといった指定も可能です。利用者が自分でタイムスタンプを指定して、自由にデータを読み書きすることも可能です。

もしもコラムキーもタイムスタンプも増やさなければ、BigtableのテーブルはRDBのそれとほとんど変わりません。Bigtableでは、テーブルに行や列といった概念に加えて、コラムキーやタイムスタンプといった新しい概念を加えることで、テーブルを縦にも横にも伸ばしていけるのだと考えることができます。Bigtableではこれを「多次元マップ」(Multi Dimensional Sorted Map)と呼んでいます。

多次元マップとは、つまりこういうことです。Bigtableでは「行キー」「コラムキー」「タイムスタンプ」の3つを指定することで、1つのデータが得られます。行キーもコラムキーもタイムスタンプも、どれも意味するところは異なるにせよ、それぞれ独立して増やしたり減らしたりすることが可能です。

そこで、この3つを組み合わせたものを1つの大きなキーと考えて、それに対応する値を集めたものがBigtableにおけるテーブルであると見ることができます（図3.15）。実際、Bigtableが内部で管理しているのは、概念的には、まさにこのようなテーブルです。

図3.15を見ると、1つのものが思い浮かびます。第1章で説明した検索エンジンのインデックス。あれもまた、1つのキーを与えると複雑な構造デ

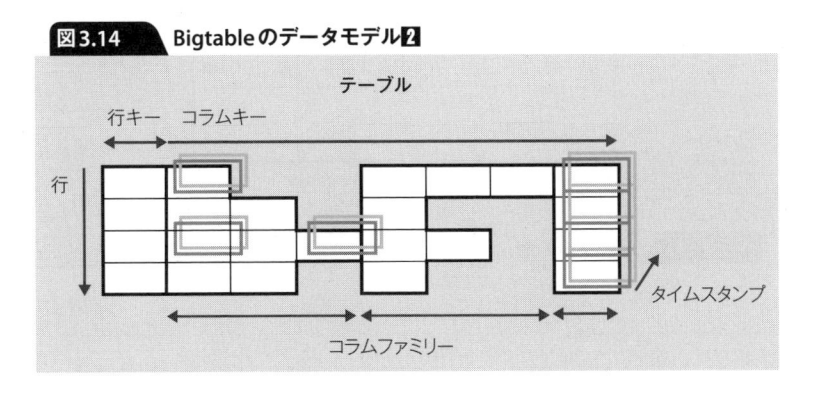

図3.14　Bigtableのデータモデル2

ータを返すというしくみでした(p.17)。Bigtableとはまさに、検索エンジンのインデックスをさまざまな用途に合わせて拡張した発展形なのです。

テーブルの例

具体的に見てみましょう。Bigtableにおけるテーブルは最初、行キーとコラムファミリーによって定義されます。コラムファミリーには新しいコラムキーをいくらでも増やすことができます。行キーとコラムキーを用いてデータを書き込むと、タイムスタンプが自動的にセットされます。設定次第で、古いタイムスタンプのデータがしばらく残されます。

たとえば、あるテーブルが1つの行キーと、2つのコラムファミリー「contents」と「anchor」によって表3.2のように定義されるとします。

これはWebページの情報を集めたテーブルで、アドレスを行キーとして利用しています。

「contents」は、Webページの内容です。Webページの内容は1つしかないので、コラムキーも1つあれば十分です。ただし、Webページは更新されるので、タイムスタンプによって過去の内容を残しておくと役立つかもしれません。

「anchor」は、そのWebページが外部からどのようなアンカーテキストでリンクされているかという情報です。リンク元は複数あるでしょうから、

図3.15　Bigtableにおけるテーブルの概念

キー	値
行キー＋コラムキー＋タイムスタンプ	構造データ
:	:

表3.2　テーブルの例

行キー	Webページのアドレス
contents	Webページの内容
anchor	Webページに向けられたアンカーテキスト

リンクされた数だけコラムキーも増やしていきます。

完成したテーブルは、図3.16のような感じになります。

ここで行キーは"google.com"で、横方向はコラムキー、縦方向はタイムスタンプを表しています。

コラムキー"contents:"は、コラムファミリー「contents」に含まれる唯一のコラムキーです。"contents:"は3つのタイムスタンプによって、過去のデータを保持していることがわかります。

一方、コラムファミリー「anchor」には、2つのコラムキー"anchor:example.com"と"anchor:example.jp"が登録されています。それぞれ、"example.com"からは「Google」という名前で、"example.jp"からは「グーグル」という名前で、このWebページがリンクされていることを示しています。

別の表現をするならば、Bigtableには実際には図3.17のような情報が格納されていると考えることができます。

Bigtableのデータモデルが見えてきたでしょうか。

図3.16　完成したテーブルの例

行キー	contents:	anchor:example.com	anchor:example.jp
google.com	<html>...	Google	グーグル
	<html>...		
	<html>...		

図3.17　Bigtableに格納されている情報※

キー	値
google.com+contents:+t1	<html>...
google.com+contents:+t2	<html>...
google.com+contents:+t3	<html>...
google.com+anchor:example.com+t4	Google
google.com+anchor:example.jp+t5	グーグル

※ t1〜t5はタイムスタンプ。

読み書きはアトミックに実行される

Bigtableを実際にどのように用いるのか見ていきましょう。

BigtableにはSQLのような手軽なデータベース言語は用意されておらず、基本的には通常のプログラミング言語によってテーブルを操作しなければなりません。BigtableはC++で実装されており、クライアント用のライブラリが提供されています。開発者はこうしたライブラリを用いてBigtableを扱うプログラムを書くことになります。

Bigtableの使い方については、ほとんど公開されている情報がありません。ここではBigtable論文にあるサンプルコードを2つ引用します。

特定行に対する操作

まずリスト3.1はテーブルから1つの行を見つけて、その内容を書き換えるプログラムです。

最初にテーブルを開いた後、RowMutationという抽象化を用いて、特定の行に対する操作を登録しています。「抽象化」(Abstraction)というのは、実行の詳細を隠して開発者に見せないようにする手法です。Bigtableがこれから具体的にどのような手順で処理を行うかを開発者は知る必要がなく、単に「実行したい内容をBigtableに伝える」ためにRowMutationを用います。

リスト3.1　特定行に対する操作（書き込み）[※]

```
// テーブルを開く
Table *T = OpenOrDie("/bigtable/web/webtable");

// 行に対する操作を事前に登録する
RowMutation r1(T, "com.cnn.www");
r1.Set("anchor:www.c-span.org", "CNN");
r1.Delete("anchor:www.abc.com");

// 登録した内容をアトミックに実行する
Operation op;
Apply(&op, &r1);
```

※ Bigtable論文のp.3より。

リスト3.1の例では、まず"com.cnn.www"を行キーとして検索を行い、見つかった行に対して2つの操作を要求します。まず、コラムキー"anchor:www.c-span.org"に対して、新しく"CNN"という値をセット(Set)します。続いて、既存のコラムキー"anchor:www.abc.com"の値を削除(Delete)します。

これらの操作はすぐには実行されません。あくまでも、こうした操作を行いたいということを登録しているだけです。実際にそれが実行されるのは、最後のApplyが呼ばれたときです。Operationによって実行パラメーターを与え、Applyによって登録内容をまとめて実行します。

なぜこのような手順を踏むのかというと、一つにはトランザクション処理のためです。データを書き換えている途中でほかの人に邪魔されたくはありませんから、処理の最初から最後まで一度に終えることが期待されます。また、途中でエラーが発生したときには、何事もなかったようにデータを元に戻してほしいものです。

こうした処理を一度にまとめて行う、つまりアトミックに実行できるようにしてくれるのがRowMutationです。分散システムでアトミックな操作を行うには、複数のマシンがどのように協調するか、障害の発生にどのように対処するか、といった難しい問題について考えなければなりません。Bigtableは、このような実行の詳細をRowMutationという抽象化によって隠すことで、開発者に分散処理を意識させることなくデータの操作を行えるようにしているのです。

Tip

行単位のロック

RowMutationによって特定行の操作がアトミックに実行されるということは、つまり行単位のロックが自動的に行われるということです。これはなかなか便利そうな機能ですが、一方でこれがBigtableにおける唯一のロック機構でもあります。

Bigtableには、明示的にトランザクションを開始する機能はなく、複数行にまたがってロックを行うこともできません。つまり、排他処理が必要なデータはすべて1つの行に収めなければならないことになります。これはRDBであれば厳しい制約となるでしょうが、Bigtableでは1つの行にかなり複雑なデータを詰め込めるので、ほとんどの場合に問題とならないようです。

例外的に、セカンダリインデックス(1つの行から別の行を参照する)に限っては、その操作をアトミックに行うための特別な方法が提供されるようです。

特定行の読み込み

リスト3.2はテーブルの特定の行から、複数のデータを取り出すプログラムです。

こちらはScannerという抽象化を用いて読み込みを行っています。ここでもやはり最初に読み込みたい内容を登録してから、実際の読み込みを実行します。

まず、ScanStreamというイテレータを通して、コラムファミリー「anchor」の全データを読み込むよう登録しています。「イテレータ」(*Iterator*)というのは、繰り返し実行することで次々とデータを取り出せるように設計された構造のことをいいます。ここでは、streamを通してデータを取り出せるようにしています。

最後に、"com.cnn.www"を行キーとして検索を実行(Lookup)し、イテレ

リスト3.2　特定行の読み込み[※]

```
// テーブルを読み込むための抽象化
Scanner scanner(T);

// コラムファミリー "anchor" の全データを読むように指定
ScanStream *stream;
stream = scanner.FetchColumnFamily("anchor");
stream->SetReturnAllVersions();

// 行キー "com.cnn.www" からの読み込みを実行
scanner.Lookup("com.cnn.www");

// ここからイテレータによる繰り返し
for (; !stream->Done(); stream->Next()) {
  // 行キー、コラムキー、タイムスタンプ、値を表示
  printf("%s %s %lld %s\n",
        scanner.RowName(),
        stream->ColumnName(),
        stream->MicroTimestamp(),
        stream->Value());
}
```

※ Bigtable論文のp.3より。

ータを繰り返すことで各種の情報を取り出して表示しています。

ScanStreamに与える条件を変えると、取り出されるデータも変わります。たとえば、タイムスタンプを見て「過去10日以内のデータ」のような指定を行うことも可能です。ここでも一つ一つの操作が順番に実行されるわけではなく、Lookupという1回の命令によって条件に合うデータがまとめて見つけ出されるため、大量のデータを効率よく取り出すことが可能となります。

以上の例ではごく限定的な操作しか行えませんが、こうした機能を追加していけば、データを読み書きする上でのひととおりのことを行えるであろうことは想像できます。

これらの例を見てもわかるように、Bigtableを利用する上では、それが分散システムであるということをとくに意識する必要もありません。少し風変わりではありますが、「キーを用いて値を得る」という基本的な考え方は一般的なデータベースと変わらないことがわかります。

テーブルを分割して管理する

Bigtableも分散システムなので、やはり複数のマシンにデータが分散されます。1つの行が1台のマシンに収まらないほど大きくなることは考えにくいですが、テーブルが大きくなり過ぎて分割しなければならないということは十分ありうる話です。

Bigtableでは、テーブルは複数の行を1つの単位として分割され、その一つ一つが「タブレット」(*Tablet*)と呼ばれます。タブレットは複数のサーバに分散して管理されます(図3.18)。これによって、テーブルをいくらでも大きくできるのと同時に、多数のサーバによって負荷を分散することが可能となります。

テーブルの各行は行キーによって並べ替えられており、タブレットには連続する行キーが含まれることになります。行キーを選ぶときには、このことを念頭に置いておく必要があります。たとえば、Webページの情報を集めた図3.19のようなテーブルについて考えてみましょう。

行キーにはドメインがそのまま書き込まれています。テーブルの各行は

行キーによって並べ替えられるので、同じ "google.com" のWebページであっても、それぞれの行は離れた場所に位置していることがわかります。

行キーが離れた場所にあるということは、テーブルが大きくなるにつれて、それぞれの行が異なるタブレットに含まれる可能性も高くなるということです。つまり、それぞれの行が異なるサーバによって管理されるかもしれません。

もしも同じドメイン（サブドメインも含む）のWebページをすべてまとめて処理することがあるとすると、タブレットが異なると複数のサーバとの通信が必要となってしまい、処理効率が低下する可能性があります。これを避けるためには、関連する行キーはなるべく連続するように選ぶことです。

たとえば、ドメインを「.」の位置で逆転させた、図3.20のような行キーを考えます。

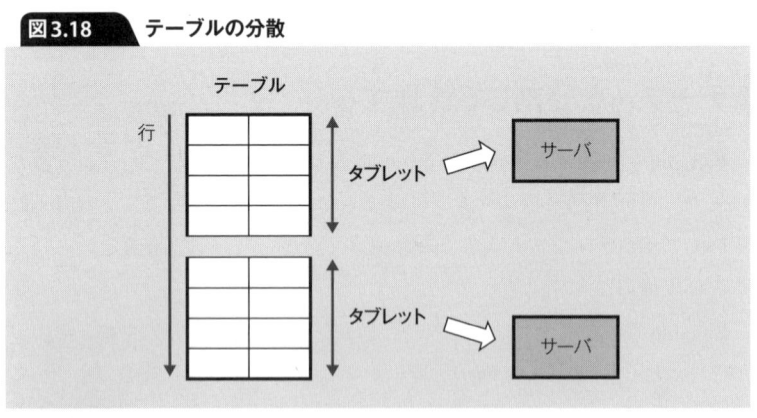

図3.18　テーブルの分散

図3.19　テーブルの例

行キー	データ
images.google.com	...
...	...
maps.google.com	...
...	...
www.google.com	...

図3.20の方法であれば、同じドメインのWebページは連続して並べられるので、すべてが同じタブレットに含まれやすくなるでしょう。

必要なデータをなるべく1カ所にまとめることをローカリティ（*Locality*、局所性）を高めるといいますが、Bigtableの場合には、このようにキーの選び方がローカリティに影響を与えます。

分散システムの性能を高めるには、開発者はローカリティを意識したデザインを心掛けねばなりません。Bigtableでは、キーの並びをどのようにするか、データの大きさをどれくらいにするか、といったデザインを変えることで、開発者がある程度ローカリティをコントロールすることができるようになっています。

Tip
検索キーのデータ量を削減する

"www.google.com"を"com.google.www"のように並び替えることにはもう一つ大きな効果があります。この並び替えによって、より多くの行キーのプレフィックスが一致するようになるという点です。キーのプレフィックスを一致させると、インデックス内部でそれらが共通項としてまとめられ、キーのデータ量削減と検索の高速化につながります。この点からしても、行キーはなるべくプレフィックスを一致させられるように選ぶことが重要です。

多数のサーバでテーブルを分散処理

Bigtableも基本的に3つの要素から構成されます（図3.21）。全体を統括する「マスタ」、タブレットを管理する「タブレットサーバ」、そしてデータを読み書きする「クライアント」です。

図3.20　行キーの例

行キー	データ
com.google.images	...
com.google.maps	...
com.google.www	...
...	...

Bigtableはさらに、Googleのいくつかの基盤技術にも依存しています。Bigtable全体にかかわる基本的な情報は、Chubby[注6]と呼ばれるロックサーバによって管理されます。Chubbyは小容量ながら、GFSよりも便利で確かなファイルシステムを備えており、システム全体で共有すべき重要な情報はここに格納されます。

テーブルの内容はGFSに保存されます。テーブルを書き換えるときには、GFSにも必ずその情報が書き込まれるようになっており、最新のデータは常にGSF上に保管されます。これによってデータが失われる心配を避けることができます。

Bigtableのマスタはすべてのテーブルとタブレット、そしてタブレットサーバの状態を把握しています。マスタのおもな仕事は、タブレットの管理をどのタブレットサーバに任せるかを決めることです。タブレットが増減したり、特定のタブレットサーバに負荷が集中したときには、マスタはタブレットの割り当てを変えることで全体のバランスをとるよう務めます。

タブレットサーバは、割り当てられたタブレットの情報をGFSから読み込みます。データはGFS上にありますので、どのタブレットサーバでも任意のタブレットを扱うことができます。タブレットサーバは定期的に自分

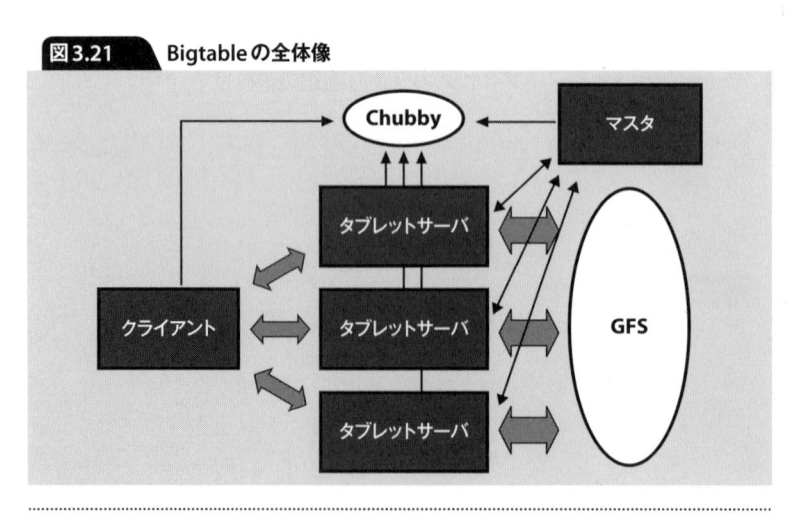

図3.21　Bigtableの全体像

注6　Chubbyについては、次の3.3節で取り上げます。

の状態をChubbyに書き込み、マスタはChubbyを通してタブレットサーバの状態を確認します。マスタはタブレットサーバと定期的に通信し、タブレットの割り当てなどに関する情報を伝えます。

　一方、マスタとクライアントが通信することはほとんどありません。クライアントはBigtableに関する情報を最初にChubbyから取り出し、それ以降はクライアントとタブレットサーバが直接データをやり取りします。したがって、マスタに負荷が集中することはほとんどなく、どんなにクライアントが増えても効率的に処理を行うことが可能です。

GFSとメモリを使ってデータ管理 ── タブレットサーバ

　タブレットサーバについて詳しく見ていきましょう。

タブレットの割り当て

　Bigtable上のすべてのテーブルは100〜200MB程度のタブレットに分割され、それぞれの管理がタブレットサーバに任されます（**図3.22**）。GFSのチャンクとは異なり、1つのタブレットは1つのタブレットサーバに割り当てられます。タブレットの内容はすべてGFS上にあるので、タブレットサーバが故障したとしてもその内容が失われることはありません。タブレットサーバが故障すると、マスタはタブレットの割り当てを他のタブレットサ

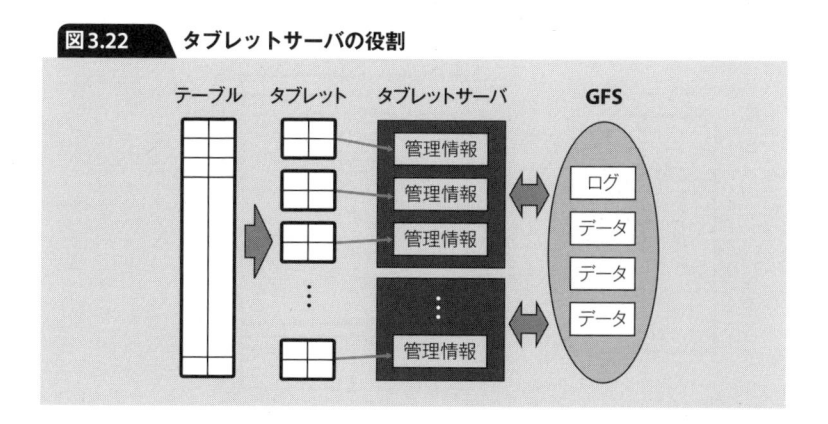

図3.22　タブレットサーバの役割

ーバへと変更し、新しいサーバがGFSからタブレットの内容を復元します。

1つのタブレットサーバは、おおよそ10～1000個程度のタブレットの管理を任されます。タブレットの内容はGFSに書き込まれますが、実際には効率化のためにタブレットサーバがメモリ上で多くの処理を行います。

タブレットの構造

GFS上には、タブレットの元となる「SSTable」と呼ばれるファイルがいくつも保存されています（図3.23）。SSTableとは、読み込み専用の単純な検索用テーブルです。SSTableはデータ部分とインデックス部分とからなり、インデックスを見ることで高速に検索を行えるようになっています。

SSTableのインデックスには、キーに対応するデータがどこにあるかがすべて書き込まれています。データ部分は必要に応じてGFSから読み込めばよいので、タブレットサーバはSSTableのインデックスだけをメモリに読み込んで検索に利用します。

1つのタブレットは複数のSSTableから構成されます。タブレットから検索を行うためには、そのすべてのSSTableのインデックスが必要となります。

SSTableは読み込み専用で、書き換えることができません。そこでタブレットサーバはタブレットごとに、メモリ上に書き換え可能な「memtable」と呼ばれる小さなテーブルを用意します（図3.24）。memtableの内容はタブレ

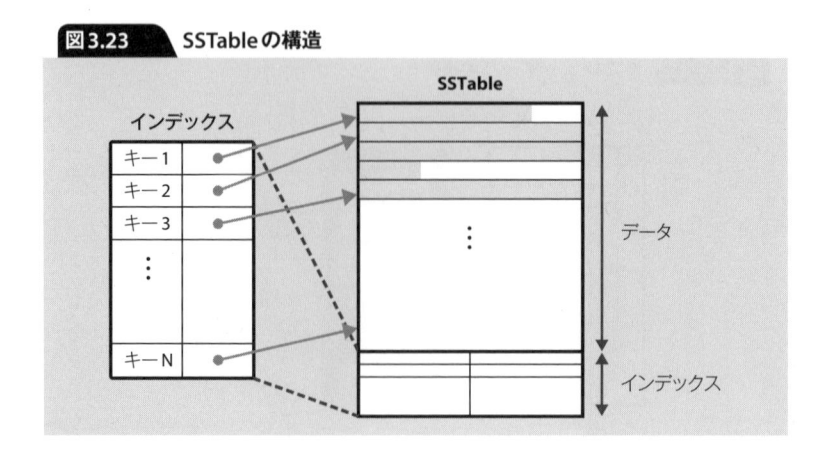

図3.23 SSTableの構造

ットサーバが故障すると失われてしまうので、タブレットサーバは書き込みを行う前に「コミットログ」と呼ばれるファイルをGFS上に作成します。コミットログには、タブレットを書き換えた履歴が保存され、後からこれをを読み返せばmemtableを復元することが可能となっています。

タブレットの構築は次のような手順で行います。まずはじめに、タブレットサーバは空のmemtableを作成します。続いて、タブレットを構成するSSTableを古い順に開いて、そのインデックスをmemtableに取り込みます（❶、❷）。重複するキーがあると新しいインデックスによって上書きされます。これによって、複数のSSTableのインデックスが一つに合成され、memtableから一度検索するだけで、どのSSTableのどの場所にデータがあるのか見つけられるようになります。

タブレットサーバは次に、コミットログに書き込まれた変更内容をmemtableに適用します（❸）。これによって最新のmemtableが完成し、クライアントにサービスを提供する準備が整います。

タブレットの読み書き

memtableが完成すると、そのタブレットを読み書きすることができるようになります（図3.25）。

タブレットサーバが書き込み要求を受け取ると、次のような処理が行わ

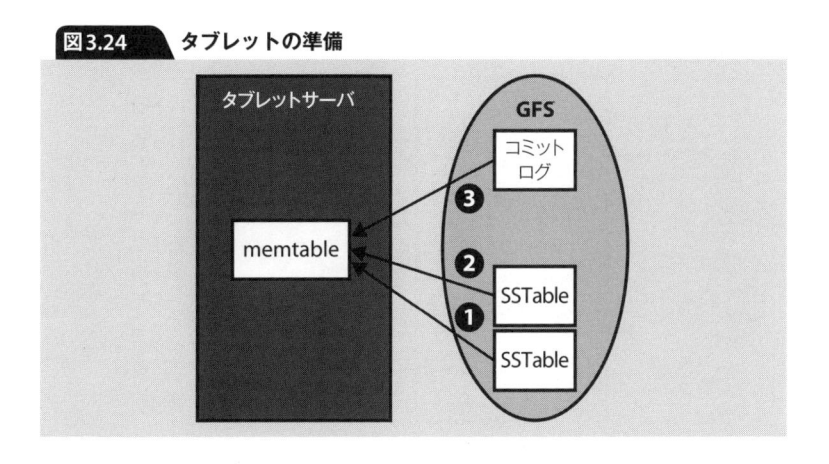

図3.24 タブレットの準備

れます。まず、書き込むべき内容がGFSのコミットログに追加され、障害が起こっても処理を再現できるようにします（❶）。続いてmemtableが書き換えられ、クライアントに書き込み結果が伝えられます（❷）。

一方、読み込みは次のようになります。最初にmemtableからキーを検索し、最近書き込まれたデータがあれば、それをクライアントに返します（❶）。あるいはSSTableにデータがあることがわかれば、GFSからデータを読み込んでそれを返します（❷）。memtableに何も見つからなければ、検索は失敗に終わります。

このように、読み書きのうち多くの部分がメモリ上で行われ、GFSとのやり取りは最小限に抑えられています。書き込み時には、GFSへの書き込みが1回発生するだけです。読み込みはメモリ上ですべて完結するか、あるいは最大でもSSTableからの読み込みが1回発生するだけです。Bigtableではこのように効率的なタブレットの読み書きが実現されています。

タブレットのコンパクション

タブレットへの書き込みを続けていると、すぐにmemtableが大きくなってメモリに収まらなくなることは容易に想像できます。これを避けるため、memtableが大きくなると新しいSSTableにその内容が書き出されます。これを「マイナーコンパクション」（*Minor Compaction*）といいます（図3.26）。

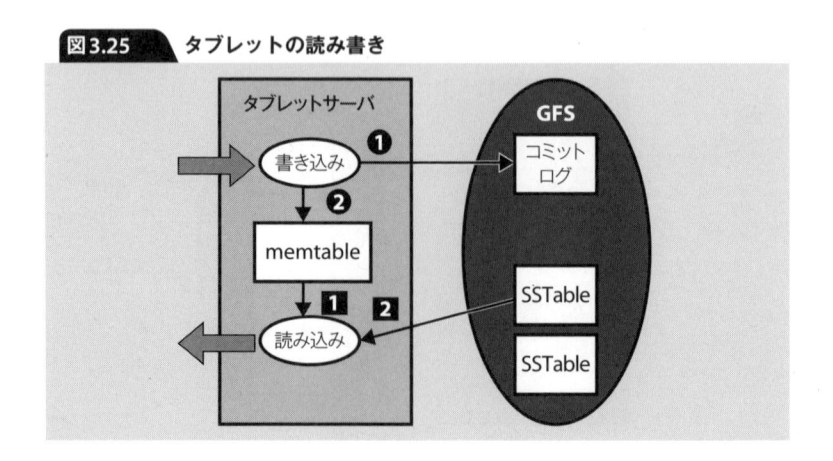

図3.25　タブレットの読み書き

マイナーコンパクションでは、memtableに最近書き加えられた内容だけが新しいSSTableとして書き出されます。したがって、個々のSSTableはタブレットの部分的な内容しか含みません。タブレットが複数のSSTableから構成されるのはこのためです。

特定のキーが削除された場合には、値が失われたということがSSTableに書き込まれます。データの追加も削除も含めて、SSTableをすべて読み込めばタブレットを再構築できるようになるので、古いコミットログは必要なくなります。したがって、マイナーコンパクションと同時にコミットログの内容もクリアされます。これによりコミットログが大きくなり続ける心配もありません。

マイナーコンパクションを繰り返していると、今度はSSTableが増え過ぎるという問題が出てきます。SSTableが増えると、ファイルが分散されて読み込み効率が低下しますし、古いデータがずっと残されるのでディスクの無駄にもなります。

そこで今度は、SSTableが増え過ぎたときには、それらを統合して1つのSSTableにまとめる作業が行われます。これを「メジャーコンパクション」(*Major Compaction*)といいます(図3.27)。

マイナーコンパクションやメジャーコンパクションを繰り返しているうちに、SSTableは次第に大きく(あるいは小さく)なっていきます。

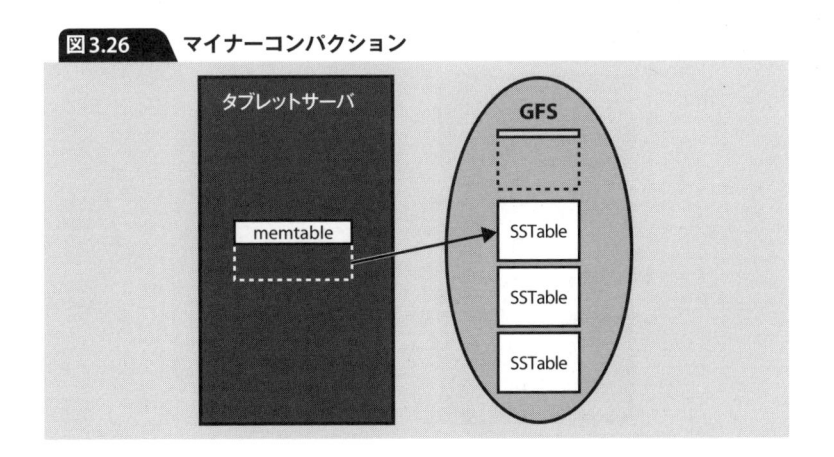

図3.26　マイナーコンパクション

タブレット全体のサイズが一定値よりも大きく（または小さく）なると、Bigtableのマスタによってタブレットの分割（または統合）が指示されます。こうして、タブレットは常に一定の効率で扱えるように保たれています。

テーブルの大きさに応じた負荷分散

すべてのテーブルは、最初は1つのタブレットから始まりますが、データが書き込まれるにつれてタブレットは大きくなり、そして分割されます。

クライアントはデータを読み書きするために、どのタブレットにアクセスすればいいのか調べなければなりません。

タブレットの分割と結合

1つのテーブルは複数のタブレットに分割されるので、どのテーブルがどのタブレットによって構成されるかを管理する必要があります。これをBigtableの「メタデータ」（Metadata）と呼びます。メタデータを見れば、テーブルの名前と行キーからタブレットの場所がわかるようになっています（図3.28）。

メタデータには、各タブレットの最後の行キーが書き込まれています。これを見つけたい行キーと比較すれば、目的のデータがどのタブレットに

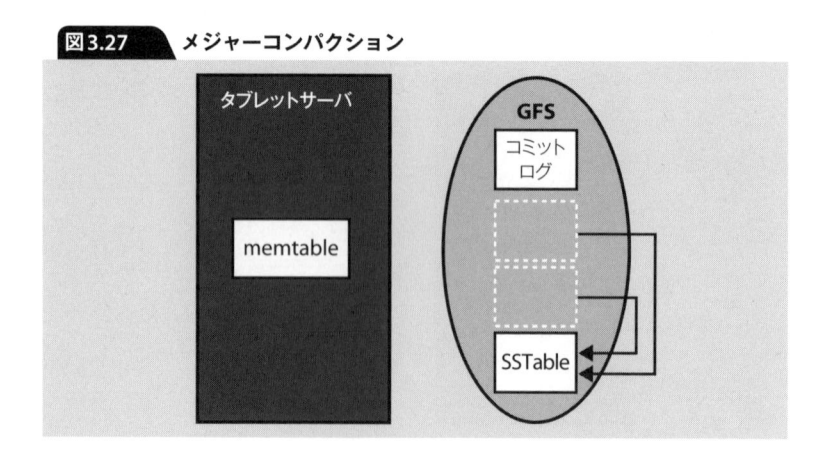

図3.27　メジャーコンパクション

あるのかがわかります。行キーは順番に並んでいるわけですから、メタデータを順に見ていけば、目的の行キーがどの位置にあるのか判断できます。

タブレットを分割するには、メタデータを書き換えます。分割して生まれた新しいタブレットの情報をメタデータに書き加えれば、クライアントはそれ以降、新しいタブレットを見に行くようになります。このとき、それぞれのタブレットのmemtableは作り直す必要がありますが、SSTableを分割する必要はありません。なぜなら、SSTableは読み込み専用であることから、個々のタブレットが同じSSTableを共有して、それぞれに必要な部分だけを参照すればよいからです。いずれメジャーコンパクションの段階で、それぞれのタブレット専用のSSTableが作られます。

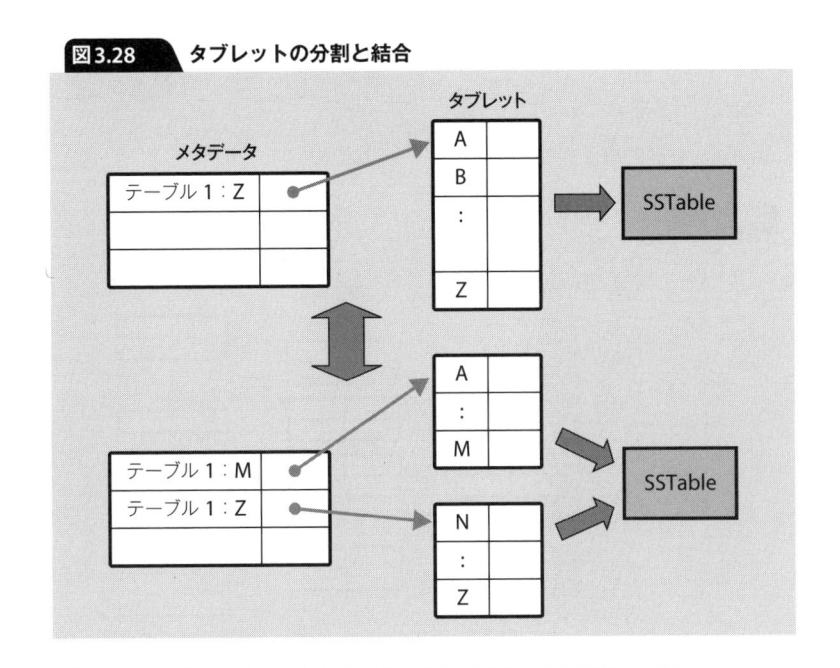

タブレットからキーが削除されて小さくなったときには、これとは逆のことが起こります。メタデータを書き換えることでタブレットの情報が一つにまとめられ、SSTableも合わさって1つのタブレットに結合されます。このように、タブレットの情報はメタデータを通して知ることができます。

図3.28　タブレットの分割と結合

タブレットへのアクセス

最後に、クライアントがタブレットにたどり着くまでのすべての過程を見ていきましょう（図3.29）。

基本的には、**B+-Tree**というアルゴリズムと同様の考え方で目的のデータまでのパスが考えられます。具体的には次のようなものです。

タブレットの情報は、メタデータによって管理されることは説明しました。メタデータもまた内部的には1つのテーブルとして扱われ、それが複数のタブレットに分割されます。そうするとその分割されたメタデータを管理する上位のタブレット（ルートタブレット）が必要となり、これがBigtableの起点となります。

ルートタブレットの場所（つまり、タブレットサーバのアドレス）は、Chubbyによって管理されます。クライアントはまずはじめに、Chubbyからルートタブレットの情報を取り出します。ルートタブレットから目的のキーを検索すると、そのキーが含まれるメタデータタブレットの場所がわかります。メタデータタブレットからもう一度キーを検索すると、目的のタブレットの場所がわかります。それから読み書きの要求を行うことで、ようやく目的のデータへとアクセスできます。

Bigtableではこのように、必ず3段階の検索で目的のタブレットへと到達

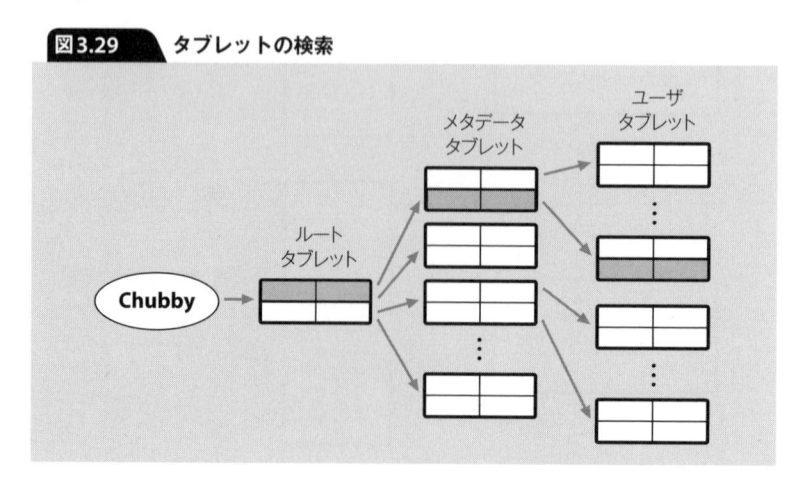

図3.29　タブレットの検索

できるよう設計されています。メタデータもまた普通のタブレットとして扱われるので、大きさに偏りができないようマスタによって分割・結合され、均等に負荷が分散されます。こうして、上はメタデータから下はSSTableまで、Bigtableの各要素は常に一定のバランスを保ち続けることで、性能が低下しないよう工夫されています。

しかしそれでも、タブレットを見つけるためには、多くの手間が必要であることには変わりありません。なるべく一度にアクセスするタブレットは少なくすべき、というローカリティの重要性がここからもわかります。

Tip
Bigtableの最大容量

メタデータの大きさは1つのタブレットにつき1KB（*Kilobyte*）程度になるようです。各タブレットのサイズが128MBだとすると、Bigtableで扱える最大のデータ量は次のようになります。

- メタデータタブレットの数
  $128MB/1KB = 2^{27} / 2^{10} = 2^{17}$

- ユーザタブレットの数
  $128MB/1KB * 2^{17} = 2^{34}$

- ユーザタブレットの全容量
  $128MB * 2^{34} = 2^{61} = 2EB$※

※　EB（*Exabyte*）= 1,000,000,000GB。

さまざまな工夫によって性能を向上

Bigtableでは読み書きの性能を上げるために、さらなる工夫が多数行われています。ここではその一部を取り上げて説明します。

ローカリティグループ

Bigtableを用いるアプリケーションによっては、同じテーブルでも利用するコラムファミリーにはばらつきがあります。たとえば、表3.2（p.92）で取り上げたテーブルの例では、Webページの本文（「contents」）とアンカーテキ

スト（「anchor」）の2つのコラムファミリーがありました。アプリケーションによっては、このうち「anchor」だけしか必要としないかもしれません。

コラムファミリー「contents」には大量のデータが書き込まれると予想されるので、それが「anchor」と同じSSTableに格納されたとすると、個々の「anchor」のデータはSSTableの中にまばらに点在することになります。そこから「anchor」だけを取り出すことは、非常に効率の悪い作業となりかねません。

そこでBigtableでは、同時に利用される可能性の高いコラムファミリーを「ローカリティグループ」（Locality Groups）としてグループ分けし、グループごとにSSTableを分離できるようになっています。ここでの例では、「contents」と「anchor」とを異なるローカリティグループにすることで、それぞれのデータが異なるSSTableへと格納されます。したがって、「anchor」だけを用いるときには一方のSSTableだけを参照すればよいことになり、処理効率が改善されます。

また、頻繁に参照する必要のあるデータについては、特定のローカリティグループのSSTableを完全にメモリ上に読み込むことも可能です。これによってGFSから毎回データを読み込む必要もなくなり、非常に高速なデータの参照が可能となります。たとえば、Bigtableのメタデータは頻繁に参照されますので、これは実際にはすべてメモリ上に読み込まれた状態になっています。また、Google Earthのように絶え間なく大量のデータを要求されるWebサービスでも、一部のテーブルがすべてメモリに読み込まれているようです。

データの圧縮

Bigtableで読み書きするデータは、ローカリティグループごとに指定した方法で自動的に圧縮・展開することが可能です。CPUによるデータの処理速度は、GFSの入出力と比べて十分に高速なので、いかにデータを小さくまとめるかが性能に大きく影響してきます。

Bigtableではしばしば2段階のテキスト圧縮が用いられるようです。第一段階では、比較的大きなデータ領域から共通する文字列のパターンを見つ

け出して、重複するデータを大幅に削減します。第二段階では、データを一定サイズ（16KB）ごとに圧縮する一般的な方法が用いられます。

同じローカリティグループには似たようなデータが書き込まれることが多いので、第一段階の圧縮が大きな効果を発揮するようです。たとえば、Webページの本文をこの方法で圧縮すると、単純な圧縮方法と比べてデータ量が数分の一にもなるようです。

どのような圧縮方法が有効かは、格納するデータのパターンによって異なります。たとえば画像データなどは元々圧縮されているので、Bigtableによる圧縮は行わないようにすべきです。

読み込みのキャッシュ

Bigtableでは、いかにGFSとのやり取りを減らすかが性能向上の鍵となります。データの読み込みについては、毎回SSTableにデータを取りにいくのではなく、できる限りタブレットサーバのメモリ上にデータを残しておく（キャッシュする）ことで性能が改善します。

タブレットサーバは二種類の読み込みキャッシュを持っています。一つは「スキャンキャッシュ」(*Scan Cache*)といい、最近アクセスされたキーに対応するデータを残しておくものです。これによって、同じキーが何度も利用されるような場合の読み込み性能が向上します。

もう一つは「ブロックキャッシュ」(*Block Cache*)と呼ばれます。こちらは、SSTableからデータを読み込むときに、毎回少しのデータを取り出すのではなくて、ある程度まとまった量（標準では64KB）を読んでタブレットサーバ上に残しておきます。これによって、連続するデータが次々と読まれるときにGFSにアクセスする回数が減少し、効率的にデータを返せるようになります。

コミットログの一括処理

書き込みについても改善が必要です。読み込みと違って、データを書き込むときには必ずコミットログのためにGFSへのアクセスが必要です。これは避けられません。

GFSへの書き込みには時間が掛かるので、大量の書き込みが要求されても処理が遅くならないよう工夫しなければなりません。それにはコミットログに一度に書き込む量を増やすことです。

クライアントから一度に大量の書き込み要求を受けた場合や、多数のクライアントから同時に書き込み要求された場合などには、それらを一つ一つ順に処理するのではなく、すべてまとめてコミットログへと記録されます。これによって、1回の書き込み速度こそ上げられませんが、大量の書き込み要求があった場合にでも性能の低下を防ぐことが可能となります。

タブレットサーバはさらに、障害時に備えて2つのコミットログを用意しています。GFSでの書き込み時に障害が起こると、障害から回復するまでしばらく待たなければなりません。もしも、一方のコミットログへの書き込みに時間が掛かるようなら、そちらは中断してもう一方のコミットログへと切り替えます。GFSでは異なるファイルは異なるチャンクサーバによって管理されるので、よほどのことがない限りはどちらか一方のコミットログにはすぐに書き込めるはずです。

Bigtableではこのようにして、書き込みに手間取る可能性もできる限り排除しています。

使い方次第で性能は大きく変わる

それではBigtableの性能を見ていきましょう。図3.30のグラフは、タブレットサーバの数を増やしたときに、Bigtableの性能がどのように変わるかを調べたものです。クラスタは全部で1786台のマシンで構成され、そのすべてでGFSが動いています。各マシンには2つのデュアルコア（*Dual Core*）CPUと2つの400GBハードディスクが搭載されており、それらが1Gbpsのネットワークで結ばれています。

タブレットサーバの数に合わせてクライアントの数も増加させながら、1000バイトのデータをさまざまな方法で読み書きしています。そのとき、Bigtableクラスタが全体としてどれくらいのデータを処理できるのかが計測されています。

読み込み性能

　一番上の実線（スキャン）は、リスト3.2（p.96）の例のところで紹介したScannerという抽象化を用いてデータを読み込んだときの性能です。Scannerでは、条件に一致するデータが連続して読み込まれ、それがなるべくまとめてクライアントに送られるために、非常に高速な読み込みが可能となります。図3.30のグラフでは、タブレットサーバとクライアントがそれぞれ500台のときに、毎秒4GB（1000バイト×4M回/秒）のデータを読み込んでいることがわかります。

　二番めの破線（ランダムリード（メモリ上））は、SSTableを完全にメモリ上に読み込むことで、GFSへのアクセスをなくしたときの読み込み性能です。こちらはScannerを用いるのではなく、毎回異なるキーを指定してランダムにデータにアクセスしていますが、それでもScannerと大きく変わらない高速な読み込みが可能であることがわかります。

　中央の破線（シーケンシャルリード）と、一番下の破線（ランダムリード）は、通常の方法でキーを指定して個別にデータを読み込んだときの性能で

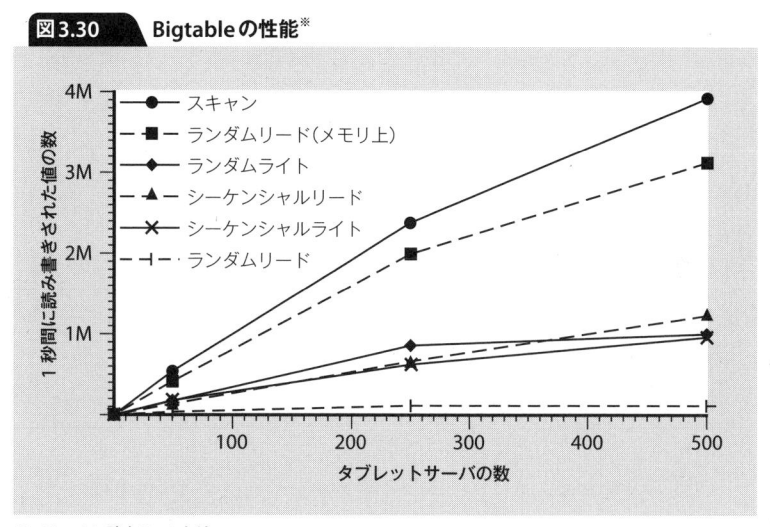

図3.30　Bigtableの性能※

※　Bigtable論文のp.9より。

す。こちらはGFSへのアクセスが必要なので、上方の2本と比べて読み込み性能はずいぶん劣ります。

中央の破線（シーケンシャルリード）は連続するキーを読み込んだ場合で、これはScannerを用いて読み込みを行うことと似ていますが、見つかったデータが毎回クライアントに送られるために効率が低下します。連続する読み込におけるScannerの性能の高さがわかります。

下の破線（ランダムリード）はランダムにキーを指定した場合で、他と比べると極端に遅くなっています。連続するキーの場合には、SSTableのブロックキャッシュが効いて性能が向上するのですが、完全にランダムなキーでは毎回GFSからの読み込みが必要となるため、大量のネットワーク負荷が発生します。そのため、ある程度マシンが増えるとネットワークがボトルネックになって性能が上がらなくなります。

書き込み性能

中央の2本の実線（ランダムライト、シーケンシャルライト）は、書き込みの速度です。一方はランダムなキーを、もう一方は連続するキーを指定して書き込みを行っています。どちらの場合にも、コミットログに書き込んでからmemtableを変更するという手間は同じなので、大きく性能は変わりません。こちらも毎回クライアントへと結果を返しているので、連続するキーで読み込みを行う場合と大きく性能は変わらないことがわかります。

こうしてみると、「ランダムな読み込みだけが極端に遅い」ことが目立ちます。書き込みにおけるコミットログではGFSへのアクセスをまとめられますが、ランダムな読み込みでは毎回GFSからデータを転送しなければなりません。このようなデータアクセスを必要とするアプリケーションでは、二番めの破線（ランダムリード（メモリ上））のようにデータをすべてメモリに読み込んでしまうか、それができなければブロックキャッシュのために読まれるデータを小さくすることで、ネットワークの負荷を抑えて性能を向上させることが可能となるようです。

それ以外の読み書きでは、マシンを増やすにつれておおむね性能が向上していますが、台数が増えるにつれて伸びが低下してきます。これは、台

数が増えるほどにタブレットサーバの負荷に偏りができてしまい、1台あたりの性能が向上しなくなることが一つの原因のようです。恒常的な負荷の偏りはマスタによって調整されますが、短期的な偏りについてはどうしようもないので、このあたりはアプリケーションの設計も含めてチューニングが必要となるところでしょう。

大規模なデータ管理に利用されるBigtable

　Bigtableは、Googleの大規模な分散システムにおいて、データベースと同等の役割を果たす技術であることがわかりました。既存のRDBと比べるとSQLのような手軽なデータベース言語もなく、独特の扱いが求められることになりそうですが、非常に多くのマシンで分散して処理を行えることから、データが膨大にある場合にでも効率的に読み書きすることが可能となります。

　Bigtableは初代Googleのインデックスと同様に、キーを何段にも重ねてデータにアクセスしたり、複雑な構造データを値として格納するよう設計されています。それは、「検索エンジンによって培われたインデックスの考え方」が色濃く反映された分散ストレージであるといえるでしょう。

　BigtableはWeb検索に用いられるインデックスというわけではありません。検索クラスタではデータの書き込みが必要なく、何よりも応答速度が要求されるため、もっとシンプルで高速なインデックスが向いています。

　Bigtableはむしろ、インデックスを生成する側で用いられるようです。たとえばクローラが集めたWebページや、そこから抜き出したタイトルやアンカーテキストなどの基本的な情報はBigtableに格納され、日々の研究やデータ処理のために利用されているようです。

　Bigtableは検索エンジンのためだけの技術ではなく、Googleが提供するさまざまなアプリケーションで用いられています。たとえばGoogle Analytics、Google Base、Google Earth、Google Finance、パーソナライズド検索(検索結果を利用者に合わせてカスタマイズする機能)など、Googleにおける多くの情報がBigtableによって管理されているとのことです。

Bigtableの開発は現在も進行中で、地理的に異なるデータセンターの間でテーブルを共有するといったことも検討されているようです。今後も、より便利で大規模な分散ストレージシステムへと発展を遂げることでしょう。

3.3 Chubby ── 分散ロックサービス

Chubbyは小容量ながらも、高い信頼性といくつかの便利な機能を提供する分散ストレージです。Chubbyは単体で使われるだけでなく、GFSやBigtableなどの他の分散システムを構築するための基盤としても用いられます。

分散ストレージはここから始まる

GFSやBigtableといったGoogleの分散システムは、その最も基本となる部分でChubbyを利用しています。Chubbyは「小さな分散ファイルシステム」で、ほかにはない便利な機能を備えています。

Chubbyの提供する機能は「ロックサービス」(Lock Service)と呼ばれています。これは分散システムにおいて排他制御(ロック)を行うしくみです。複数のシステムが共通のリソース(同一ファイルなど)を利用するときには、データが壊れることのないように排他制御を行わなければなりません。

Chubbyにはファイルやロックの状態が変わったときに、それをただちにイベントとして伝える機能もあります。こうした分散処理の基本となるしくみがあることから、Chubbyはより大きな分散システムを構築するための要素技術として用いられます。

Chubbyについては、2006年の論文「The Chubby lock service for loosely-coupled distributed systems」でその全体設計がまとめられ、2007年の論文「Paxos Made Live ─ An Engineering Perspective」(Invited Talk、2006)でより詳細な実装面について取り上げられています。Chubbyは複雑なシステムですが、ここではその大まかな機能としくみを見ていくことにします。

5つのコピーが作られる

Chubbyは大まかにいうと、次の3つの機能を備えたシステムです。

- ファイルシステム
- ロックサービス
- イベント通知

GFSと同様に、Chubbyを使うとネットワーク経由でファイルを読み書きできます。GFSとは違ってChubbyのファイルは非常に小さく、その大部分は1KB未満というものです。

これはファイルシステムというよりは、Windowsのレジストリのようなものと考えるとわかりやすいかもしれません。Chubbyに書き込まれるのは各種の設定や、あるいはサーバのアドレスといった情報です。これらのデータは多数のマシンにコピーされ、いつでも読み出せるようにGFS以上の障害対策が行われます。

すべてのChubbyファイルはロックすることが可能です。そのため、ファイルの読み書きは誰にも邪魔されることなく安全に行うことができます。ロックはファイルの読み書きだけでなく、外部リソースの保護や、イベントの通知など、さまざまな応用のためにも利用されます。

> **Note**
>
> 本節では次の論文について説明しています(以下それぞれ、**Chubby論文**、**Paxos Made Live論文**)。
> - 「The Chubby lock service for loosely-coupled distributed systems」(Mike Burrows 著、7th USENIX Symposium on Operating Systems Design and Implementation(OSDI)、2006)
>   URL http://labs.google.com/papers/chubby.html
> - 「Paxos Made Live - An Engineering Perspective」(2006 Invited Talk)、(Tushar Deepak Chandra／Robert Griesemer／Joshua Redstone 著、Proceedings of the 26th Annual ACM Symposium on Principles of Distributed Computing、2007)
>   URL http://labs.google.com/papers/paxos_made_live.html

Chubbyファイルは各種のイベントを伝えるためにも用いられます。ファイルの作成や削除、内容の書き換え、障害の発生などに合わせて、それに応じたイベントが発生します。Chubbyファイルを監視しておくことで、Googleのシステム全体でいま何が起こっているのかを知ることができるようになります。

Chubbyは他の分散システムには依存しない基盤技術であるため、そのしくみも特徴的です（図3.31）。Chubbyは通常、5台のマシンから構成されます。この集まりを「Chubbyセル」（*Chubby Cell*）と呼びます。

セルの各マシンは「レプリカ」（*Replica*）と呼ばれ、そのすべてが同等のデータベースを保持しています。レプリカの中から全体をまとめる「マスタ」が選ばれますが、すべてのレプリカは同じデータを持っているのでいつでもマスタになることができます。選ばれたマスタに障害が起きたときには、他のレプリカが新しいマスタになります。

ファイルの読み書きはすべてこのマスタを通して行われます。ファイルに書き込まれた内容は、ただちに他のレプリカにもコピーされます。マスタには多くの負荷が集中しますが、Chubbyファイルは書き込まれるよりも読み込まれることのほうが圧倒的に多いため、Chubbyは読み込みのために

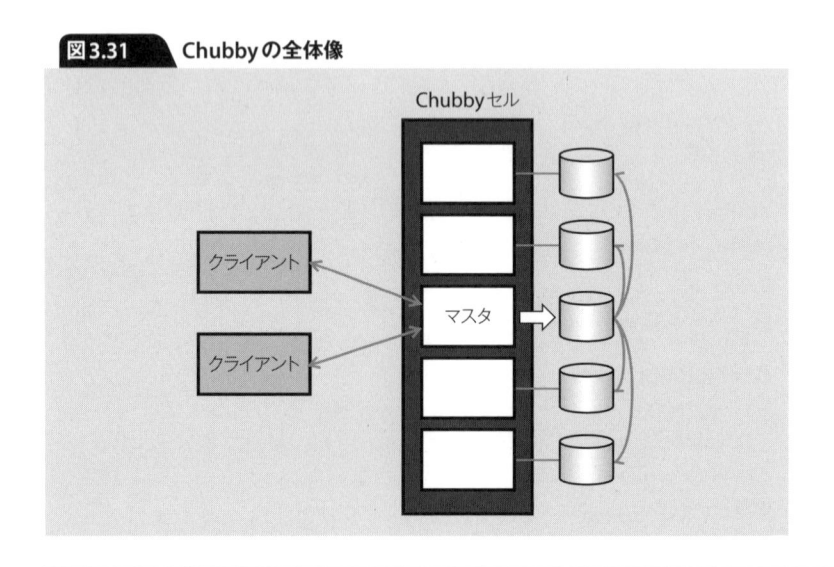

図3.31　Chubbyの全体像

最適化されています。

　Googleにおける多くのサーバは何らかの形でChubbyを利用しており、1つのChubbyセルには同時に数千〜数万のクライアントがアクセスします。こうしたChubbyセルはいくつでも作ることができ、すべてのデータセンターに1つまたは複数のChubbyセルがあるようです。

ファイルシステムとして利用する

　Chubbyはファイルシステムとしてのインタフェースを持ち、GFSと同様にファイル名を使ってデータへとアクセスします。

ファイルへのアクセス

　Chubbyのファイル名は/ls/<セル名>/wombat/pouchのように表されます。lsは「Lock Service」の略で、固定文字列です。<セル名>はChubbyセルに付けられた任意の名前で、/wombat/pouchはセル内での任意のファイル名です。

　セル名をDNSに尋ねると、そのすべてのレプリカのアドレスが返されます。Chubbyクライアントはいずれかのレプリカに現在のマスタのアドレスを問い合わせ、続いてマスタにファイルを要求することになります。

　一方、GFSのファイルは/gfs/<クラスタ名>/<ファイル名>のように表されます。ChubbyとGFSの名前空間は統合されており、同じツールを使ってどちらのファイルにでもアクセスできるようです。ただし、ディレクトリをまたいでファイルを移動させることはできません。シンボリックリンクのような概念もありません。

　Chubbyでは一時ファイルを作ることも可能です。一時ファイルは、誰もそのファイルを使わなくなると自動的に削除されます。各種のサーバは一時ファイルを作成することで、自分がいま起動していることを他のプロセスに知らせることができます。

Tip

Chubbyのデータベース※

　Chubbyが利用するローカルデータベースとしては、以前はBerkeley DBを利用していたとのことですが、最終的にはレプリケーションに重点を置いたコンパクトなデータベースを自分たちで開発しているようです。

※ Chubbyのデータベースについては、Chubby論文のp.9「Database implementation」で説明されています。

localセルとglobalセル

　特別なセル名としてlocalという名前があり、これは今いる場所（同じ部屋や同じ建物）のChubbyセルを表します。近くのセルにアクセスしたい場合に便利な名前です。

　もう一つ特別な存在としてglobalというセルがあります（図3.32）。これは世界中からアクセス可能なChubbyセルで、そのレプリカもデータセンターをまたいで広く分散されています。

　globalセルは、それ以外の各セルから簡単にアクセスできるようにミラーリングされます。/ls/global/master以下に書き込まれたファイルは、他のセルからは/ls/<セル名>/slaveという名前で読み出すことができます。ミラーリングされたファイルは近くのセルから読み込まれるので高速です。

　globalセルのファイルを書き換えると、イベントのしくみによってミラーリング先にもそれが伝えられ、ただちにすべてのセルが更新されます。

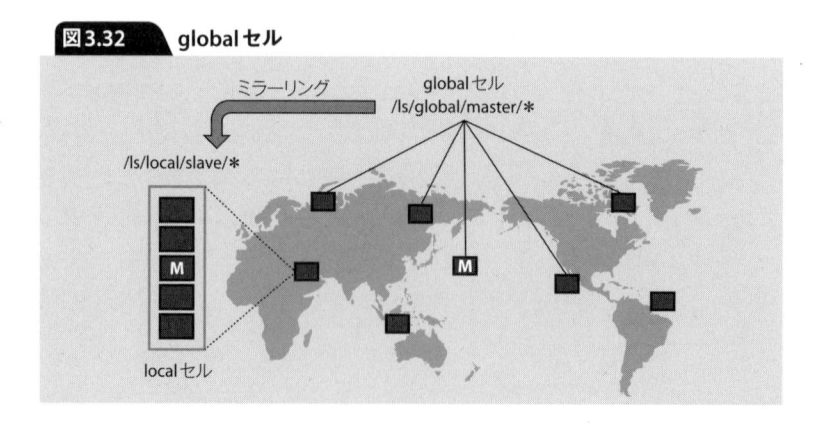

図3.32　globalセル

ネットワークに問題がない限りは、1秒以内に全世界へのミラーリングが完了するとのことです。

globalセルに書き込まれるのはシステム全体にかかわる情報で、たとえば次のようなものです。

- 各種のアクセスコントロール
- どこで何のサービスが起動しているかという情報
- Bigtableのメタデータがどこにあるか、といった情報
- その他、さまざまなシステムの設定ファイル

ファイルの読み書き

Chubbyではマスタがすべてのデータを保持しており、ファイルの読み書きはすべてマスタに対して要求します。1つのファイルサイズは最大でも256KBと小さく、1回の転送で読み書きが完了します。部分的にデータを読んだり書いたりすることはできません。ファイルを書き換えるときには、新しいデータをまるまる送る必要があります。

ファイルの内容はローカルのデータベースに記録されます。データベースは他のレプリカに対してもレプリケーション（*Replication*、複製）されるようになっており、書き込まれたデータはただちに他のレプリカからも読み出せるようになります。

データベースは数時間ごとにGFSのファイルとしてバックアップされます。このとき、バックアップはそのChubbyセルが動いているのとは別の建物に対して送られます。これはバックアップの安全性を高めるためでもありますし、バックアップが自分とは異なるChubbyセルを用いるようにするためでもあります。

すべてのファイルやディレクトリにはACL（*Access Control List*）を設定することができます。ACLでは読み込み、書き込み、変更のそれぞれについて、それを許可するユーザ名のリストを定義します。ChubbyのACLは、単にChubbyファイルの保護のためだけでなく、同じようにACLを必要とする他のアプリケーション（たとえばGFS）から利用することもできます。

Tip

ご利用は計画的に※

　Chubbyのファイルには少量のデータだけを保存することが想定されており、一般的なアプリケーションのデータをここに書き込むべきではありません。将来的に大きくなる可能性のあるデータは、GFSなど他のファイルシステムに保存すべきです。

　ところが、Googleで利用されているモジュールの一つが、かつてChubbyにデータを格納するようになっており、その利用が広がるにつれてChubbyに大量のデータが読み書きされてしまうことがあったそうです。実に全容量の半分以上がそのモジュールの利用で埋められてしまったとか。

　問題はここからで、一度広く使われるようになったものを置き換えるのは簡単ではなく、それを置き換えるのに約1年という時間が必要になってしまったとか。Chubbyを利用するときには、データが大きくなり過ぎないかを設計段階から注意しないといけませんね。

※　このエピソードはChubby論文のp.13「Abusive clients」に書かれていたものです。

ロックサービスとして利用する

　すべてのChubbyファイルはロックすることが可能です。これによってほかの分散システムは、起動時の排他制御の問題を解決することができます。

ファイルのロック

　Chubbyのロックには共有ロック（*Lock in Shared Mode*、リードロック：*Reader Mode*）と排他ロック（*Lock in Exclusive Mode*、ライトロック：*Writer Mode*）の二種類があります（図3.33）。ファイルを共有ロックすると排他ロックを防ぐことができるため、ファイルの内容を書き換えられたくない場

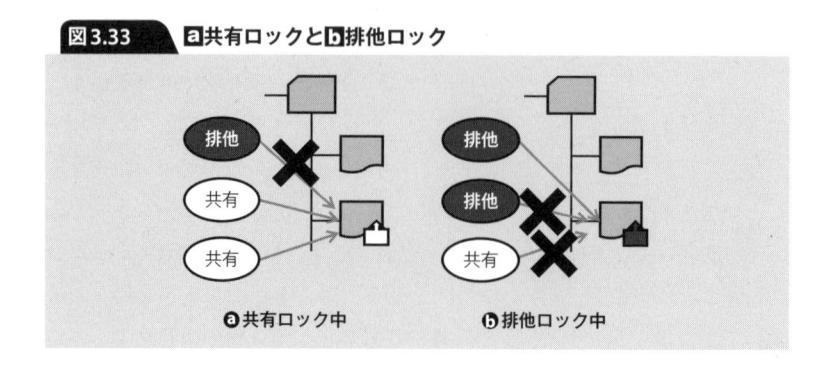

図3.33　ⓐ共有ロックとⓑ排他ロック

ⓐ共有ロック中　　　ⓑ排他ロック中

合などに使えます。ファイルを排他ロックするとほかの誰もそれをロックできなくなるので、ファイルを安全に書き換えるために使えます。

実際には、これらのロックを無視して読み書きするこも可能です。Chubbyのロックはクライアント同士が協調して動くときのみ意味を持つもので、強制力はありません。これは一般にアドバイザリロック（*Advisory Lock*）といわれるものです。

ファイルをロックできるのは、ACLによってそのファイルに書き込み権限を持つユーザのみです。したがって、誰でも自由にファイルをロックできるものではなく、誰がどのようにロックを制御するかということは慎重に設計する必要があります。

外部リソースのロック

Chubbyのロックを使って、外部のリソースを安全に利用することも可能です。たとえば、GFSのファイルはそのままではロックすることができませんが、Chubbyと組み合わせることでそれを間接的にロックできるようになります（Chubbyが「ロックサービス」といわれる所以です）。

外部リソースのロックには、いくつかのパターンが考えられます。ここでは図3.34のようなケースを考えてみましょう。

いま、多数のクライアントが共有リソース（ファイルなど）にアクセスしようとしています。リソースは複数のサーバに分散されており、クライアント側で最初にロックを獲得しなければなりません。クライアントはまず

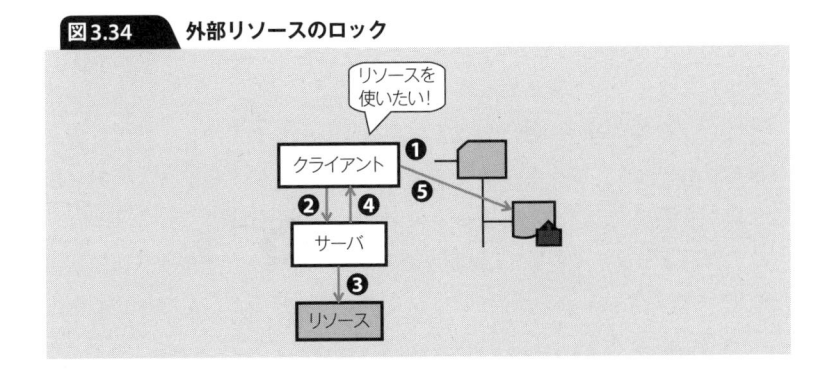

図3.34　外部リソースのロック

Chubbyによってリソースの排他ロックを得ます(❶)。これでしばらくほかのクライアントはそのリソースにアクセスできなくなるはずです。

クライアントは安心してサーバに要求を送ります(❷)。サーバは要求に従って処理を行い(❸)、結果をクライアントに返します(❹)。後はこれをリソースの利用が終わるまで繰り返し、最後にロックを解除します(❺)。

こうした一連の手順により、リソースそのものにロックの機能がなかったとしても、クライアントは安全にそれを利用できるようになります。ただし、すべてのクライアントが同じようにChubbyを利用する必要があるので、その点は注意が必要です。

このしくみはうまく働きそうですが、一つ問題があります。分散システムでは、いつどこで障害が発生するかもしれません。もしもクライアントがリソースをロックした直後に停止したとすると、ロックが解除されなくなってしまう恐れがあります。

こうした問題を避けるため、Chubbyは定期的にクライアントと通信を行うようになっており、クライアントが意図せず停止したときには、一定時間[注7]で自動的にロックが解除されるようになっています。

シーケンサ

さらに複雑な問題があります。クライアントが停止したとき、すでにサーバに要求が送られていたとしたらどうでしょうか?

図3.35のような状況を考えます。まず、クライアントがリソースをロックし(❶)、サーバに要求を送ります(❷)。しかし、サーバはほかの仕事に忙しくて、その処理を後に回します。そうしている間にクライアントが異常終了し、ロックが解除されます。

しばらくしてサーバは❷の要求を処理しようとしますが、すでにロックは解除されており、安全ではありません。サーバにはこのような状況を知る手段が必要です。

この問題を解決するため、Chubbyでファイルをロックするときには、同時に「シーケンサ」(*Sequencer*)と呼ばれるデータを作ることができるように

[注7] 通常は10秒前後、高負荷時には最大で60秒程度になるようです。

なっています。シーケンサは単なる文字列で、通信相手に簡単に渡せます。

ここでは❷の要求と同時にシーケンサを渡しておき、サーバは実際に処理を行う前にそれがまだ有効であるかをChubbyに確認します（❸）。シーケンサが無効であれば、すでにその要求は安全ではないので、処理を中止してエラーを発生させます。

Chubbyで外部リソースを安全にロックするにはシーケンサの利用が推奨されますが、これにはサーバ側での対応が必要です。実際にはすべてのサーバがこれに対応しているわけではないので、トラブルを減らすための次善の策として、ロックが失なわれたときにはしばらく（1分程度）誰も同じロックを獲得できないことになっています。この猶予期間のうちにサーバが処理を終えられるなら、リソースの安全性は保たれることになります。

フェイルオーバー

問題はほかにもあります。Chubby側で障害が起きた場合です。Chubbyセルのマスタが停止した場合、他のレプリカがマスタに切り替わります。Chubbyはこの状況でもできる限りエラーを出さずに、クライアント側で障害発生を意識しないで処理を継続できるようにします。ファイルのロック状態もそのまま新しいマスタに引き継がれます。

ただし、例外がないわけではありません。マスタの切り替えに時間が掛かって、クライアント側でタイムアウトすることもありますし、古いマスタから送られるべきであったイベントが失なわれることもあるようです。

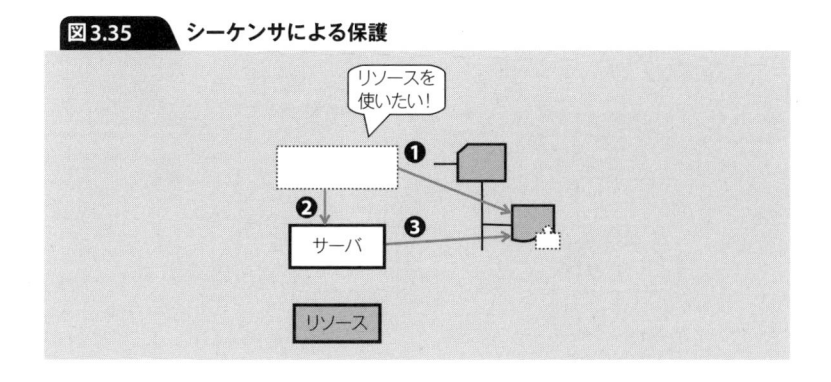

図3.35　シーケンサによる保護

Chubbyとて障害発生の可能性はあり、開発者には適切な対応が求められそうです。

イベント通知を活用する

Chubbyではファイルを監視してさまざまなイベントを受けとることができます。これによって、多数のプロセスが手軽な情報交換を行えるようになります。

イベント

Chubbyファイルを作成したり、その内容を書き換えると、それを監視しているクライアントにイベントが送られます。これは図3.36のようなことに利用されます。

Chubbyでディレクトリを監視すると、そこにファイルが作られたり消されたときにイベントが発生します（図3.36 ⓐ）。Chubbyでは、プロセスが停止すると自動的に削除される一時ファイルを作ることができますが、これを活用すると起動中のサーバリストが得られます。

各サーバは起動時に特定のディレクトリにファイルを作って、自分のアドレスを書き込むようにしておきます。それらのサーバを束ねるマスタプロセスは、そのディレクトリを監視することによって、各サーバの起動や終了を知ることができます。p.100で説明したとおり、これは実際にBigtable

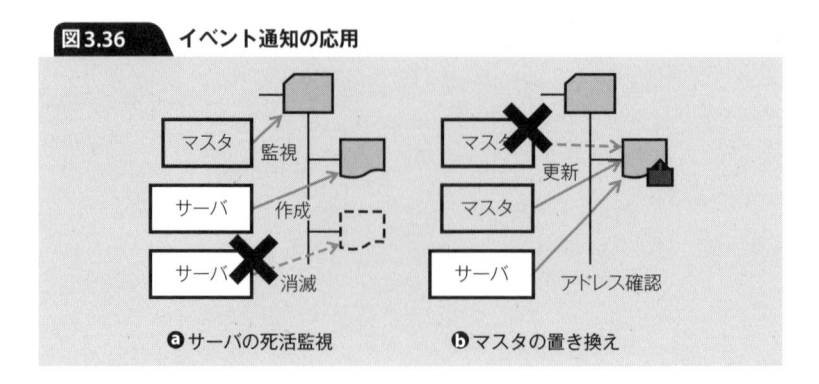

図3.36　イベント通知の応用

ⓐ サーバの死活監視　　ⓑ マスタの置き換え

がタブレットサーバを監視している方法です。

　別の応用として、マスタプロセスが自分自身のアドレスをサーバ側に伝えるのにも使われます（図3.36 ❺）。Googleの分散システムでは、複数のマスタプロセスが1つのファイルを取り合うようになっています。それらはファイルを排他ロックしようとし、ロックに成功したプロセスが実際にマスタとして働きます。ロックが得られなかったものはバックアップとして待機します。

　マスタが停止するとロックが解除されるので、バックアップのプロセスが排他ロックを得られるようになります。これによってマスタが交代します。マスタは自分のアドレスをファイルに書き込むようになっており、それを読むことで現在のマスタがどこにいるのかを知ることができます。

　各サーバはこのファイルを監視しておくことで、マスタが切り替わったときにはそれがイベントとして伝えられ、常に最新のマスタのアドレスを知ることができるようになります。

キャッシュ

　Chubbyのファイルを読み込むと、その内容はクライアント側でキャッシュされるようになっています（図3.37 ❺）。そのためアプリケーションは同じファイルから何度読み込みを行っても、ただちにデータを取り出せます。

　ファイルの内容が書き換えられるときには、Chubbyはまずすべてのキャッシュを破棄するように通知します（図3.37 ❺）。ファイルの書き換えはその後で行われるので、クライアントがキャッシュから古い内容を読んでし

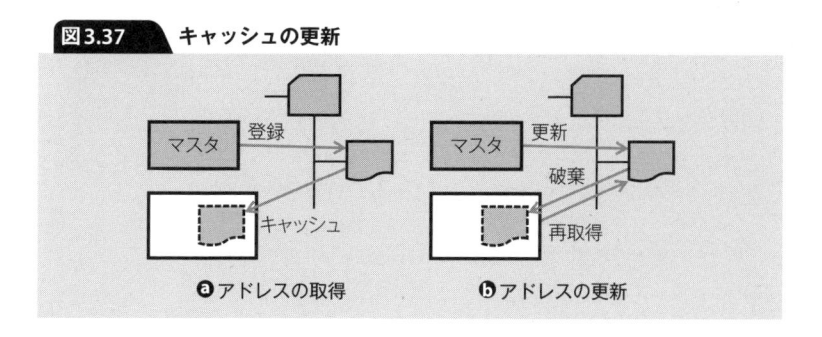

図3.37　キャッシュの更新

❺アドレスの取得　　❺アドレスの更新

まうことはありません。

　アプリケーションが次に同じファイルを読み込むときには、再びChubbyセルから最新の内容を取り寄せます。Chubbyファイルからの読み込みは必要なときだけ行われるように効率的な設計となっているため、アプリケーションは一度開いたファイルを繰り返し読み込むようにさえしておけば済むようになっています。

　これは前述のように、マスタのアドレスを調べるのに便利な実装です。Chubbyを利用するアプリケーションでは、単に繰り返しファイルからデータを読み出すようにさえ作っておけばよく、キャッシュがあればキャッシュから、ファイルが書き変わっていればChubbyセルからデータが読まれ、マスタがどこにいるのか常に最新の情報が得られます。

Columun

DNSを置き換える

　Chubbyを使ってアドレスを調べるのはとても便利で効率的な方法なので、今やGoogleではChubbyをDNSの代わりとして広く用いているとのことです。各マシンはChubbyにファイルを1つ作り、そこに自分のアドレスを書き込みます。それを見ればそのマシンのアドレスがわかるし、アドレスが変わったときにはすぐにイベントとして伝えられます。

　DNSではアドレスの有効期間をTTL（*Time-To-Live*）として設定します。これが長いとアドレスの変更がすぐに伝わらず、かといって短くするとDNSへの問い合わせが頻繁に発生します。Googleのように大量のマシンがある環境では、TTLが短いとDNSに大量の負荷が掛かります。たとえば3000台のマシンが相互に通信するような環境で、TTLを60秒にすると、DNSには毎秒15万もの問い合わせがくることになります（3,000×3,000÷60=150,000）。

　一方、Chubbyを用いた場合には、問い合わせが発生するのはアドレスが変わったときだけです。しかもアドレスの変更はすぐに伝わります。これはDNSでは得られない利点です。

　とはいうものの、すべてのソフトウェアがChubbyでアドレスを調べられるわけでもありません。既存のソフトウェアはやはりDNSを利用するので、DNSを廃止するわけにもいきません。そこでGoogleでは、Chubbyによってアドレスを調べるDNSサーバを開発しており、ChubbyあるいはDNSのどちらでも好きなほうを利用できるようにしているとのことです。

マスタは投票で決められる

本節のはじめで紹介したとおり、Chubbyセルは5つのレプリカから構成され、そのなかから1つのマスタが選ばれます。ここで問題となるのは、マスタをどのように選ぶかということです。

Chubby以外の分散システムでは、Chubbyの排他ロックを使ってマスタを決定します。しかし、Chubby自身が同じ方法を使うことはできません。Chubbyのマスタは、レプリカ自身の合意によって決定されます。

さまざまな障害

まずは起こりうる問題を整理しておきます。Chubbyでは図3.38のような障害が考えられます。

ⓐ 正常時

正常時には1つのレプリカがマスタとして動いています。マスタを含めたすべてのレプリカは互いに連絡をとり合っており、全員がセルの状態を共有しています。個々のレプリカはネットワーク的に離れた場所に分散して配置され、1ヵ所の障害によってシステム全体が停止することのないようになっています。

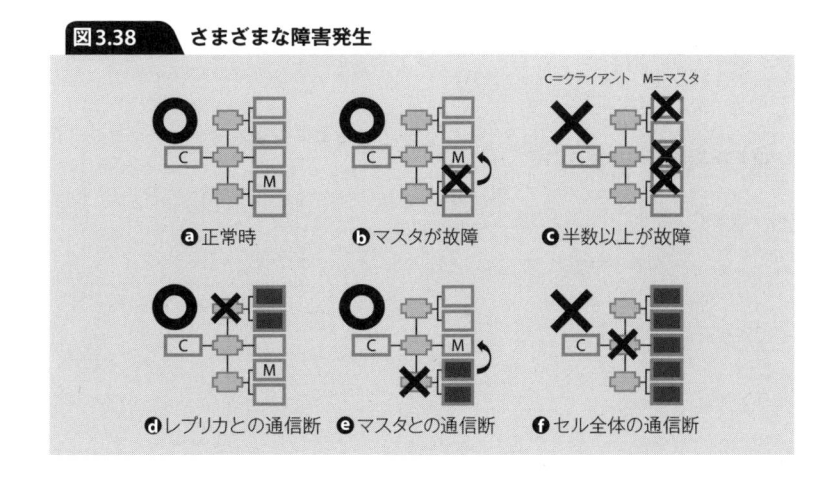

図3.38　さまざまな障害発生

ⓐ 正常時　ⓑ マスタが故障　ⓒ 半数以上が故障
ⓓ レプリカとの通信断　ⓔ マスタとの通信断　ⓕ セル全体の通信断

C=クライアント　M=マスタ

❶マスタが故障

マスタが故障、あるいは回線の切断などによって通信が途絶えると、それ以外のレプリカから新しいマスタが選ばれて仕事を引き継ぎます。すべてのレプリカは同じデータを共有しているので、いつでもマスタになることができます。

定期的なメンテナンスや、一時的なネットワークの遮断などの場合、古いマスタはすぐに復活するかもしれません。そのときすでに新しいマスタが選ばれているかもしれないし、そうでないかもしれません。いずれにしても古いマスタはただのレプリカに戻ってセルのメンバーに加わります。

❷半数以上が故障

レプリカが半数以上壊れると、Chubbyセルは活動を停止します。この場合、すべてのChubbyクライアントは処理を続けられなくなり、それに伴って他の分散システムも停止します。これはあってはならないことです。

システム停止の危険を減らすため、いずれかのレプリカが故障したまましばらく復活しないようであれば、自動的に予備のマシンで新しいレプリカが動き始めます。新しいレプリカは既存のレプリカから最新の情報を受け取り、その後DNSが書き換えられてセルのメンバーとして加わります。

❸レプリカとの通信断

ネットワークの障害によって、半数未満のレプリカとの通信が途絶えただけであれば、Chubbyセルはそのまま動作を続けます。通信の途切れた側から見るとマスタがいなくなりますが、レプリカの数が半数に満たないのでそこで新しいマスタが立ち上がることはありません。

❹マスタとの通信断

逆に通信障害によって、マスタを含むレプリカの数が半数を切ると、マスタはその活動を停止します。一方、マスタと通信できなくなった側では、レプリカの数が半数以上いる限りは、そこから新しいマスタが選ばれます。

❺セル全体の通信断

ネットワークのどこにも過半数のレプリカがない状況では、Chubbyセルはその活動を停止します。このような障害はあってはならないことで、ネットワークレベルでの障害対策が求められます。

* * *

以上のように障害にはさまざまなパターンがありますが、マスタが選ばれる基準は一つです。マスタは半数以上のレプリカがつながっている場所に現れます。逆にいうと、Googleの分散システムが正常に機能するには、

常に3つ以上のレプリカと通信できる状態でなければなりません。

コンセンサスアルゴリズム

マスタはどこかの誰かが選ぶのではなく、ほかでもないレプリカ自身の合意によって決定されます。互いに対等な複数のプロセスが、そこで一つの合意に達するための方法を「コンセンサスアルゴリズム」(*Consensus Algorithms*) といいます。Chubbyは「Paxos」と呼ばれるコンセンサスアルゴリズムを用いてマスタを決定します。

Paxosとは、ごく簡単に説明すると、次のようなアルゴリズムです。新しいマスタを決めるときには、最初にすべてのレプリカがマスタになろうとします。その一方で、それぞれのレプリカは誰がマスタになるべきかを投票する権利を持っています。

ここで前提として、すべてのレプリカにはあらかじめ異なるIDを振っておきます。また、レプリカが何か合意に達するたびに、その合意内容には一連の番号が付けられます。

以下の説明では、簡単のために4つのうち2つのレプリカがマスタに名乗りを上げ、残り2つが投票を行うものとします（図3.39）。

ⓐ 提案（*Propose*）

まず、2つのレプリカが新しい「提案」(*Propose*) を出します。提案を出すときには、これまでに得られた合意内容よりも大きい番号を提示します。各レプリカは自分のIDを使って新しい番号を作ります。

図3.39ⓐでは、最後に合意に達したのが10番だとして、ID＝1のレプリカが11番、ID＝2のレプリカが12番を提案しています。

ⓑ 約束（*Promise*）

投票側のレプリカは、(不公平なことに)一番大きい番号の提案を受け入れると「約束」(*Promise*) します。これによって、どの提案を受け入れるかが一つに定まります。

複数の提案が同時に送られた場合、それらが同時に届くわけではありません。仮に12番の提案が先に届くと、11番はただちに却下されます。一方、11番が先に届いた場合には、2つの提案の両方が約束されるかもしれません。

どのような約束が行われるかはタイミング次第です。図3.39の例では、11

番の提案がどうなるかは定かではありませんが、12番が約束されることだけは確かです。

❸受諾(*Accept*)

　全体の半数以上の約束を取り付けることに成功すると、実際の提案内容とともに「受諾」(*Accept*)の旨を伝えます。

　図3.39 ❸では12番だけが受諾していますが、タイミングによっては11番にも多くの約束が送られ、受諾を返すことがありえます。

❹承認(*Acknowledge*)

　送られた受諾がその時点で最新の提案に等しければ、その内容が「承認」(*Acknowledge*)されます。過半数の承認を集めた時点で、ようやくシステムは一つの合意に達したものとみなされます。

　図3.39 ❹では12番の提案に対して合意が形成されています。仮に11番が受諾していたとしても、12番の提案が早ければ11番は承認されません。もしも12番の提案が非常に遅くて、先に11番が承認まで進んだならば、システムは11番、12番の順に合意に達するでしょう。

＊　＊　＊

　こうした手続きによってシステムは一連の合意に達することができます。合意を得るためには過半数のメンバーが投票に参加していればよく、途中で誰が抜けたとしても遅かれ早かれ合意が形成されます。

　こうして残ったレプリカの間で合意を得ることにより、次に誰がマスタになるかということが決められるわけです。

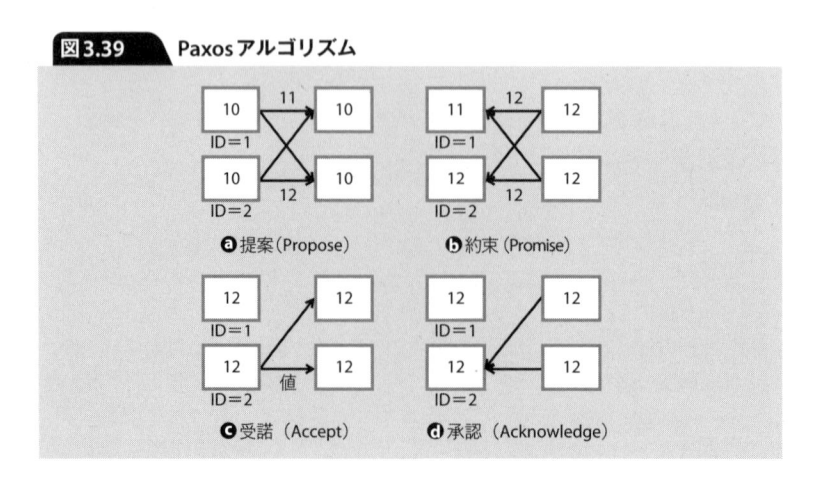

図3.39　Paxos アルゴリズム

❶ 提案 (Propose)　　❷ 約束 (Promise)

❸ 受諾 (Accept)　　❹ 承認 (Acknowledge)

マスタリース ── マスタの交代

コンセンサスアルゴリズムがあれば何であれ合意を形成できるため、理論上はマスタが存在しなくとも一連の処理を行うことが可能です。とはいえ、毎回Paxosを実行するのは手間が掛かり過ぎるので、性能上の理由からChubbyはマスタの概念を導入しています。

Paxosの文脈では、マスタとは効率的な合意形成のために特権を得たメンバーであると考えることができます。マスタには「マスタリース」(Master Lease)と呼ばれる一定の時間が与えられ、その間はPaxosの「提案」と「約束」を省いて、いきなり「受諾」から始めることができます(図3.40)。マスタリースの時間内は、ほかの誰も新しい提案を行うことができないため、マスタの主導で次々と合意が形成されていきます。

ただし、マスタの独断で物事を決めることはできません。合意を得るには過半数のレプリカの「承認」が必要であることには変わりなく、したがってレプリカが半数を切った時点で何の合意も形成できなくなります。これによってChubbyセルはその機能を失います。

マスタリースは、マスタが正常に動いている限りは更新されます。したがって普段からマスタが入れ変わることはありませんが、マスタが停止してリースが更新されなくなるとマスタ不在の状態が発生します。

この時点ですべてのレプリカが新しい提案を行えるようになり、そして完全なPaxosアルゴリズムによって次のマスタが決定されることになります。

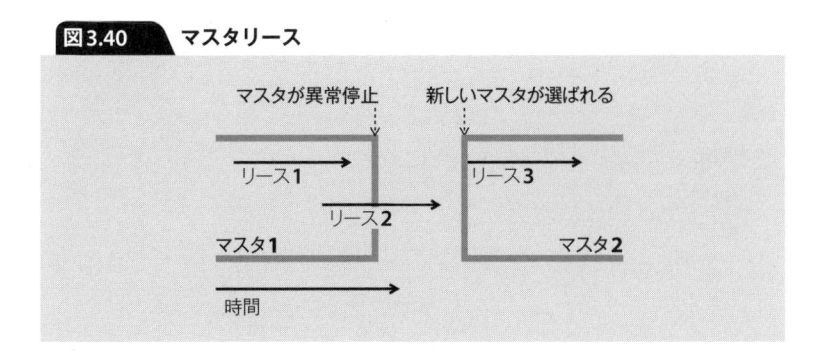

図3.40　マスタリース

3.4 まとめ

　本章では、Googleがさまざまなデータをどのように扱っているかについて取り上げました。GFSは大量のデータを効率よく転送し、安全に保管するよう設計された分散ファイルシステムです。それは1台のマシンで扱えないほどの巨大なデータを管理するのには向いていますが、逆に小さなデータを扱うのは苦手です。

　BigtableはGFSを利用しながら、小さなデータでも効率的に読み書きできるようにした分散ストレージです。Bigtableでは既存のデータベースでは扱えないほどの巨大なテーブルを作ることができます。そこに格納するデータ構造は開発者が自分で設計することにより、どのようにデータを分散させるかをコントロールできるようになっています。

　Chubbyはこうした分散システムのさらに基盤となるシステムで、排他制御の行える小さなファイルシステムを提供します。Chubbyはイベント通知のためにも利用することができるので、DNSに代わって名前解決の手段としても広く用いられています。

　こうした各種の分散システムは、学術の世界ではこれまでにも広く研究されてきたもので、Googleにしかない技術というわけではありません。しかし、Googleはそうした研究成果を自分たちの要求に合うよう最適化し、世界的な検索エンジン構築のために大きく発展させることで、一つの巨大な分散システムを作り上げています。

　これらの技術が直接表に出ることはありませんが、大量のコンピュータを活用するこうした基盤システムの支えがあってこそ、Googleという世界規模の検索エンジンは実現されているのです。

第4章
Googleの分散データ処理

4.1 MapReduce ──分散処理のための基盤技術　p.137

4.2 Sawzall ──手軽に分散処理するための専用言語　p.164

4.3 まとめ　p.183

Googleの扱うデータ量はあまりにも多いため、そのデータを加工するのにも多数のコンピュータを用いた分散処理が必要とされます。しかしデータ処理を分散するには、入力データをどのように分割するか、障害発生にどうやって対処するか、といった多くの問題について考えなければなりません。

多数のコンピュータを使った分散処理は、これまでにもHPC（*High Performance Computing*、高性能計算）の分野で広く研究されてきましたが、それはおもに科学技術計算のように大量の計算を行うことが中心です。Googleのように何千ものハードディスクを用いるようなデータ処理では、また異なる技術が求められます。

大量のデータ処理を効率的に行うため、GoogleはGFSと組み合わせて利用される新しい分散処理技術を作り出しました。本章では、Googleがどのようにして膨大なデータを加工しているかについて見ていきます。

図4.1　MapReduceの実行過程を示した画面※

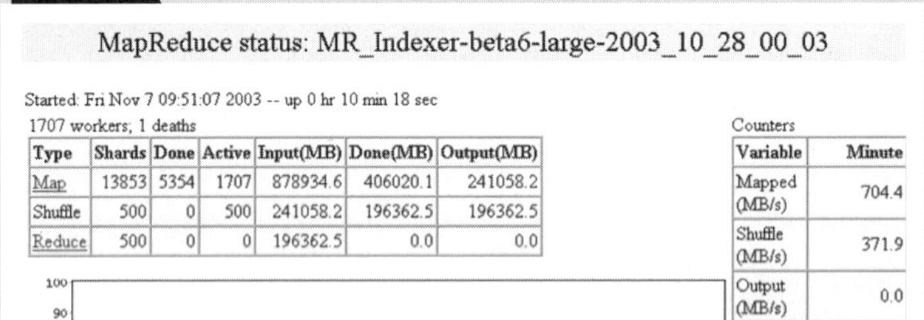

MapReduce status: MR_Indexer-beta6-large-2003_10_28_00_03

Started: Fri Nov 7 09:51:07 2003 -- up 0 hr 10 min 18 sec

1707 workers; 1 deaths

Type	Shards	Done	Active	Input(MB)	Done(MB)	Output(MB)
Map	13853	5354	1707	878934.6	406020.1	241058.2
Shuffle	500	0	500	241058.2	196362.5	196362.5
Reduce	500	0	0	196362.5	0.0	0.0

Counters

Variable	Minute
Mapped (MB/s)	704.4
Shuffle (MB/s)	371.9
Output (MB/s)	0.0
doc-index-hits	5000364228
docs-indexed	17300709
dups-in-index-merge	0
mr-operator-calls	17342493
mr-operator-outputs	17300709

Map処理が半分まで進んだところを表している。MapReduceのマスタプロセスはWebサーバにもなっており、ブラウザでアクセスすることで、このように動作状況を確認できる。

※ URL http://labs.google.com/papers/mapreduce-osdi04-slides/index-auto-0012.htmlより。

4.1 MapReduce──分散処理のための基盤技術

MapReduceは、多数のマシンで効率的にデータ処理を行うためのしくみです。開発者は分散処理の難しい部分をMapReduceに任せることで、少ない労力で大規模な処理を実行できるようになります。

大量のデータを分散して加工する

　Googleでは大量のデータを読み書きするためにGFSを利用しますが、そのデータを加工するのにも多くのマシンを使いたいものです。たとえば、Webページのインデックス生成では膨大な数のWebページを処理しなければならないため、ここでも分散処理が求められます。

　以前のGoogleでは、こうした一つ一つの分散処理をすべて手作りしていました。たとえば、検索クラスタの分散、クローリングの分散、インデックス生成の分散、これらはすべて異なる設計と実装が必要です。しかし、このなかでもインデックス生成は何段階もの処理が必要な複雑なプロセスであり、それを毎回手作りしていたのでは手間が掛かり過ぎます。

　こうした背景から生まれたのが、MapReduceというGoogle独自の分散データ処理技術です。MapReduceをGFSと組み合わせると、開発者は1台のマシンでは処理しきれない膨大なデータを、何百、何千というマシンを使って効率的に処理できるようになります。これにより開発者はインデックス生成の分散処理について毎回考える必要がなくなり、効率的に開発を進められるようになるというわけです。

　MapReduceはGFSと同時期の2003年頃に開発され、2004年の論文「MapReduce：Simplified Data Processing on Large Clusters」（次ページのNoteを参照）で詳しく説明されています。ここではMapReduceがどのようなしくみで分散処理を行うものなのか見ていくことにしましょう。

第4章 Googleの分散データ処理

> **Note**
>
> 本節は次の論文について説明しています(以下、**MapReduce論文**)。
> - 「MapReduce：Simplified Data Processing on Large Clusters」(Jeffrey Dean／Sanjay Ghemawat 著、OSDI'04：Sixth Symposium on Operating System Design and Implementation、2004、p.137-150)
> - **URL** http://labs.google.com/papers/mapreduce.html

キーと値でデータ処理を表現する

　まずはMapReduceの基本となる考え方を見ておきます。MapReduceとは、**Map**と**Reduce**という二つの方法を組み合わせてデータ処理を行う技術です。「Map」とは、ひとまとまりのデータを受け取って新しいデータを生成していくプロセスです。一方の「Reduce」は、Mapによって作られたデータをまとめて、最終的に手に入れたい結果を作り上げるプロセスです。

　MapとReduceは、それぞれが多数のマシンに分散され、並列して実行されます(**図4.2**)。多数のMapが独立してデータを読み込み、それを加工してReduceに渡します。一方のReduceも、Mapが作り出したデータを手分けして集計します。

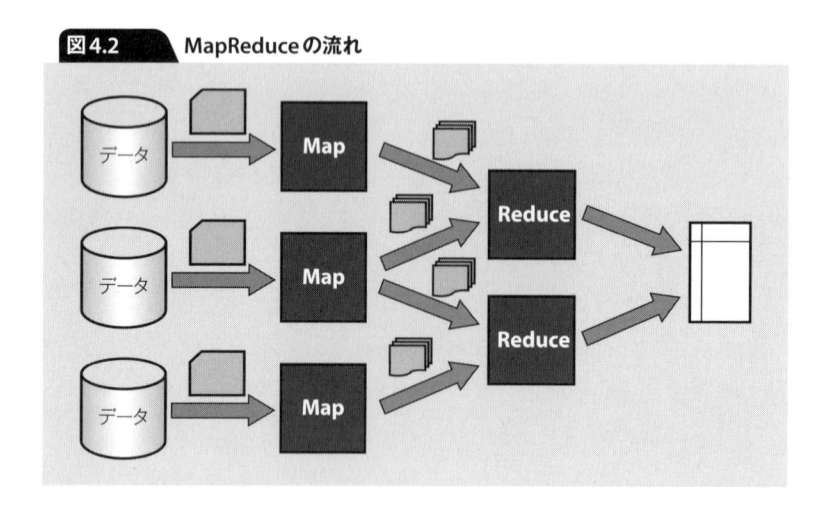

図4.2　MapReduceの流れ

図4.2のこうした流れを見ると、これはちょうどインデックス生成の過程と似ていることに気付かれると思います。インデックス生成では、Webページを受け取って単語情報などを取り出し(Map)、それを1つのインデックスにまとめ上げます(Reduce)。Webページは一つ一つ独立して処理することができるため、MapとReduceという枠組みによって簡潔に表すことが可能です。MapReduceとは、こうした処理を一般的に行えるようにするための基盤となる技術です。

より厳密には、MapとReduceは次のように定義されます。

$$\text{Map}: <\text{キー}, \text{値}> \Rightarrow <\text{キー}', \text{値}'>*$$

➡ Mapはキーと値のペアを受け取り、新しいキーと値のペアからなるリストを作る

$$\text{Reduce}: <\text{キー}', \text{値}'*> \Rightarrow \text{値}''*$$

➡ Reduceは同じキーを持つ複数の値を受け取り、0またはそれ以上の値を作る

Mapには、「キーとなるデータ」と「それに対応する値」との2つが与えられます。Mapにどのようなデータを与え、それをどう処理するかは開発者が決めることができます。Mapの中では与えられたキーと値を使って、新しいキーと値を好きなだけ生成します。インデックス生成の例でいえば、たとえばWebページのdocID(キー)とテキスト(値)を受け取って、wordID(キー')と単語情報(値')を大量に作り出すことができます。

Mapによって作られた新しいキーと値は自動的に整理され、同じキーを持つ値が1カ所に集められます。そして次の段階として、新しいキーとすべての値がReduceに渡されることになります(図4.3)。前述の例では、同じwordID(キー')を持つすべての単語情報(値')が一つにまとめられてReduceが呼び出されるということです。

Reduceで具体的に何をするかも、Mapと同様に開発者が決めることができます。たとえば、集められたwordID(キー')と単語情報(値')を使って、検索のための転置インデックスを作ることができるでしょう。

開発者が用意するのは、MapとReduceという2つの処理だけ、というの

第4章 Googleの分散データ処理

がポイントです。Mapを多数のマシンで分散して実行することや、同じキーのデータを集めてReduceを呼び出すといった面倒なことはシステムが面倒を見てくれます。これによって、開発者はどのようなMapとReduceを実行するかという開発の中身に集中することができ、分散処理のための手間を減らせるというわけです。

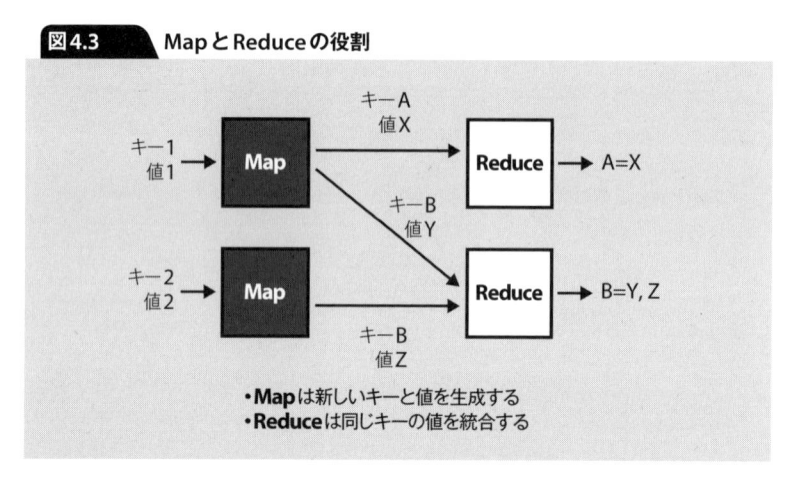

図4.3　MapとReduceの役割

- **Map**は新しいキーと値を生成する
- **Reduce**は同じキーの値を統合する

Column

MapReduceの由来

MapやReduceという名前は、Lispなどの関数型言語の流れから付けられたものです。関数型言語では、**map**とはデータの集合に関数を適用して新しい集合を作ることで、**reduce**はデータの集合に関数を適用して一つの結果にまとめることを表します。たとえば、次のような感じです。

```
map(二倍, [1, 2, 3]) => [2, 4, 6]
reduce(加算, [2, 4, 6]) => 12
```

たしかにイメージとしてはMapReduceの流れに似ていますね。別の見方としては、Mapの役割はデータを加工して分類することにあるのでこれを「フィルタ」(*Filter*)、Reduceの役割は分類されたデータを統合することにあるのでこれを「アグリゲータ」(*Aggregator*)として説明されることもあります。これについては後ほどまた取り上げます。

転置インデックスを作ってみる

MapReduceを理解するには、具体的にその実行の様子を見てみるのがわかりやすいでしょう。ここでは、MapReduceによって転置インデックス[注1]を作ることを考えてみます。

入力データ

与えられるデータは、WebページのdocIDとそのテキストです（図4.4）。最終的に、検索のための転置インデックスを作ることが目的です。

MapにはdocIDを「キー」、テキストを「値」として渡します。ここでは図4.5の2つのWebページを考えます。したがって、Mapは2回実行されることになります。

Mapによる処理

転置インデックスでは、同じwordIDのすべての単語情報を1カ所に集めなければなりません。したがって、MapではwordIDを新しいキーとして

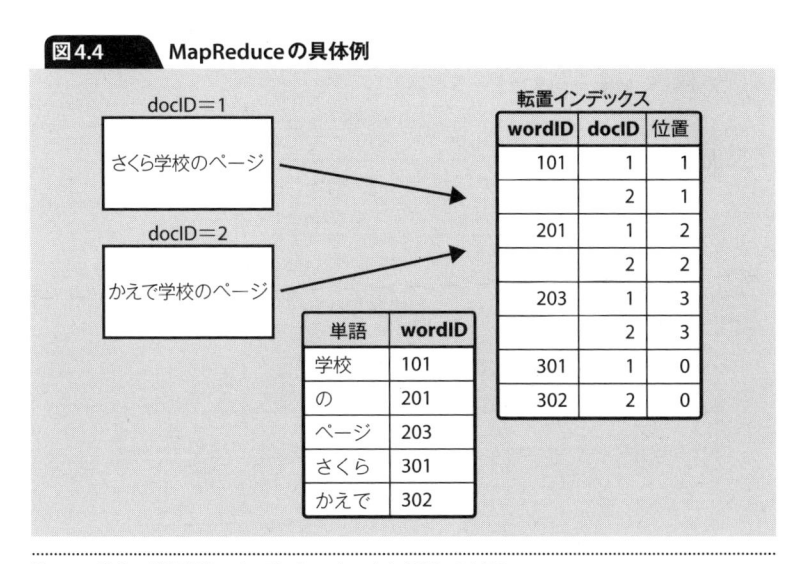

図4.4　MapReduceの具体例

単語	wordID
学校	101
の	201
ページ	203
さくら	301
かえで	302

転置インデックス

wordID	docID	位置
101	1	1
	2	1
201	1	2
	2	2
203	1	3
	2	3
301	1	0
302	2	0

docID＝1：さくら学校のページ
docID＝2：かえで学校のページ

注1　1.4節内の「単語情報のインデックス」（p.25）を参照してください。

出力することになります。

　具体的には、Mapでは与えられたテキストを分解してwordIDに置き換え、そのwordIDを新しいキーとして、また単語情報を新しい値として、それぞれ出力します。最初のMap（docID = 1）の出力は図4.6 ❶のようになるでしょう。

　ここでは、Webページのテキストが4つのwordIDに置き換えられています。それぞれに対応する単語情報としては、docIDと単語の位置を含めた内容にしてあります。ここではdocID = 1のWebページを処理していますので、すべてのdocIDが1になっています。

　同様に、2回めのMap（docID = 2）の出力は図4.6 ❷のようになります。

シャッフル

　システムはMapの出力を整理し、同じキーの値をまとめます。この過程は「シャッフル」（*Shuffle*）と呼ばれます。

　シャッフルによってMapの出力は組み合わされ、図4.7のようなデータが得られます。

　この時点で、すでに転置インデックスに必要な内容ができあがっている

図4.5　Mapへの入力データの例

キー（docID）	値（テキスト）
1	さくら学校のページ
2	かえで学校のページ

図4.6　Mapの出力（1回め、2回め）の例

❶

キー（wordID）	値（docID:位置）
301	1:0
101	1:1
201	1:2
203	1:3

❷

キー（wordID）	値（docID:位置）
302	2:0
101	2:1
201	2:2
203	2:3

ことに注目してください。MapReduceでは多くの処理が自動化されているために、開発者はMapを実装するだけでも多くのことが実現できます。

Reduceによる処理

転置インデックスの内容が得られたので、これを検索に使えるようファイルに書き出す必要があります。これがReduceの仕事です。

シャッフルされたそれぞれのキーについてReduceが呼ばれます。Reduceはデータをファイルに書き込めるように変換して出力を行います。ここでは、図4.8のような書式で出力することにしましょう。

Reduceが出力した値はシステムによってファイルに書き込まれ、これで一連のMapReduce処理が完了します。

このように、転置インデックスの生成という複雑な処理でも、MapReduceという単純な枠組みで表現できるということがわかりました。

図4.7　シャッフルの例

キー（wordID）	値(docID:位置)のリスト
101	1:1 2:1
201	1:2 2:2
203	1:3 2:3
301	1:0
302	2:0

図4.8　Reduceによる出力データの例

値(wordID=docID:位置,...)
101=1:1,2:1
201=1:2,2:2
203=1:3,2:3
301=1:0
302=2:0

プログラミング言語風に

　同じことをプログラミング言語によって表現するとしたら、次のような感じになるでしょうか。

　開発者はまず、MapとReduceという2つの関数を作ります。MapReduceを実行すると、入力データが読み込まれて次のような処理が行われます。

```
# 1つめのMap
Map("1", "さくら学校のページ")  =>  [("301", "1:0"),
                                    ("101", "1:1"),
                                    ("201", "1:2"),
                                    ("203", "1:3")]

# 2つめのMap
Map("2", "かえで学校のページ")  =>  [("302", "2:0"),
                                    ("101", "2:1"),
                                    ("201", "2:2"),
                                    ("203", "2:3")]

# 一連のReduce
Reduce("101", ["1:1", "2:1"])   =>  "101=1:1,2:1"
Reduce("201", ["1:2", "2:2"])   =>  "201=1:2,2:2"
Reduce("203", ["1:3", "2:3"])   =>  "203=1:3,2:3"
Reduce("301", ["1:0"])          =>  "301=1:0"
Reduce("302", ["2:0"])          =>  "302=2:0"
```

　プログラミング経験のある人であれば、こうした変換を行う関数を作ることは、それほど難しいことではないでしょう。

　MapReduceのすごいところは、このように「MapとReduceという2つの関数を用意するだけ」で、分散処理の知識のない開発者であっても「高度な分散処理プログラムを作れる」ところにあります。これによって、多くの開発者が分散システムを活用できるようになるというわけです。

MapReduceでできること

　MapReduceで転置インデックスを作れることはわかりましたが、ほかにはどのようなことができるのでしょうか？ MapとReduceという2つの処理だけで表現できることには限りがあります。しかし、それでもデータ処理で一般的に必要となるさまざまなことが実現可能です。

カウンタ

入力ファイルの中から、条件に合うデータの数を数えるというのはよくあることです。これは次のようにして実現できます。

まず、Mapの出力を<キー, "1">のようにすると、Reduceにはそれぞれのキーについて、大量の"1"が渡されます。Reduceで"1"の数を数えることで、任意のキーについてその出現回数を数えることができます。

キーを増やせば同時にさまざまなものを数えられます。たとえば、Webページ内のすべての単語について<単語, "1">を出力すれば、単語ごとの出現頻度を数えられます。Webページの記述言語について<言語, "1">を出力すれば、どの言語で書かれているWebページが多いかを数えることもできます。

分散grep

grepというのは、ファイルから特定の文字列を含んだ行を見つけるプログラムです。それと同じように、入力ファイルの中から特定の文字列を見つけ出すというのはごく簡単に実現できます。

Mapでは受け取ったデータの中に目的の文字列がないかを探し、見つかったときにだけそれを出力します。Reduceでは何もしなければ、出力ファイルには見つかった値がそのまま書き込まれます。

GFS上のファイルは普通にgrepするにはあまりにも大き過ぎますが、MapReduceを使えば同じことを多数のマシンを使って実現できます。

分散ソート

入力データを任意の順番に並び替えることも可能です。

元々MapReduceでは、シャッフルの過程でデータがキーの順番に並び替えられるという性質があります。これを利用して、並び替えを行いたい順番でキーを出力するのです。

たとえば次のようなログファイルがあったとしましょう。

```
12:01 user1ログイン
12:05 user2ログイン
12:15 user1ログアウト
...
```

これをユーザIDの順番に並び替えるならば、Mapの出力は<ユーザID, 行全体>のようにします。するとユーザIDに応じてシャッフルが行われ、さらに並び替えが行われた順にReduceが呼び出されます。Reduceでは値をそのまま出力すれば、結果として並び替えの終わった状態で出力が得られます。

```
キー: user1
12:01 user1ログイン
12:15 user1ログアウト

キー: user2
12:05 user2ログイン
...
```

逆リンクリスト

　ほかにも工夫次第でいろいろな応用が可能です。たとえば、WebページからリンＫ情報を抜き出すことを考えます。MapにはWebページのURLとHTMLが渡されるとしましょう。Mapの出力を<自分のURL, リンク先URL>とすると、Webページごとのリンク先のリストが得られます。これは簡単なことです。

　一方、Mapの出力を逆に<リンク先URL, 自分のURL>とすると、Webページごとのリンク元のリストが得られます。つまり逆リンクの情報です。これは大量のデータ処理をしなければわからない情報ですが、MapReduceを使えばすぐに実現できるのです。

もっと複雑な処理

　1回のMapReduceでは不可能な複雑なデータ処理でも、MapReduceを何度も実行することで可能になることもあります。たとえばWebページの完全なインデックス生成は1回のMapReduceでは表現できませんが、MapReduceをいくつも組み合わせることでそれが実現されているとのことです[注2]。

注2　2004年の時点では、Web検索のインデックスは24のMapReduceによって作られていたようです。

一度実装したMapやReduceはライブラリ化して、使いまわすことも可能です。そうして何段階ものMapとReduceをつなぎ合わせていくことで、より複雑な処理を実現できるようにするのです。

多数のワーカーによる共同作業 — MapReduceの全体像

それではMapReduceのしくみを具体的に見ていきましょう（図4.9）。

MapReduceでは、「マスタ」と「ワーカー」（Worker）という2つのサーバが登場します。マスタはMapReduce全体の動作を管理し、ワーカーに仕事を割り振ります。ワーカーはマスタの要求に従って、MapもしくはReduceのいずれかを実行します。個々のワーカーはMap、Reduceのどちらか一方ではなく、必要に応じてどちらの処理でも行えるようになっています。

MapReduceは大量のデータ処理を行うための技術なので、その典型的な入出力はGFSのファイルに対して行われます（図4.10）。

マスタはまず入力ファイルを多数の「断片」（Split）に区切り、それぞれについてMapを行うようワーカーに要求します。入力ファイルは一般的に16～64MBごとの断片に区切られます。入力ファイルが仮に1TB（＝1,000,000MB）だとすると、断片の数（Mで表されます）は数万に及びます。マスタはこれ

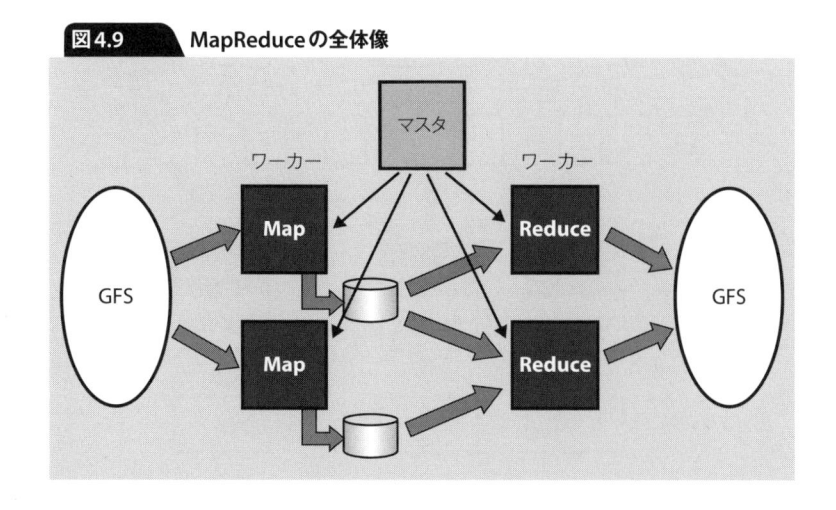

図4.9 MapReduceの全体像

を手の空いているワーカーに対して順に分配します。

　Mapの出力はすぐにReduceされるわけではなく、しばらくワーカー上で中間ファイルとして蓄えられます。このとき中間ファイルは「分割関数」(*Partition Function*)と呼ばれる関数に従って、あらかじめ指定した数(Rで表されます)のファイルに分割されます。分割関数は標準で用意されており、Mapが出力したキーをR個のグループに均等に分散します。

　同じグループの中間ファイルは1カ所に集められ、さらに同じキーを持つ値がまとめられます。この過程は前述のとおり「シャッフル」と呼ばれます。

　同じグループのすべての中間ファイルをシャッフルし終わるとReduceが始まります。当然ながら、Mapが終わらなければシャッフルも終えられないので、Reduceが始まるのはすべてのMapが終わってからです。

　Reduceの出力はそれぞれ別のファイルとして作成され、結果としてR個の出力ファイルが得られます。これらの出力ファイルは、ひとまとめにし

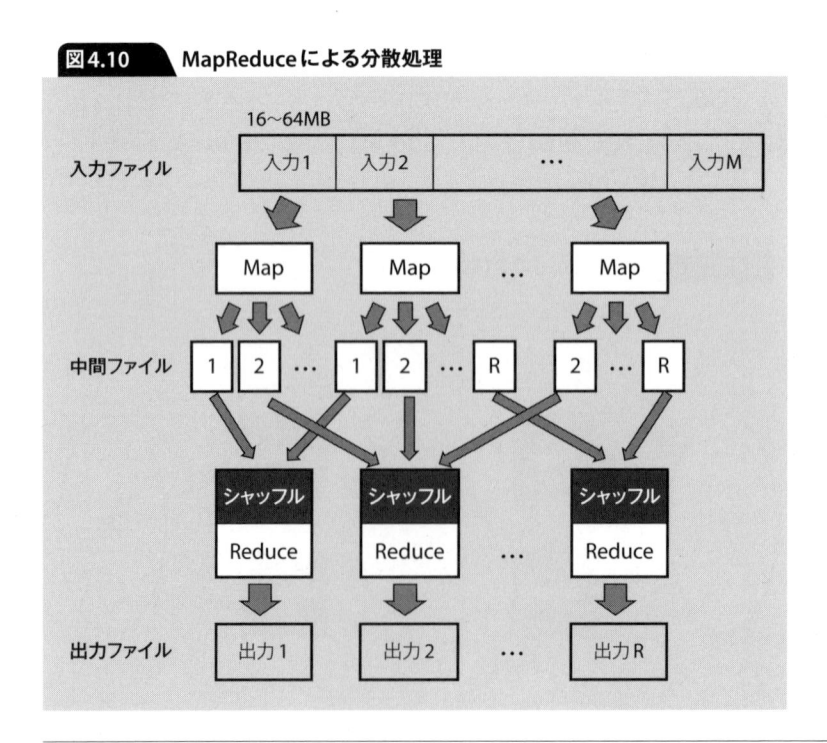

図4.10　MapReduceによる分散処理

て次のMapReduceなどに渡すことができるため、出力を1つのファイルにする必要はないようです。

Tip
標準の分割関数

標準の分割関数は次の式で表されます。

$$hash(キー) \bmod R$$

つまり、キーのハッシュ値をRで割った余りです。これによって任意のキーがR個に均等に分割されます。必要があれば、開発者は自分で分割関数を定義することも可能です。

3つのステップで処理が進む

「Map処理」「シャッフル」「Reduce処理」について、それぞれの手順を詳しく見ていきましょう。

Map処理

まずは「Map処理」です(図4.11)。マスタはまず入力ファイルを複数の断片に分割し、その一つ一つの処理を順次ワーカーに割り当てます。ワーカーは、断片に書き込まれてあるキーと値を次々と読み込み、開発者が用意したMapを呼び出します。

Mapは新しいキーと値を出力します。ワーカーはしばらくこれをメモリ上に蓄えますが、定期的に中間ファイルとして保存します。中間ファイルは一時的にしか使われないので、効率化のためにGFSではなくローカルのファイルとして保存されます。中間ファイルは分割関数に従って分けられ、複数(R個)のファイルが作成されます。

出力されるキーと値があまりにも多いときには、中間ファイルを書き込む前に一度Reduceすることが可能です。これは特別に「Combiner」と呼ばれます。たとえば、インデックス生成では大量の単語情報が作られますが、これを中間ファイルの段階で整理しておくことで、書き込むデータを小さくすることができます。中間ファイルが大きいとネットワークに大きな負

担を掛けることになるので、Combinerによって性能向上が期待されます。

シャッフル

次に「シャッフル」についてです（図4.12）。Mapワーカーで中間ファイルが生成されると、マスタを経由してReduceワーカーにその場所が伝えられます。Reduceワーカーはネットワーク経由で中間ファイルを手元に取り寄せ、シャッフルが始まります。

シャッフルの過程では、中間ファイルに書き込まれたキーに従って、すべてのデータが並べ替えられます。中間ファイルが小さければ並べ替えはメモリ上で行われますが、メモリに収まらない場合には一時ファイルに書き出されます。すべての中間ファイルが集まるまではシャッフルが完了し

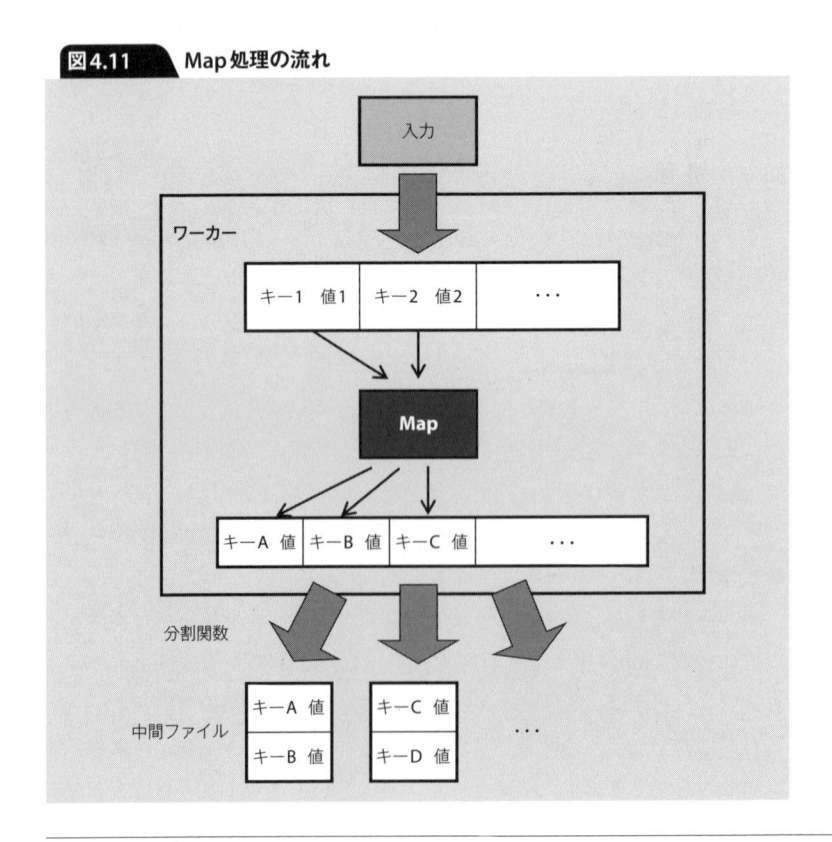

図4.11　Map処理の流れ

ないので、Mapが続く限りはシャッフルも終わりません。

シャッフルはファイル転送やデータの並べ替えのためにいくらかの時間を必要とします（図4.13）。そのため、シャッフルはMapと並行して進めら

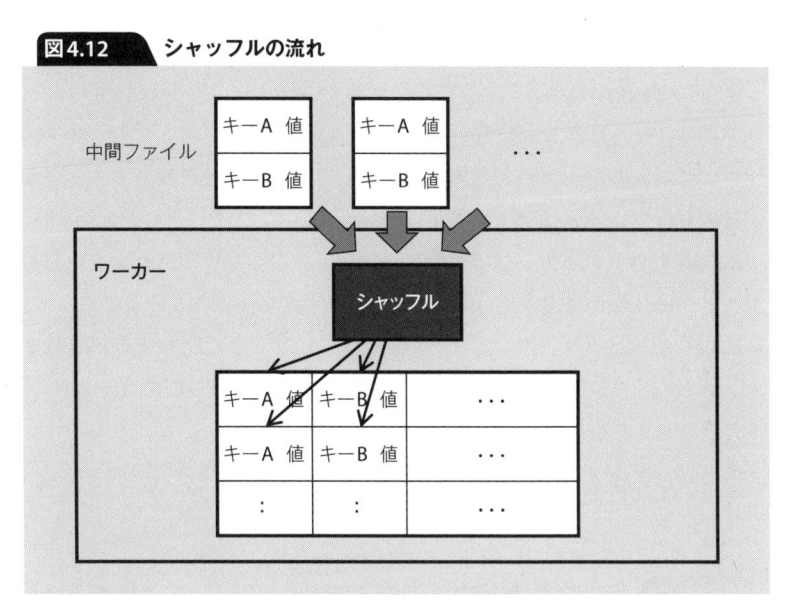

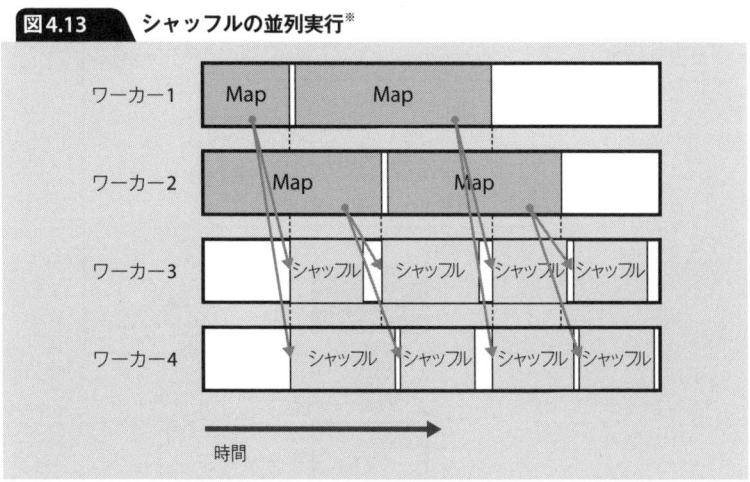

図4.12　シャッフルの流れ

図4.13　シャッフルの並列実行※

※ URL http://labs.google.com/papers/mapreduce-osdi04-slides/index-auto-0009.html より。

れ、Map側で中間ファイルが生成されるたびに、次々とそれらがシャッフルされていきます。そのため、すべてのMap処理が完了すれば、ほどなくしてシャッフルも完了します。

Reduce処理

最後に「Reduce処理」について確認します（図4.14）。Reduce処理はシャッフルの終わったグループから順に始められます。各グループの一時ファイルには複数のキーが書き込まれているので、同じキーを持つすべての値が集められてReduceが呼び出されます。

Reduceに渡されるキーは辞書順に小さいものから順に選ばれます。したがって、Reduceの出力はキーの順にソートされていることが保証されます。Reduceの出力はグループごとに一つのファイルとしてGFSに書き出されます。結果として、グループの数（＝中間ファイルが分割された数＝R個）の出力ファイルが生成されます。

すべてのグループのReduceが終わると、MapReduceが完了します。

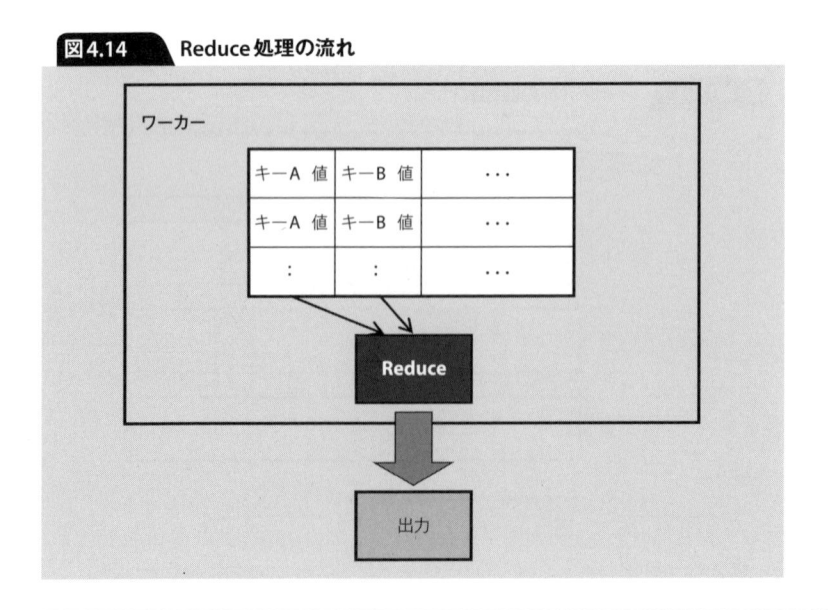

図4.14　Reduce処理の流れ

Tip
Reduceとイテレータ

厳密には、Reduceに渡されるのはすべての値そのものではなく、値を返すためのイテレータです。Reduceに渡すべき値が大量にある場合には、それをまとめて渡そうとすると、あっという間にメモリ不足になる可能性があります。

とりわけ、中間ファイルが多過ぎて一時ファイルによって並び替えを行う場合などは、必要に応じてファイルから値が読み込まれます。これによって最小限のメモリでReduceを実行できるようになります。

高速化には工夫が必要

MapReduceは考え方としてはそう難しいものではありませんが、これを高い性能で実行するにはいくつもの工夫が行われます。

システム構成

まずは前提として、一般的なMapReduceクラスタは次のようなものです。

1回のMapReduceの実行には、数百から数千台のマシンが用いられます。個々のマシンには複数のCPUと2〜4GBのメモリがあり、それぞれが100Mbps、あるいは1GbpsのLANで接続されています。つまり、Googleにおける一般的なクラスタ構成です[注3]。

それぞれのマシンは、GFSクラスタ、およびWork Queueクラスタとしても構成されます。MapReduceが読み書きするデータはGFSによって管理され、ワーカーが実行するタスクはWork Queueによって管理されます。

分散パラメータ

大量のマシンを用いるならば、多くの処理を同時に行わなければ意味がありません。MapReduceでは、処理を分割するパラメータとしてMとRの2つが用いられます。

Mは入力ファイルを分割する数で、これは入力ファイルの大きさに応じ

注3　2.1節内の「一つのシステムとして結び付ける」(p.43)を参照してください。

て決まります。Mが小さいとMap処理がうまく分散されないので、いくらマシンを増やしても十分な性能が発揮されなくなります。

Rは中間ファイルを分割する数で、こちらは開発者が指定します。Rを増やすほど一つ一つの中間ファイルは小さくなり、シャッフルやReduce処理も広く分散されることになります。

これらの一般的な割り当てとしては、ワーカーの数が2,000台のとき、M = 200,000、R = 5,000といった値でMapReduceが実行されることが多いとのことです。

ローカリティ

マスタは入力ファイルを複数の「断片」に区切りますが、この断片というのは、典型的には「GFSのチャンク」です。GFSのファイルは元々多数のチャンクに分割されているので、ワーカーはその一つ一つを順番に処理するというわけです。

マスタはチャンクの処理を、なるべくそれを保持するチャンクサーバと同じマシンに割り当てます。そうすると、ワーカーが入力データを読み込むためにネットワークに負荷を掛けることがなくなり、性能が大きく向上します。

入力ファイルは多数のチャンクサーバに広く分散されているので、同時に読み出せるチャンクはいくらでもあります。MapReduceのワーカーをGFSのチャンクサーバと一緒に動かすことで、大量のデータ処理に伴うネットワーク負荷は最小限に抑えられ、これによって高速な入力ファイルの読み込みが可能となるのです。

狭い空間でできるだけのことをやり、データ転送の負荷を避けるというのは「ローカリティ」(*Locality*、局所性)の考え方です。MapReduceでもそれが生かされています。

Work Queue

ローカリティが高まるようにワーカーに仕事を割り振ると、「個々のワーカーの仕事量には偏りが出る」と考えられます。また、すべての入力ファイルがローカルシステムから読み込めるとも限りません。ここで活躍するの

がWork Queue[注4]です。

　Work Queueはクラスタ内のすべてのマシンのCPU負荷やディスク負荷を監視しており、負荷の小さいマシンで処理を実行するようにタスクを割り当てることができます。これによって、入力データのあるところではMapを実行し、手の空いたところではシャッフルを始めるなど、すべてのマシンを効率的に利用することが可能となります。

Tip

Work Queueの設計

　GoogleはWork Queueの設計については詳しい資料を公開していませんが、同様のシステムとしてConder[※]を取り上げています。ConderはMapReduceと同様に、限られたシステムを利用していかに大量の処理を行うかという、HTC（*High Throughput Computing*、高スループットコンピューティング）のためのシステムだということです。

※　URL http://www.cs.wisc.edu/condor/

バックアップタスク

　多数のマシンで分散処理するときに問題となるのは、障害が発生しやすくなるということです。後述するように、MapReduceでも障害対策については考えられていますが、困ったことに障害とはいい切れないけれども、なかなか処理が進まないということがあります。

　たとえばハードディスクに問題があると、まったく読み書きできないわけではないけど極端に遅いということがあります。あるいは、過去にGoogleでは設定ミスのためにCPUの性能が低下していたこともあったそうです。

　こうしたマシンが利用されると、特定のワーカーだけいつまでも処理が終わらない、という状況が発生します。前述のとおり、MapReduceではすべてのMapが終わらないとReduceが始まらず、そしてすべてのReduceが終わらなければMapReduceが完了しません。1台でも遅いマシンがあると、そのためにMapReduce全体の完了が遅れることになってしまいます。

　こうした問題を避けるため、MapやReduceが残り少なくなったときには、まったく同じ処理が複数のマシンで同時に実行されます。MapReduce

---

注4　2.1節内の「CPUとHDDを無駄なく活用する」（p.46）を参照してください。

ではこれを「バックアップタスク」(*Backup Task*)と呼んでいます。

　個々のMapやReduceは、データが同じであれば何度実行しても同じ結果を返すはずです。そこでMapやReduceの終了間際には、バックアップタスクを走らせて最初に終わった結果を採用することで、結果的に処理時間は短縮されるとのことです。

実行過程には波がある ── MapReduceの過程

　以上の点を踏まえて、MapReduceの過程をもう一度確認しておきましょう。ここでは、時間とともに各ワーカーが動作を進めていく様子を図4.15に沿って見ていきます[注5]。

❶Map処理が始まる

　マスタからの指令により、いくつかのワーカーでMapが始まります。

　どのワーカーで、入力ファイルのどの部分を読み込むかはマスタが決定します。それぞれのマシンではGFSのチャンクサーバも動いており、入力ファイルの大部分はネットワークを介さずにローカルマシンから読み込まれます。したがって、ファイルを読み込む速度は非常に高速です。

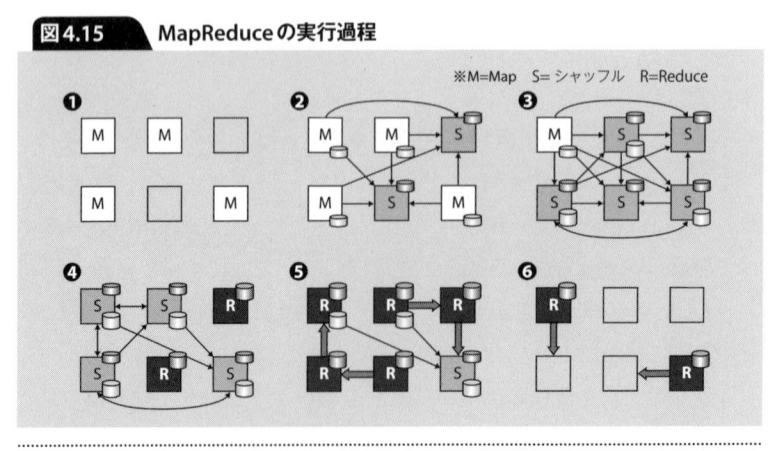

図4.15　MapReduceの実行過程

※M=Map　S=シャッフル　R=Reduce

注5　本項の説明はいくぶん簡略化してあります。実際には1つのマシンが1つの処理を最後まで続けるわけではなく、それぞれが役割を変えながら処理が進められます。

❷シャッフルが始まる

　Mapによって中間ファイルが生成されると、シャッフルが始まります。

　分割関数によって複数のグループに分けられた中間ファイルは、ネットワークを通してグループごとに集められます。中間ファイルに書き込まれたデータは、キーに従って並べ替えられ、これに続くReduceのために備えられます。

❸シャッフルが続く

　入力ファイルが終わりに近づくとMapが減り、手の空いたマシンでもシャッフルが始まります。すべてのMapが終わらない限りは中間ファイルが作られるので、Reduceが始まることはありません。

　シャッフルが行われているときは大量のネットワーク通信が発生し、これがボトルネックになることがあります。ネットワークの負担を抑えるには、Combinerを使うなどして中間ファイルを小さくすることが必要です。

❹Reduce処理が始まる

　すべてのMapが終わると、各マシンが担当するシャッフルも順に完了します。早い時期から行われているシャッフルはMapが終わるとすぐに完了しますが、後から始まったシャッフルは終わるまでに時間の掛かることもあります。

　シャッフルが完了したところから順にReduceが始まります。

❺Reduceによる出力

　Reduceが終わったところから順に、結果がGFSに出力されます。

　GFSへの書き込みは必ずネットワーク通信を伴うので、読み込みのときほど速く進めることはできません。もっとも、一般的にMapReduceでは大量のデータを読み込んで、少量の情報を取り出すことが多いので、入力ファイルと比べると出力ファイルは小さくなることが多いようです。

❻MapReduceの完了

　すべてのReduceが処理を終えるとMapReduceの完了です。

＊　＊　＊

　こうして見ると、MapReduceには2つの山があるようです。最初は一斉にMapが始まりますが、すべてのMapが終わるまではReduceを実行できません。これが1つめの山です。Mapが終わるとReduceが順に始まって次のピークを迎え、最後は緩やかに終了します。このように、MapReduceでは処理の経過に応じてシステムの負荷が大きく変わるようです。

壊れたときにはやり直せばいい — MapReduceにおける故障対策

MapReduceでも故障への対策について考えておく必要があります。

マスタの障害対策

MapReduceにおけるマスタにはとくに障害対策はありません。MapReduceでは、マスタは常に起動しているわけではなく、処理が行われている間だけワーカーと通信を行う存在です。これはせいぜい数時間～数十時間のことなので、その間にマスタが故障することはほとんどなく、実際のところ障害対策は必要とならないようです。

もしもマスタが故障したときにはMapReduceが失敗に終わるので、もう一度はじめから処理をやり直す必要があります。

ワーカーの障害対策

マスタは1つしかないのに対して、ワーカーの数は非常に多いため、それだけ故障が発生する確率も高くなります。ワーカー1つの故障のためにMapReduceが失敗したのでは困りますから、こちらについては対策を考える必要があります。

マスタはすべてのワーカーと定期的に通信することで、ワーカーの状態を監視します。ワーカーとの通信が途絶えた場合、マスタはワーカーに障害が起きたものとして管理対象から外します。

障害の起きたワーカーで行われたMap処理は、別のワーカーによってすべてやり直されます。なぜなら、ワーカーが出力した中間ファイルはそこにしかないので、それらはもう一度作り直すしかないからです。

一方、Reduce処理の出力はGFSに書き込まれるので、こちらはやり直す必要がありません。ただし、Reduceが完了する前に障害が起きたときには、そこで行われるはずであったReduce処理を、別のワーカーでもう一度シャッフルからやり直す必要があります。

障害からの回復を早めるには、なるべくM（入力ファイルの分割数）とR（中間ファイルの分割数）の値を大きくすることです。Mが大きいと、ワー

カー1つあたりの断片の数が多くなるので、障害時にはそれらを多数のワーカーで手分けしてやり直せます。Rが大きいと、中間ファイルが小さくなってシャッフルやReduceの時間が短縮されるので、やり直す時間も短くて済みます。

MapやReduceの障害対策

　開発者が作ったMapやReduceに不具合があり、ワーカーが停止してしまうこともあります。明らかな不具合であれば、MapReduceを中止して修正すべきですが、ごく稀なケースでしか発生しない問題というのもあります。

　たとえば、100万個の入力データの中に、不具合を引き起こす異常なデータが数個だけ含まれているような場合はどうでしょうか。それだけのためにMapReduceを中止してやり直していると、時間が掛かって仕方がありません。そのような例外的なデータは、単純に無視して処理を続けてほしいものです。

　そのため、もしもワーカーが特定の入力データのときにだけ必ず落ちるようであれば、マスタはそれを認識して、その入力データをスキップして処理を続けるように指令を出すようになっています。

驚きの読み込み性能 — MapReduceの性能面

　最後にMapReduceの性能面を見ておきましょう。ここでは「分散grep」と「分散ソート」の性能を紹介します。

分散grepの性能

　まずは「分散grep」です。grepでは目的の文字列が見つかったときにしか出力を行わないので、中間ファイルやシャッフルの手間は小さくなります。これはおもに、MapReduceが入力データを読み込む性能を評価するためのものです。

　入力データはGFS上の1000個のファイルで、合計1TB（= 1,000,000MB）のデータ量があります。MapReduceクラスタのマシン数は1800台で、それ

らが1Gbpsのネットワークで結ばれています。

　図4.16のグラフは、時間の経過とともに読み込まれたデータの量を表しています。読み込み速度は徐々に増加し、ピーク時には30GB/秒（＝240Gbps）という、とてつもないペースでデータを処理していることがわかります。これはどれくらいのスピードかというと、DVD1枚分のデータ（4.7GB）を0.2秒あれば調べ終わる速さです。

　ピークに達するまでにずいぶん時間が掛かるのは、以下の理由によります。

　まず、開発者が用意したMapとReduceのプログラムをすべてのワーカーへと行き渡らせる必要があります。それらを1800台のマシンにコピーしてワーカーの準備を整えるだけでも少なからず時間が必要となります。

　また、GFSの1000個のファイルを開いてから、ローカリティを高めるためにチャンクの場所を調べ、ワーカーへのタスクの割り当てを決めるのにも多くの時間が必要です。MapReduceでは、いかにネットワークへの負荷を減らすかが最終的な性能に大きく影響するため、最初の情報収集と実行計画のために時間が費やされるようです。

　MapReduceが本格的に稼動を始めるまでには、どうしても数十秒程度の初期化時間が必要となるようです。とはいえ、1回のMapReduceは少なくとも数十分、長いものでは何日も動き続けるとのことなので、そこから比べると初期化の時間などはわずかなものなのでしょう。

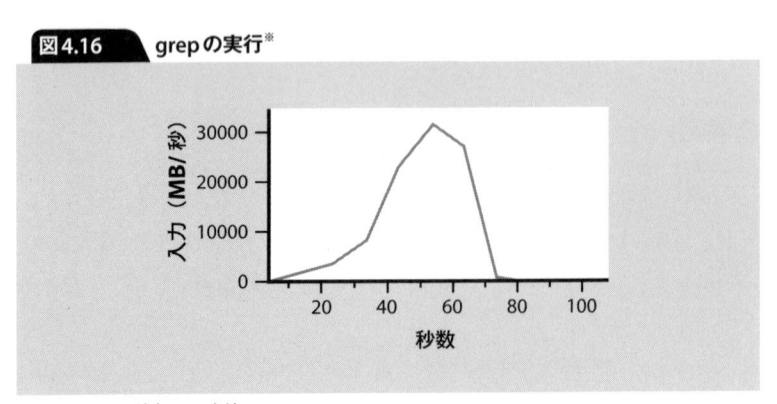

図4.16　grepの実行※

※　MapReduce論文のp.8より。

分散ソートの性能

次は「分散ソート」です。ソートの場合、Mapは入力データをすべて出力するので、中間ファイルやシャッフルの手間が非常に大きくなります。

入力ファイルやクラスタの構成は、前述の分散grepのときと同じです。図4.17のグラフは、❶通常の測定結果、❷バックアップタスクがないときの結果、❸ワーカーに障害を発生させたときの結果を表しています。

図4.17のグラフの上の段は、入力ファイルからデータが読み込まれた量です。中央の段は、シャッフルのために転送された中間ファイルの量。下の段は、Reduceが完了して出力されたデータ量を表しています。

まずは図4.17 ❶の通常の測定結果です。上の段を見ると、入力データの読み込み(そしてMap処理)は、比較的早い段階ですべて完了しています。ローカリティによる最適化のため、やはり読み込み性能は非常に高いということがわかります。

中央の段を見ると、Mapが始まった直後からシャッフルが行われている様子が見てとれます。シャッフルは一度中断しますが、これはReduceを優先する最適化だとのことです。シャッフルが完了しないことにはReduceも

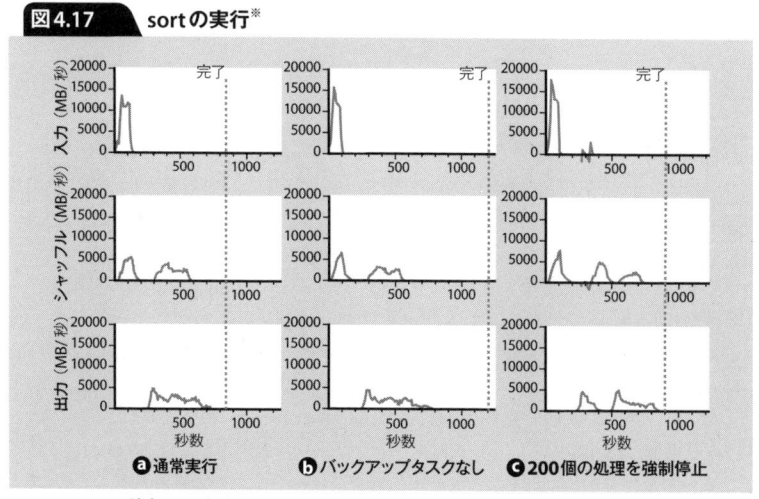

図4.17 sortの実行※

❶通常実行　　❷バックアップタスクなし　　❸200個の処理を強制停止

※　MapReduce論文のp.9より。

始められないので、まず最初に一部の中間ファイルだけが最後までシャッフルされ、Reduceを開始します。その後、残りの中間ファイルが最後までシャッフルされています。

　下の段を見ると、Reduceが緩やかに進行していることがわかります。Reduceの結果はGFSに書き込まれるので、これは読み込みと比べると何倍も遅くなります。ソートのように、入力データと出力データの量が変わらない場合には、この違いが顕著に表れます。一方、grepのようにわずかな出力しかない場合には、この遅さは問題にならないでしょう。

　続いて、図4.17 ❺ はバックアップタスクを無効にしたときの結果です。全体の傾向は ❶ と同じですが、処理が完了するまでにずっと長い時間を要していることがわかります。分散処理ではこうした原因のわかりにくい問題が発生することがあるため、MapReduceのようなフレームワークで解決することが役に立ちます。

　最後に図4.17 ❻ のグラフでは、途中で200のワーカーが強制的に一時停止されています。このため、停止したワーカーで行われていた処理はすべてやり直しになりますが、やり直すときは皆で手分けして行われるため、全体としての遅れはほとんどありません。このケースでは、通常時と比べて5％の遅れに留まったとのことです。

Columun

BigtableとMapReduce

　MapReduceで処理を行えるのはGFSのファイルばかりではありません。「Bigtableのテーブルに対して直接MapReduceを実行することも可能」です。

　前述のとおり、Bigtableはキーと値をテーブルとして保持しています[※1]。一方、MapReduceはキーと値を入力として受け取ります。これを組み合わせない手はありません（図4.A）。

　具体的な方法については記述がないのではっきりしたことはわかりませんが、Bigtable論文によると、テーブルから一部のデータを取り出してMapReduceに流し込んだり、逆にMapReduceの出力をテーブルに格納するしくみがあるとのことです。

　たとえば、WebページのURLを行キーとし、ページの内容をコラムキーとして持つテーブルがあるとします。これを用いると、テーブルに登録されたすべての ➚

Columun

(続き)

Webページを入力としてMapReduceを実行することが考えられます。

これはまさしくインデックス生成の過程そのものです。クローラによって集められたWebページをBigtableに格納しておけば、それを使ってインデックス生成を行うMapReduceが記述できます。MapReduceの出力をBigtableに格納すれば、テーブルからテーブルへの変換プロセスをMapReduce一つで記述できることになります。これはデータ処理の柔軟性を大きく高めるでしょう。

一方、性能的にはどうでしょうか？ Bigtableの場合、すべての読み込みはタブレットサーバを経由して行われます。仮にMapワーカーとタブレットサーバとGFSのチャンクサーバがすべて同じマシンで動いていればネットワークに負荷を掛けることもありませんが、そうでなければ読み込み速度の低下が懸念されます。

Bigtableの性能評価によると、マシンが500台のときの読み込み性能は最大で4GB/秒とのことでした[※2]。一方、GFSとMapReduceを組み合わせた場合には、マシン1800台で30GB/秒の読み込みを実現しています。条件が異なるので単純な比較はできませんが、しくみの上から考えてもGFSから直接データを読み込むほうが高速に処理を行えることが予想されます。

同じMapReduceを行うのにも、とにかく大量のデータを処理しなければならないときにはGFS、性能よりも柔軟性が求められるときにはBigtable、といった具合に使い分けができそうですね。

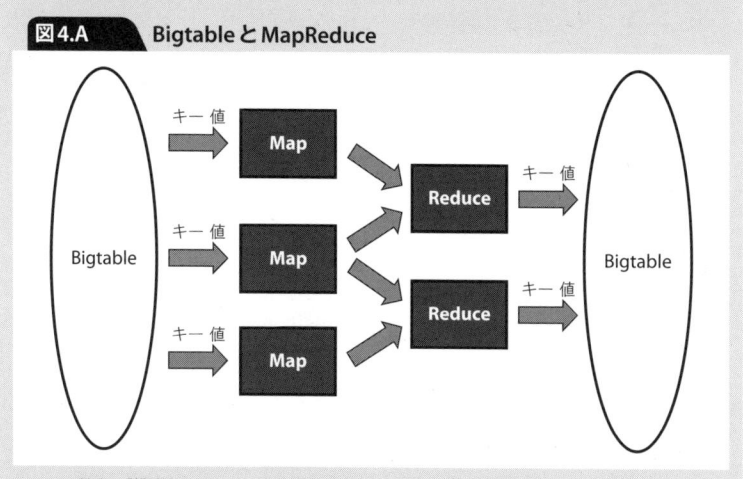

図4.A　BigtableとMapReduce

※1　3.2節内の「構造化されたデータを格納する」のp.92を参照してください。
※2　3.2節内の「使い方次第で性能は大きく変わる」のp.112を参照してください。

4.2 Sawzall ── 手軽に分散処理するための専用言語

Sawzallは、分散データ処理を手軽に行うために開発された新しいプログラミング言語です。データの統計やログの解析といったよくある処理を、ごく簡単な記述によって実行することができます。

分散処理をもっと手軽に

　MapReduceを用いることで、開発者は少ない労力で大規模な分散処理を実行できるようになりました。しかし、それでも新しいMapやReduceを実装するには、きちんと腰を据えてプログラミングしなければならないことには変わりありません。簡単にできることはより簡単にしたいものです。そうした要望から生まれたのがSawzallという新しいプログラミング言語です。

　Sawzallは、分散処理のためにデザインされたDSL（*Domain-Specific Language*、ドメイン固有言語）です。汎用のプログラミング言語のように何でもできるわけではありませんが、特定の用途に限っては非常に簡単に処理を行うことができるようになっています。

　これはちょうど、RDBにSQLがあるのと似ています。SQLを使えば簡単な記述でデータベースからデータを引き出せるのと同じように、Sawzallを使うとGFSのファイルのような大量のデータから情報を得ることができるようになります。

　2005年の論文「Interpreting the Data：Parallel Analysis with Sawzall」（次ページのNoteを参照）で、Sawzallの大まかな仕様と特徴が紹介されています。本節では、Sawzallを使うと分散処理をどのように記述できるようになるのかについて見ていくことにしましょう。

> ### Note
> 本節は次の論文について説明しています（以下、**Sawzall論文**）。
> - 「Interpreting the Data: Parallel Analysis with Sawzall」(Rob Pike／Sean Dorward／Robert Griesemer／Sean Quinlan 著、Scientific Programming Journal、Vol.13（2005）、p.277-298)
> **URL** http://labs.google.com/papers/sawzall.html

スクリプト言語のようなプログラム

まずは、Sawzallの大まかなしくみを確認しておきましょう。Sawzallは「GFSとMapReduceを基盤とする言語」で、それが動くしくみはMapReduceと変わりません。Sawzallを使うと、「MapReduceをより簡単に実行できる」ようになります。

Sawzallでは、Mapに相当する処理を「フィルタ」（*Filter*）、Reduceに相当するものを「アグリゲータ」（*Aggregator*）と呼びます。MapReduceとは違って、Sawzallのフィルタやアグリゲータではキーや値といった区別はありません。単に「フィルタによって選ばれた値がアグリゲータでまとめられる」とだけ考えれば十分です（図4.18）。

開発者はフィルタを自由に記述できる一方で、アグリゲータは既存のものを利用することしかできません。逆にいうと、単にフィルタを書くだけ

図4.18 Sawzallにおける処理の流れ

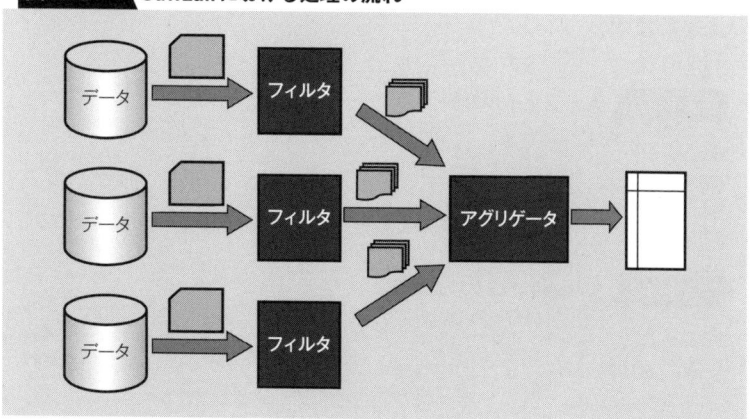

で分散処理を実行できるということでもあります。

Sawzallについては、具体的なプログラム例を見ていくのがわかりやすいでしょう。

プログラム例

ここでは、リスト4.1の入力ファイルを考えることにします。

一度に1つの行が読み込まれるものとします。ここでは3つの数値が記録されています。

最初のリスト4.2は、これらの数値を読み取って、その合計を出力するSawzallプログラムです。

ここには3つの行がありますが、これが全体として1つのフィルタとして働きます。

リスト4.2 ❶ではtotalという名前のアグリゲータを定義しています。tableというキーワードによって、これがアグリゲータであることが示されます。sumはアグリゲータの種類で、これは数値の合計を計算します。最後の「of int」は整数を表すデータ型で、全体として「totalは整数の合計を計算するアグリゲータ」という意味になります。

続く❷では、入力データをxという名前のローカル変数に代入しています。xのデータ型はintで、それが整数であることを表しています。inputには入力データがあらかじめ格納されており、これをxの初期値として代入しています。

リスト4.1 入力ファイルの例

```
100
200
300
```

リスト4.2 Sawzallプログラムの例

```
total: table sum of int;        ❶
x: int = input;                 ❷
emit total <- x;                ❸
```

最後の❸では、emit命令によって、アグリゲータtotalにxの内容を送り出しています。送られたデータはアグリゲータの定義に従って処理されます。今の場合、読み込まれた整数の合計が計算されて出力されることになります。

リスト4.2のフィルタは、入力データと同じ数だけ実行されます。ここでは3つの入力データがあるので、リスト4.2のプログラムは3回（あるいは3台のマシンで）実行され、emitされたすべてのデータがアグリゲータによって一つにまとめられ、「total=600」という計算結果が出力ファイルに書き出されます。以上がSawzallにおける基本的なプログラムの流れです。

Tip

Sawzallの言語仕様

Sawzallは静的な型を持つ手続き型のプログラミング言語です。条件分岐や関数呼び出しなどの基本的な構文はありますが、オブジェクト指向のような複雑なプログラムを記述する能力はありません。

Sawzallはインタープリタとして動作するので、事前のコンパイルは必要ありません。ただし実行時に最初に構文チェックや型チェックが行われるので、プログラムに誤りがある場合には実行することができません。一度Sawzallを実行すると何千台ものマシンが動き出すことになるので、事前のチェックが重要なのです。

実行例 —— sawコマンド、dumpコマンド

先ほどのリスト4.2のプログラムを動かしてみましょう。実行にはsawコマンドを用います。

```
$ saw --program code.szl
      --workqueue testing
      --input_files /gfs/cluster1/input.*
      --destination /gfs/cluster2/output@100
```

引数--programによってプログラムの書かれたファイルを指定します。

引数--workqueueによって、プログラムを実行するWork Queueクラスタの名前を指定します。これによって、どのマシンによってプログラムが実行されるかが決まります。

引数--input_filesには入力ファイルを指定します。入力ファイルは複数であってもかまいません。MapReduce同様、入力ファイルは多数に分割

され、多くのマシンで分散処理されます。

引数`--destination`には出力ファイルを指定します。ここで生成されるのはMapReduceの出力ファイルで、Sawzallの最終的な出力ではまだありません。出力ファイルの最後の「`@100`」は生成するファイル数を表しており、これを大きくするほど分散の度合いが高まります。

最終的な出力には`dump`コマンドが用いられます。

```
$ dump --source /gfs/cluster2/output@100 --format csv
```

引数`--source`には、先ほどの`saw`コマンドによる出力ファイルを指定します。

引数`--format`には出力形式を指定し、ここではプログラムの実行結果をCSVファイルとして出力しています。

少しオプション引数が多いくらいで、普通にスクリプトを書くのと手間はほとんど変わりません。こうしたちょっとしたプログラムによって何千台ものマシンを用いた大規模な分散処理が可能になるというのがSawzallの魅力です。

副作用をもたらすことのない言語仕様 ── Sawzallの文法

Sawzallの文法を少し詳しく見ていきます。

データ型

Sawzallでは、すべてのアグリゲータやローカル変数には明示的な型宣言が必要です。データ型には、整数を表すint、倍精度実数を表すfloat、Unicode文字列を表すstringといった単純な型と、それらのデータからなる配列や構造体といった複合型とがあります。

ローカル変数は次のように型を付けて宣言します。あらかじめ初期値を与えることもできます。

```
i: int;
i: int = 0;
```

明示的な型変換を行うことで、異なる型のデータを代入することもできます。

```
f: float;
s: string = "1.23";

f = float(s);        ←────── 文字列から実数に変換
```

アグリゲータにも型宣言が必要です。単純に型を指定するだけでなく、名前を付けてわかりやすくすることもできます。

```
# 整数（int）の合計を求めるアグリゲータ
s: table sum of int;

# 長さ（length: int）の合計を求めるアグリゲータ
s: table sum of length: int;
```

アグリゲータは配列のように宣言することもできます。次の例では、アグリゲータに整数の引数を付けて、それぞれについて合計を計算できるようにしています。

```
# 日付（day: int）ごとに、数（count: int）を数えるアグリゲータ
count_per_day: table sum [day: int] of count: int;

# 日付を読み込む
day: int = input;

# その日付のカウントを増やす
emit count_per_day[day] <- 1;
```

プロトコルバッファ

　Sawzallでは、1回に読み込まれるデータのことを「レコード」（Record）と呼びます。これはGFSのレコード追加で書き込まれるレコードと同じものです[注6]。GFSによって追加された個々のレコードは、その一つ一つがSawzallプログラムへの入力として渡されることになります。

　データの読み書きを正しく行うには、書き込む側と読み込む側でレコードの書式を統一しなければなりません。Googleではレコードを定義する

注6　3.1節内の「レコード追加によるアトミックな書き込み」（p.76）を参照してください。

独自の方法を用意しており、これを**プロトコルバッファ**(*Protocol Buffer*)と呼んでいます。プロトコルバッファを用いるには、まずはじめに専用のDDL(*Data Definition Language*、データ定義言語)によってレコードのデータ構造を定義する必要があります。たとえば、2つの32ビット整数からなるレコードであれば、**リスト4.3**のようになります。

リスト4.3を専用のツールで処理すると、C++やJava、Pythonといった各言語からそのレコードを読み書きできるようになります。Sawzallの場合には、**proto**というキーワードによってDDLを直接読み込むことができます。

```
# "point.proto" というDDLを読み込む
proto "point.proto"

# 入力データをPointレコードとして読み込む
point: Point = input;

# レコードの値を参照する
x: int = point.x;
```

式と文

Sawzallでは、基本的な計算や関数呼び出しを行うことができます。リスト4.4の例では、ログが書き込まれた時間を集計するために時間を分単位に変換しています。

リスト4.3 レコードのデータ構造の定義[※]

```
# Pointレコードを定義する
parsed message Point {
    required int32 x = 1;
    required int32 y = 2;
};
```

※ Sawzall論文のp.6より。

リスト4.4 Sawzallプログラムの例[※]

```
# ログファイルからレコードを読み込む
log: LogEntry = input;

# 1日を1440分として、ログの時間を分単位に変換
minute: int = hourof(log.time) * 60 + minuteof(log.time);
```

※ Sawzall論文のp.10の例を元に簡略化。

条件分岐（if文）や繰り返し文も使えます。少し珍しい構文として、一定の条件について繰り返しを行うwhen文があります（リスト4.5）。

最後に、事実上唯一の命令文として、emit文があります。

emit アグリゲータ <- 値;

フィルタの中に閉じた世界

以上のように、最低限の計算やデータ構造の扱いはSawzallでも記述できますが、できないことも多々あります。なかでも重要な点として、Sawzallではemit文以外にフィルタの外に影響を与える手段がありません。たとえば、Sawzallにはグローバル変数に相当するものがありません。

フィルタは入力データの数だけ何度も実行されますが、すべてのフィルタの実行は互いに影響を与えることなく完全に独立して動作します。フィルタは多数のマシンで実行されるわけですから、これは当然のこととともい

リスト4.5 when文の例

```
# a[i] == 0を満たす、いずれかのiがあれば一度だけ実行
when (i: some int; a[i] == 0) {
  ...
}

# a[i] == 0を満たす、それぞれのiについて繰り返し実行
when (i: each int; a[i] == 0) {
  ...
}

# a[i] == 0が、すべてのiについて満たされていれば実行
when (i: all int; a[i] == 0) {
  ...
}

# 応用：それぞれのiについて、a[i] == b[j] を満たすjがあれば実行
when (i: each int; j: some int; a[i] == b[j]) {
  ...
}
```

えるでしょう。こうした制約をあえて設けることで、Sawzallでは効率的な分散処理ができるようになっているのです。

Tip
プロトコルバッファによるデータ構造の統一

GFSやSawzallをはじめとして、Google内部で読み書きされるデータは「プロトコルバッファ」によって統一されているようです。これは、ほかにもあらゆる場所で活用されています。

MapReduceもSawzallと同様に、プロトコルバッファを通してデータの入出力を行います。Bigtableに値として書き込まれるデータ構造もプロトコルバッファによって定義されたものです。

プロトコルバッファは、さらにプロセス間のデータ交換にも用いられます。Googleの分散システムではRPC（*Remote Procedure Call*）によるプロセス間通信が多用されていますが、このときやり取りされるデータ構造もプロトコルバッファにより定義されたものです。

このように、各種のデータがプロトコルバッファで統一されていることにより、プロセス間のデータ交換はシステム全体で一貫し、効率的なものとなっているようです。

標準で用意されるアグリゲータ

Sawzallによって得られる出力は、アグリゲータとして何を指定するかで決まります。Sawzallにはさまざまな組み込みのアグリゲータが用意されており、開発者はこのなかから目的に合ったものを選ぶことになります。

以下、標準的なアグリゲータをいくつか取り上げます。

- collection

    collectionは、単純にemitされた値をすべてそのまま集めるだけのアグリゲータです。

    次の例では、すべての入力データがそのまま出力ファイルに格納されます。

```
c: table collection of string;
emit c <- input;
```

- sample

    sampleは、一部の値だけをランダムに取り出すアグリゲータです。つまり、データのサンプリングを行います。

    次の例では、入力データのうちランダムに選ばれた100個が出力ファイルに格納されます。

```
s: table sample(100) of string;
emit s <- input;
```

- **sum**

    sumは、値の合計を計算するアグリゲータです。

    次の例では、入力データの数だけ1が加算され、その合計が出力ファイルに格納されます。つまり、これはカウンタとして働きます。

    ```
    s: table sum of int;
    emit s <- 1;
    ```

- **maximum**

    maximumは、最大値を見つけるためのアグリゲータです。何をもって最大とするかは、キーワードweightによって指定します。

    次の例では、入力データの長さを基準にして、最も長いもの上位10個が出力ファイルに格納されます。ここでは標準関数lenによって入力データの長さを得ています。

    ```
    m: table maximum(10) of string weight length: int;
    s: string = input;
    emit m <- s weight len(s);
    ```

- **top**

    topは、最も数多く登場する値を見つけるためのアグリゲータです。これは最大値ではなく出現回数を調べるためのものです。たとえば、今年最もよく検索された単語上位10個、などを見つけるのに使えます。

    次の例では、入力データの中で最も出現回数が多いもの10個が出力ファイルに格納されます。

    ```
    t: table top(10) of string;
    emit t <- input;
    ```

    出現回数を正確に比べるには、emitされたすべてのデータについてそれをカウントしなければなりません。これを正確にやると時間が掛かってしまうので、topアグリゲータでは確率的な手法によって概算の結果を求めます。もしも正確な結果が必要であるなら、sumアグリゲータとmaximumアグリゲータを用いて、Sawzallを2回実行する必要があります。

その他のアグリゲータ

　ここで紹介した以外にも、パーセンタイル(*Percentile*、百分位数)などを求める quantile、重複を省いたデータの数を概算する unique など、統計的な情報を得るためのさまざまなアグリゲータが用意されているようです。

　おもに性能的な理由から、Sawzall言語内でアグリゲータを定義することはできません。もっとも、前述のアグリゲータが示すように、Sawzallのおもな用途は大量のデータを集計することにあるので、新しいアグリゲータが必要になることはあまりないようです。どうしてもアグリゲータを追加したい場合には、C++によってSawzall言語を拡張することができるとのことです。

より実際的なプログラム例

　以上の文法を踏まえて、より実際的なSawzallプログラムの例を見ていきます。

例1　平均値と分散を求める

　リスト4.6の例は、入力ファイルから多数の数値を読み込んで、その平均と分散を求めるためのプログラムです。

　1つのフィルタ内では、複数のアグリゲータを用いることが可能です。ここでは3つのアグリゲータを用いて、数値の個数(count)、数値の合計(total)、そして数値を2乗した値の合計(sum_of_squares)を計算しています。

　リスト4.6のプログラムを実行すると単純に3つの値が得られるので、それを用いて平均と分散を求めることができます。

平均＝total / count
分散＝(sum_of_squares / count) - (total / count)^2

例2　PageRankの高いWebページを見つける

　リスト4.7の例は、ドメインごとにPageRankが最大のWebページを見つ

けるSawzallプログラムです。

　入力ファイルには、Webページの各種情報が記録されたDocumentといりレコードが書き込まれているものとします。レコードの定義はproto文

リスト4.6　平均値と分散を求める例[※]

```
# レコードの個数を数えるアグリゲータ
count: table sum of int;

# 値の合計を計算するアグリゲータ
total: table sum of float;

# 値の2乗の合計を計算するアグリゲータ
sum_of_squares: table sum of float;

# 入力データを倍精度実数として読み込む
x: float = input;

# 各アグリゲータへの出力
emit count <- 1;
emit total <- x;
emit sum_of_squares <- x * x;
```

※　Sawzall論文のp.5より。

リスト4.7　PageRankが最大のWebページを見つける例[※]

```
# Documentレコードの定義
proto "document.proto"

# PageRankが最大のURLを見つけるアグリゲータ
max_pagerank_url:
    table maximum(1) [domain: string] of url: string
        weight pagerank: int;

# 入力データをDocmentレコードとして読み込む
doc: Document = input;

# URLのドメインごとにアグリゲータを呼び出す
emit max_pagerank_url[domain(doc.url)] <- doc.url
    weight doc.pagerank;
```

※　Sawzall論文のp.19より。

によって読み込みます。

　続いてアグリゲータの定義です。今回はPageRank(pagerank: int)が最大となるURL(url: string)を求めたいので、PageRankをweight指定したmaximumアグリゲータを用います。ドメインごとに上位1個のURLが得られれば十分ですが、ドメインは大量にあるものなので、ドメイン(domain: string)をキーとする配列を作成します。

　入力データ(Documentレコード)をローカル変数docに代入します。WebページのURLはdoc.url、PageRankはdoc.pagerankとして得られるものとします。URLからドメインを得るには、ライブラリ関数domainが使えます。

　得られたドメインをキーとして、そしてPageRankをweightとして、max_pagerank_urlアグリゲータを呼び出します。結果はアグリゲータによって自動的に見つけられて出力ファイルに書き出されるので、これ以上のことは何もする必要がありません。

Tip

最もPageRankの高いページ

ほとんどのドメインでは、そのトップページ(つまり/)のPageRankが最も高くなります。しかしGoogleで実際にこのプログラムを実行したところ、たとえばAdobe Systemsのドメイン(www.adobe.com)ではAdobe Readerのダウンロードページが最も高いPageRankを示すなど、興味深い情報が得られたとのことです。

例3　地域ごとのアクセス数を計測する

　リスト4.8の例では、世界中の検索リクエストのログを解析して、利用者の場所(緯度、経度)ごとに検索数を求めています。

　リスト4.8でもまずDDLを読み込み、アグリゲータの定義を行います。今回は緯度と経度に応じたカウンタが必要なので、sumアグリゲータの2次元配列を作っています。

　続いて、入力データをQueryLogProtoレコードとして読み込みます。ここには検索リクエストの情報が書き込まれており、log_record.ipによって検索元のIPアドレスを得ることができます。

　最後に、ライブラリ関数locationinfoによってIPアドレスから緯度と経

度を求め、アグリゲータに1を送ることでカウンタを増加させます。

リスト4.8のプログラムを実行すると、地球上の緯度と経度を軸として、各座標において検索の行われた数が求まります。図4.19は、実際にこのプログラムを実行して得られた結果がプロットされたものです。

リスト4.8　地域ごとのアクセス数を計測する例[※]

```
# QueryLogProtoレコードの定義
proto "querylog.proto"

# 緯度、経度ごとの検索数を求めるアグリゲータ
queries_per_degree: table sum[lat: int][lon: int] of int;

# 入力データをQueryLogProtoレコードとして読み込む
log_record: QueryLogProto = input;

# 利用者のIPアドレスから位置情報を得る
loc: Location = locationinfo(log_record.ip);

# 判明した場所のカウンタを増加させる
emit queries_per_degree[int(loc.lat)][int(loc.lon)] <- 1;
```

※　Sawzall論文のp.19-20より。

図4.19　Sawzallによる計算結果[※]

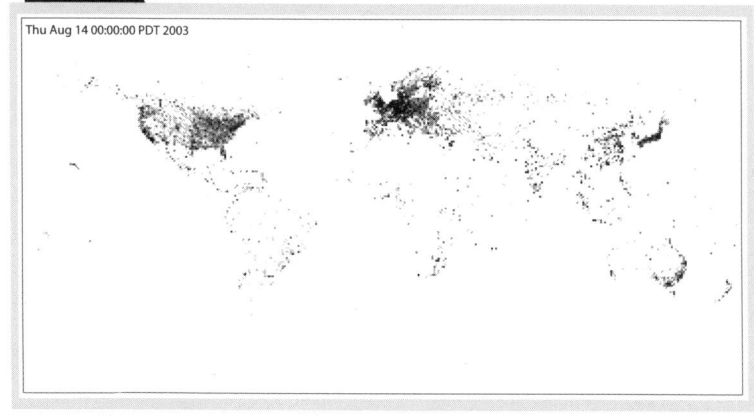

※　Sawzall論文のp.20より。

例4　実行結果の連結

1つのSawzallプログラムでほしい結果が得られるとは限りません。たとえば、入力ファイルの中で最も頻繁に現れる単語10個を知りたいとき、アグリゲータtopを用いたのでは統計的な結果しか得られません。どうしても厳密な結果が必要ならば、Sawzallを2回実行する必要があります。

まず最初に、すべての単語の出現回数をカウントするためにアグリゲータsumを用います（リスト4.9）。

続いて、アグリゲータmaximumを用いて、最も出現回数の多い単語を見つけます（リスト4.10）。

こうして1つのSawzallプログラムでは記述しきれない複雑な処理も、それをいくつも連結することで実行できるようになります。

リスト4.9　実行結果の連結❶

```
# 単語（word: string）ごとの出現回数（count: int）を得るアグリゲータ
word_count: table sum[word: string] of count: int;

# 単語を読み込む
word: string = input;

# カウントを増やす
emit word_count[word] <- 1;
```

リスト4.10　実行結果の連結❷

```
# 出現回数（count: int）が多い単語（word: string）を選ぶアグリゲータ
frequent_word: table maximum(10) of word: string weight count: int;

# 先ほどのSawzallの出力（単語とその出現回数）を読み込む
x: { word: string, count: int } = input;※

# 出現回数が上位の単語を選ぶ
emit frequent_word <- x.word weight x.count;
```

※　Sawzall論文には実行結果を連結する具体例がなく、この部分の記法は著者が考えたものです。

エラーは無視することも可能

リスト4.8のログ解析プログラムには、実は不具合があります。IPアドレスから検索元の座標を調べましたが、実際には場所がどこだかわからないということもありえます。

Sawzallはこのような場合、「未定義値」（*Undefined Value*）という特別な値を返します。未定義値を参照するとSawzallはすべての処理を中止し、エラーレポートを作成して終了します。

エラーを避けるためには、述語defを次のように用います。

```
loc: Location = locationinfo(log_record.ip);
# locが得られたときにだけ処理を続ける
if (def(loc)) {
  emit queries_per_degree[int(loc.lat)][int(loc.lon)] <- 1;
}
```

座標の問題についてはこれで修正できましたが、ほかにも不具合はないでしょうか？ 一般的に、Sawzallプログラムの実行には長い時間が掛かるものなので、わずか1つのエラーのために処理が中断していたのでは、やり直しに時間が掛かって仕方ありません。

そこでSawzallには、未定義値があっても処理を続ける特別な実行モードが用意されています。この場合、未定義値を含む処理は単純に無視され、正しく実行できる命令だけが実行されます。未定義値の情報は実行ログに保存され、後からどのような問題が起こっていたかを確認できます。

この機能を活用することで、プログラムの開発中には早期にエラーを発見し、運用の段階ではエラーを無視して安定動作させることも可能となります。

内部的にキーが生成されている ─ Sawzallはどのように実現されているのか

ここまでの説明で、Sawzallのさまざまなポイントがわかってきたことと思います。それでは、Sawzallがどのように実現されているのか簡単に見ておきます。

Sawzallは「MapReduceを基盤としている」ことはすでに説明しました。開発者の書いたプログラム（フィルタ）はMapとして実行され、一方のReduceとしては組み込みのアグリゲータが処理を行います。

ところで、MapからReduceへのデータの受け渡しには「キー」が必要です。これがなければ中間ファイルが分割されず、Reduceの負荷分散が行われなくなってしまいます。このキーはどのように生成されているのでしょうか？

どうやらSawzallでは、「アグリゲータごとに異なるキーを自動的に作り出している」ようです。そのため同じアグリゲータに渡された値はすべて同じReduceに集まることになり、そこでアグリゲータとしての処理が行われます。複数のアグリゲータがあると、それらは個別にReduceされ、Reduce側の負荷分散も可能となります。

アグリゲータを配列として宣言した場合、その個々の要素について1つのキーが作成されます。これによって大量のキーが生成されるので、それらがMapReduceによって適度に分割され、Reduceの負荷分散に役立ちます（図4.20❶）。

アグリゲータが1つしかない場合には負荷分散が行われません。これはsumのように負荷の小さいアグリゲータでは問題になりませんが、collectionのように大量のデータを書き出す可能性のあるアグリゲータではボトルネックになるかもしれません。

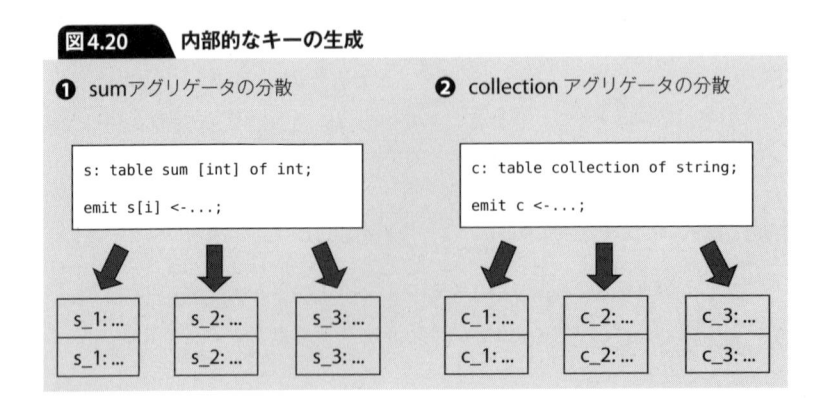

図4.20　内部的なキーの生成

❶ sumアグリゲータの分散

```
s: table sum [int] of int;
emit s[i] <-...;
```

→ s_1:... / s_2:... / s_3:...
　 s_1:... / s_2:... / s_3:...

❷ collectionアグリゲータの分散

```
c: table collection of string;
emit c <-...;
```

→ c_1:... / c_2:... / c_3:...
　 c_1:... / c_2:... / c_3:...

そこでcollectionだけは特別に、それ1つで多数のキーが生成されるようになっています（図4.20❷）。collectionは単に値を集めるだけのアグリゲータで、Reduceで行うべき処理は何もありませんから、処理が分散されても問題になりません。

結果として、Sawzallを実行すると多数のReduceが働き、そして多数の出力ファイルが生成されます。これらはまた新しいSawzallプログラムへの入力としてそのまま使うこともできますし、そうでなければdumpコマンドによって最終的なレポートにまとめられます。

スムーズにスケールする実行性能

それでは、Sawzallの性能を見てみましょう。SawzallはMapReduceを基盤としているので、その性能的な特性もMapReduceに準じます。フィルタもアグリゲータも負荷分散されるので、マシンの数を増やすほど性能も向上します。

図4.21のグラフは、450GBのログファイルをSawzallで処理するとき、利

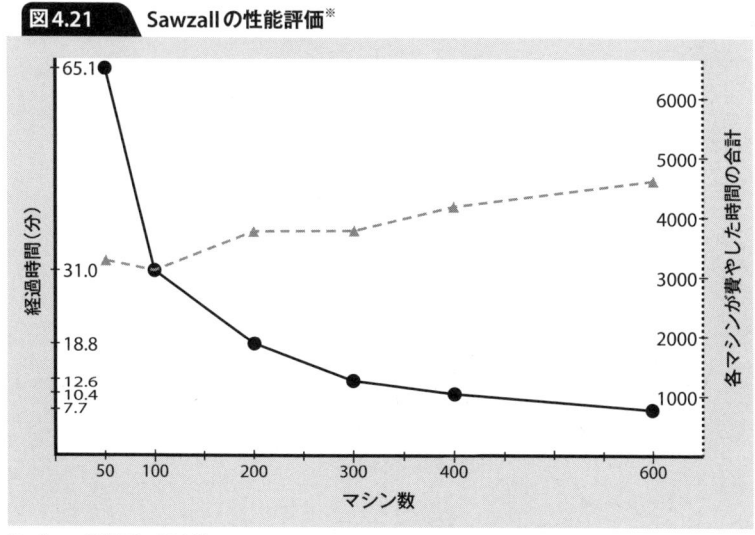

図4.21　Sawzallの性能評価※

※　Sawzall論文のp.27より。

用するマシンを50台から600台まで変化させたときの結果が計測されたものです。

実線は開始から終了までの実行時間を表しています。見てのとおり、マシンの台数が増えるのに合わせて実行時間は順調に短くなっていきます。理想的には、マシンの台数を増やすほど負荷は均等に分散され、実行時間は反比例のグラフを描きます。

しかし、実際にはマシンが増えるほど余分な手間も増えるので、理想どおりとはいきません。破線は実行時間にマシンの台数を掛け合わせたもの（実行時間×マシンの台数）です。もしも実行時間が反比例しているならば、このグラフは横一直線を描くはずです。

Columun

BigtableとSawzall

MapReduceと同様に、SawzallもBigtableと組み合わせて利用することができるようです。この場合、Bigtableから取り出したデータをSawzallで読み込んで、それをアグリゲータで集計することになります。

Bigtable論文が書かれた2006年の時点では、残念ながらSawzallの出力をBigtableに書き戻すことはできないようです。処理結果についてはこれまでどおり、Sawzall固有のレポートとして得ることになりそうです。

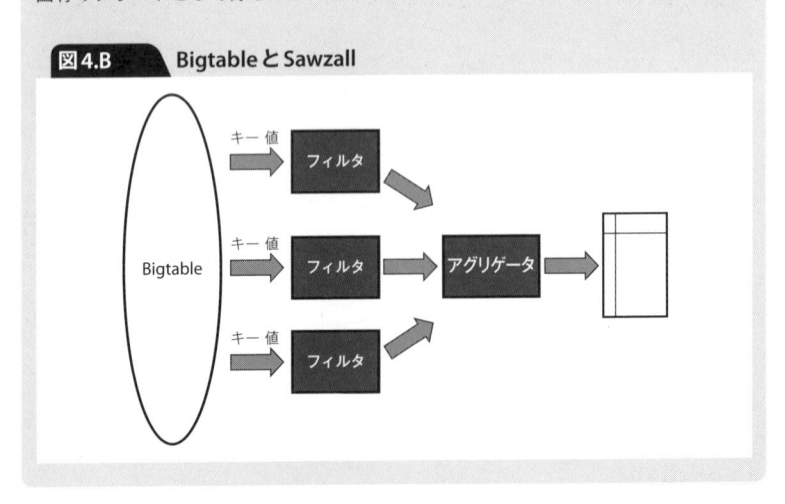

図4.B　BigtableとSawzall

図4.21の結果を見ると、マシンの数は50から600へと12倍に増えていますが、トータルの処理時間の増加は1.3倍にとどまっています。これはかなり優秀な結果です。マシンの数を増やすだけでこれだけスムーズに性能が上がるならば、いくらデータ量が増えてもマシンの追加で対応できるようになるでしょう。

4.3 まとめ

　本章では、Googleがどのようにして大規模なデータ処理を行っているかについて取り上げました。「MapReduce」は大規模な分散処理を行うための基盤技術で、開発者はMapとReduceという2つの関数だけ用意すれば、あとはシステムがそれを自動的に多数のマシンで実行してくれます。

　MapReduceは、とりわけGFSの入力ファイルと組み合わせると高い性能を発揮します。多数のマシンに分散されたMap処理は、なるべくそのマシンからファイルを読み込むため、全体としての読み込み速度は非常に高速です。一方、書き込みは複数のマシンにコピーされるため遅くなりますが、MapReduceで加工されたデータは小さくなる傾向があるので、書き込む量は少なくて済みます。

　「Sawzall」を使うと、分散処理はもっと手軽になります。Sawzallは実行可能な処理に制約を設けることで、限られた特定の領域に限っては非常にコンパクトなプログラムで大規模なデータ処理が可能となります。これは、ちょうどデータベースにおけるSQLの存在と似ています。データベースからSQLで情報を引き出せるように、Sawzallを使うとGFS上の大量のデータから情報を見つけ出すことができるようになります。

　MapReduceもSawzallも負荷分散や障害対策について考えられており、マシンの台数を増やせば増やすほど性能が向上します。これによって開発者は分散処理の難しい問題について頭を悩ませることから解放され、データをどのように処理するかという問題解決に専念することができるのです。

Columun

大規模分散システムを試してみる

これまでに取り上げた分散システムはどれもGoogleの独自技術で、誰もが使えるものではありません。しかし、同様の技術をオープンソースソフトウェアとして実現しようとするHadoop[※1]というプロジェクトがあり、ずいぶん活発になってきているようです。

Hadoopは、米国Yahoo!が中心になって開発している分散システムで、すでにGFSに代わるHDFS、Hadoop版のMapReduce実装、そしてBigtableに代わるHBaseといったソフトウェアが作られています。Sawzallに代わるPigというプロジェクトも始まっているようです。

米国University of WashingtonはGoogleの協力で、大学生向けに大規模分散システムの授業を開設していますが、ここではHadoopを使ったMapReduceの実習などが行われているとのことです[※2]。「Google Code for Educators」[※3]でこの授業の教材や、Hadoopのセットアップ済み仮想マシン(VMwareイメージ)などが入手できますので、興味のある人は試してみてください。

米国IBMもHadoop実行環境の構築を表明しています[※4]。企業向けにコンピューティング環境を提供するほか、Googleと共同で米国各地の大学向けに大規模分散システムを提供する「Academic Cluster Computing Initiative」[※5]を発表しています。今後は大学でMapReduceを学ぶというのも一般的になるかもしれません。

すぐに利用できる環境もあります。米国Amazonが提供しているAmazon EC2(Elastic Compute Cloud、執筆時点ではベータ版)は、Amazonのデータセンターにある多数のコンピュータを安価に間借りできるサービスですが、ここでもHadoopを利用することができるようになっています。自分で大規模なシステムを用意するのは大変ですが、EC2を使えば必要なときに必要な数だけマシンを借りて分散処理を行えます。

国内では、楽天技術研究所がRubyを使った分散システムの開発を表明しています[※6]。こちらもどのような方向に進むのか今後が楽しみです。

※1 URL http://hadoop.apache.org/core/
※2 URL http://www.businessweek.com/magazine/content/07_52/b4064048925836.htm
※3 URL http://code.google.com/edu/
※4 URL http://www-06.ibm.com/jp/press/20071119001.html
※5 URL http://www-06.ibm.com/jp/press/20071010001.html
※6 URL http://www.atmarkit.co.jp/news/200711/26/rakuten.html

第5章
Googleの運用コスト

5.1 何にいくら必要なのか　p.187

5.2 CPUは何に電気を使うのか　p.195

5.3 PCの消費電力を削減する　p.205

5.4 データセンターの電力配備　p.211

5.5 ハードディスクはいつ壊れるか　p.224

5.6 全米に広がる巨大データセンター　p.237

5.7 まとめ　p.246

第5章 Googleの運用コスト

　Googleは多数の安価なハードウェアを用いて大規模な分散システムを構築していますが、いくら安価とはいっても、それが何万、何十万という数にもなると、そのコストは多大なものになることが予想されます。

　ハードウェアはGoogleのシステム全体のコストの中でも大きな部分を占めるものです。Googleでは多くのソフトウェアを自社開発しており、システムの規模が大きくなればなるほどソフトウェアの相対的な開発コストは下がりますが、ハードウェアのコストは拡大する一方です。

　単に性能だけを追求してコストを無視するということはできません。本章では、Googleのような大規模システムでは何にどの程度のコストが必要となり、そしてそれを削減するためにどのような工夫が行われているのかを見ていきます。

図5.1　Googleが2006年にオレゴン州に建設したデータセンター周辺[※]

サッカーのグラウンドほどの大きさの建物が2つ並んでおり、それぞれに8,000程度のラックが入るのではないかといわれているが、その詳細は今も明らかにされていない。

※　参考情報 URL http://www.nytimes.com/2006/06/14/technology/14search.html
　　　　　　URL http://harpers.org/media/slideshow/annot/2008-03/
　　（図5.1はGoogle Earth＋Google SketchUpにより筆者が作成）

5.1 何にいくら必要なのか

一言にコストといってもさまざまです。ハードウェアの購入費用、データセンターの費用、保守管理の人件費、などなど。まずは何にどのくらいのコストが掛かるものなのかを整理しておきましょう。

少なからぬハードウェア費用

Googleが2004年に新規上場したときの資料[注1]によると、Googleがそれまでにハードウェアに投じた費用は総額2億5000万ドル[注2]。いくら安価なコンピュータを用いるとはいえ、世界中にデータセンターを構築するともなると、その費用は膨大です。

当時のGoogleのマシン数は全部で5万台前後といわれていますが[注3]、2007年時点でさらにその10倍程度(50万台前後)にまで増えているのではないかと考えられています[注4]。それだけのマシンを導入し、そして維持管理するためのコストは推して知るべし、です。

もちろん必要なのはハードウェアだけではありません。Googleのような大規模システムでは、何にどの程度の費用が掛かるものなのでしょうか。正確な数字はともかくとして、まずは全体的なイメージをつかむために大雑把な推量を行ってみることにします。

ここではGoogle上場時のデータを基準として、システムのコストを次の4つに分けて考えます。

- ハードウェアのコスト
- 電力のコスト

注1　URL http://i.i.com.com/cnwk.1d/pdf/ne/2004/google.pdf
注2　約250億円。1ドル＝100円として計算(以下同)。
注3　URL http://blog.japan.cnet.com/umeda/archives/001204.html
注4　URL http://d.hatena.ne.jp/umedamochio/20070930/p1

第5章 Googleの運用コスト

- 保守運用のコスト
- ソフトウェアのコスト

「ハードウェアのコスト」は説明するまでもなく、コンピュータやネットワーク機器のための費用です。コンピュータの台数を仮に5万台として、1台あたりの単価を30万円とすると、これで150億円。実際には総額275億円ということなので、コンピュータ以外の機器を考えると当たらずといえども遠からずといったところでしょうか。275億円を上場までの約5年で割ると、1年あたりにして55億円。

「電力のコスト」は、さらに定期的な電気代と、電力を確保するための設備費用とに分けられます。コンピュータ1台あたりの電力を仮に100Wとして、5万台を24時間フル稼働させるとしたら、年間の電気代はざっと5億円前後という計算になります（10〜15円/kWhと想定）。

電力の設備費用を正確に見積もるのは難しいですが、電力1Wあたりの設備費用は1000〜2000円程度といわれており[注5]、そこから算出すると総額にして50〜100億円。一方、データセンターの寿命はおおむね10〜12年といわれているので[注6]、仮に設備費用が10年で償却されるものと考えると、年間コストにして5〜10億円といったところでしょうか。

「保守運用のコスト」はおもに人件費であるとして、再びGoogle公開時の資料に当たってみると、2004年の時点で運用に携わる社員は350人。1人あたりの年俸を仮に500万円とすると、年間の人件費は17.5億円です。

最後に「ソフトウェアのコスト」ですが、Googleはほとんどのソフトウェアを自分たちで作っているわけですから、こちらも必要なのは人件費です。何を運用コストとして考えるかにもよりますが、検索エンジンやWebサービス以外の基盤システムの開発に限定するとしましょう。それに携わる社員が上場時の研究開発部門596人のうちの1/10〜1/2だとして、仮に年俸1000万円（＋ストックオプション）とすると、システム開発費は年間にして

注5 URL Power Provisioning for a Warehouse-sized Computer、http://research.google.com/archive/power_provisioning.pdf

注6 URL http://japan.cnet.com/news/ent/story/0,2000056022,20362605,00.htm

6～30億円。

　かなりいい加減な見積もりではありますが、こうしてみるとやはりハード面でのコストの大きさが目立ちます。しかもコンピュータのハードウェアというのは陳腐化が早く、3～4年もすれば新しく入れ替えることも珍しくありませんからなおさらです。まずは、いかにハードウェアのコストを抑えるかというのが第一の課題でしょう。

　人件費を削減するには信頼性や保守性の高いシステムを構築することですが、これにはより優れたソフトウェアを開発するという方向で努力して、「まずはハードウェア、次いで電力のコストをいかに下げるか」ということが、Googleにおけるコスト削減の優先順位となりそうです。

Tip
通信コストはいかに

　本書では取り上げませんが、もう一つ大きな費用として通信回線のコストが考えられます。Googleはすでにかなりの光ファイバを手に入れているといわれており[※1]、さらに太平洋海底ケーブル事業にも出資する[※2]という話もあるほど通信回線への投資も行っているようです。その客観的な規模は定かではありませんが、通信回線はサービス提供の生命線であるだけに、そのコストも大きなものとなりそうです。

※1　URL http://www.pbs.org/cringely/pulpit/2007/pulpit_20070119_001510.html
※2　URL http://www.google.com/intl/en/press/pressrel/20080225_newcablesystem.html

安価なハードウェアによるコスト削減

　それでは具体的な数字を見ていくことにしましょう。第2章で登場したGoogleの検索クラスタについて書かれた2003年のGoogle Cluster論文（p.51のNoteを参照）には、当時のGoogleのコスト面についても簡単ながら説明があります。まずはここを足掛かりとして、Googleのハードウェアコストについて見ていきます。

　本項ではデータセンターの基本となるラックについて考えます。先にも触れたとおり、Googleのラックは40～80台分のマシンによって構成されています[注7]。2003年当時の検索クラスタでは、ラックを構成する個々のマシ

注7　2.1節の「一つのシステムとして結び付ける」（p.43）を参照してください。

ンは次のようなものでした。

　まずはCPU。安価なところではCeleron 533MHz、いいものだとPentium III 1.4GHzのデュアルCPUなどが用いられていたようです。すでにPentium 4が出回っていた時代ですから、たしかに安価なCPUが使われていたようです。

　ハードディスクは、80GBのIDEドライブが1つか2つ。これは当時としてはごく一般的なハードディスクで、やはり広く普及して安く出回った製品が選ばれていたようです。

　こうしたハードウェアは一度購入して終わりではなく、おおむね3年程度で新しく入れ替えることを想定していたようです。そこで、価格を3×12 = 36で割った値をハードウェアの月額コストと考えます。これを基準に、価格あたりの性能がよい(つまり価格性能比が高い)ハードウェアを選んでラックが組み立てられます。

　Googleは自分たちでラックを組み立てていたようですが、Google Cluster論文(p.51の**Note**を参照)のp.25では参考として次のような市販ラックの価格が紹介されています。

- マシン数：88台
- CPU(Xeon 2GHz)×2
- メモリ：2GB
- ハードディスク：80GB

　CPUを除いてほぼGoogleのラックと同じ構成ですが、これの2002年における価格が27万8000ドル(約2800万円)。マシン1台あたりの価格は3160ドル(約32万円)で、普通のPCと比べると割高ですが、性能を考えるとそんなところでしょうか。

　はたしてこれは安いのでしょうか？ 同論文から比較として、同じPCアーキテクチャでも、当時の高性能サーバは次のようなものでした(ラックではなく、1つのサーバマシンです)。

- CPU(Xeon 2GHz)×8

- メモリ：64GB
- ハードディスク：8TB

これの価格が当時75万8000ドル（約7600万円）。先ほどのラックと比べると、値段は3倍近いにもかかわらず、CPUの数は1/22、メモリは1/3、なんとかディスク容量で勝っているという程度です。

用途が異なるので単純な比較はできませんが、こうしてみるとGoogleのような大規模な分散システムにおいては、高性能サーバよりも安価なラックを用いることが価格性能比でずっと優れていることは明らかです。

電気代はハードウェアほどには高くない

ハードウェアのコストだけなら価格性能比を見るだけで十分ですが、実際にはその他の費用まで含めたトータルコストを考えなければなりません。次に電力について確認しておきましょう。

再びGoogle Cluster論文（p.51のNoteを参照）では、例としてPentium III 1.4GHzのデュアルCPUのマシンを取り上げています。その最大消費電力は次のようになります。

- CPU×2：55W
- ハードディスク：10W
- メモリ、その他：25W
- ➡ 合計：90W

一般的なPC用電源の電力変換効率は75％程度なので、このマシンを動かすには実際には120Wの電力が必要です。したがって、ラックあたりの電力は最大で120W×80＝9600Wとなり、ラック1つでおおむね10kWの電力を消費します。CPUの性能が上がれば、これはもっと大きくなるでしょう。

これがどのくらいの電気代となるのかを計算してみましょう。一般的に、データセンターではコンピュータが消費する電力の50％程度を冷房に用い

る必要があります。これを踏まえて1カ月の消費電力を計算すると、次のようになります。

$$消費電力 = 10kW \times \underset{\text{ラックの電力}}{1.5} \times \underset{\text{冷房分の上乗せ}}{24(時間)} \times 30(日)$$

$$消費電力 = 10kW \times 1.5 \times 24(時間) \times 30(日) = 10,800kWh$$

（ラックの電力 → 10kW、冷房分の上乗せ → 1.5）

1kWhあたりの電気料金を0.15ドルとして計算すると[注8]、1カ月の電気代はざっと1620ドル（約16万円）ということになります。

一方、ラックのハードウェアコストは月額にすると27万8000ドル÷36 = 7700ドル（約77万円）なので、電気代と比べるとやはり割高です。したがって、消費電力がよほど大きくならないかぎりは、電気代を気にするよりも安価なハードウェアを選ぶほうがトータルコストを削減できると考えられます。

間接的に上乗せされる電力の設備コスト

しかしながら、問題はほかにあります。ラックの電力密度（体積あたりの消費電力）という問題です。

ラックの電力は10kWと書きましたが、これは一般的なデータセンターからすると大き過ぎるのです。10kWというと、100Vの電圧に対して常時100Aの電流が流れる状態です（一般家庭では20～60Aでブレーカーが落ちます）。こんなものがずらずらと並んでいると、データセンターのほうがパンクしてしまいます。

一般的なデータセンターでは、ラックあたり1～4kW（10～40A相当）程度の電力にしか対応していないようです。したがって、ラックに大量のマシンを詰め込むのはやめてラックの本数を増やすか、あるいは高い電力密度に対応した高性能なデータセンターを見つけるかしなければなりません。

注8 米国の電気料金はもっと安価ですが、データセンター自身が消費する電力もあるため、コンピュータの消費電力は割高になるようです。

いずれにしても高くつきます。これが電力の設備面でのコストということになります。

電力の設備コストを下げるのは簡単な問題ではありません。Googleは最終的に独自のデータセンターを建設する方向へと進みます。これについては後ほど詳しく説明します。

Tip

消費電力が多過ぎて

実際、Googleがあまりにも電気を使い過ぎるので、電気代が支払えずに倒産してしまったデータセンターがいくつもあるそうです※。当時のデータセンターは使用電力ではなく使用面積に応じて課金されたことから、Googleはラックに詰め込めるだけのマシンを詰め込んだのでしょう。

※『Google誕生 -- ガレージで生まれたサーチ・モンスター』(David A. Vise／Mark Malseed著、田村 理香訳、イースト・プレス、2006)、p.128より。

増加傾向にある電力コスト

電力の問題はまだ終わりません。技術の進歩とともに安価になるコンピュータのハードウェアとは裏腹に、電力のコストは増加する一方です。

Googleが2005年に発表した論文「The Price of Performance：An Economic Case for Chip Multiprocessing」[注9]では、このままでは近いうちにハードウェアよりも電気代のほうが高くなると警告しています。図5.2❶のグラフは、Googleのコンピュータの性能が時とともにどのように変化してきたかを示したものです。

図5.2❶-❶の線はコンピュータの性能を表しており、新しいものほど性能がよくなってきたことがわかります。

図5.2❶-❷の線は価格性能比を表しており、価格あたりの性能も同様に向上してきた様子がうかがえます。

図5.2❶-❸の線は電力性能比、すなわち消費電力あたりの性能ですが、こちらはまったく変化がありません。つまり性能が上がれば上がるほど、

注9　URL http://acmqueue.com/modules.php?name=Content&pa=showpage&pid=330

それに合わせて消費電力も増えてきたことを意味しています。これまでずっとコンピュータの性能は電力を引き替えにして向上してきたのです。

図5.2 ❷のグラフは、将来的に電力のコストがどのようになるかを予測したものです。価格性能比で選ばれるハードウェアの価格は、マシン1台あたり3000ドルとほぼ一定としています。しかし、消費電力が仮に年間20％のペースで増加するとすれば、5年後には毎年の電気代がハードウェアの購入価格と同じになってしまうという計算です。もしも年間50％のペース

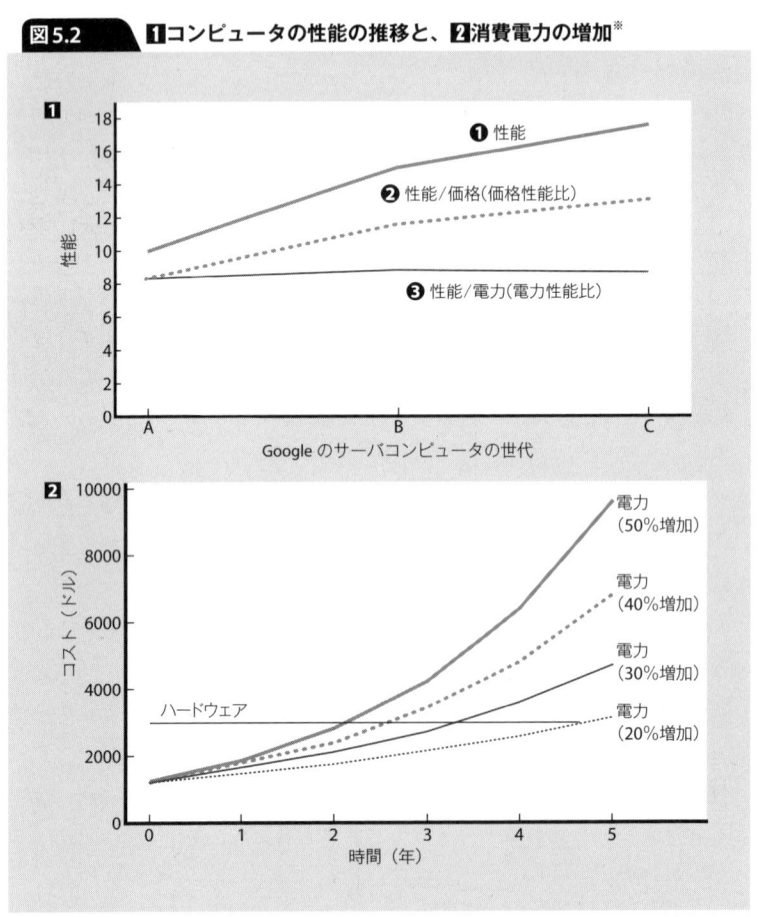

図5.2 ❶コンピュータの性能の推移と、❷消費電力の増加※

❶ 性能／Googleのサーバコンピュータの世代（A、B、C）
- ❶ 性能
- ❷ 性能／価格（価格性能比）
- ❸ 性能／電力（電力性能比）

❷ コスト（ドル）／時間（年）
- 電力（50％増加）
- 電力（40％増加）
- 電力（30％増加）
- 電力（20％増加）
- ハードウェア

※ URL http://acmqueue.com/modules.php?name=Content&pa=showpage&pid=330 より。

で増加したなら、数年後にはハードウェアの何倍もの電気代を支払わねばならないことになるでしょう。

＊　＊　＊

この消費電力の増加は放置できない問題です。これには対策を考えねばなりません。

電力増加の最大の原因は、年々性能の向上を続けるCPUです。前述の電力の内訳を見てもわかるように、CPUはコンピュータの中でも最も電力を消費する機器の一つです。まずは、CPUの電力をどうすべきかというところから考えていきましょう。

5.2 CPUは何に電気を使うのか

CPUは多くの電力を消費することで計算を行います。性能を犠牲にすることなく消費電力を削減するには、まずはCPUがどのように電力を用いるのかというところから理解する必要があります[注10]。

電力と性能の関係とは

物理の教科書に出てくるように、電力というのは基本的に次の式によって表されるものです。

$$電力(W) = 電圧(V) \times 電流(A)$$

CPUが消費する電力もこれと同じで、電子回路に電圧を加えて、そこに電流が流れることで電力を消費します。したがって、消費電力を削減するには電圧や電流を減らせばいいということですが、そのために性能が犠牲

注10 本節では、以下のWebページも参考にしています。
- 「コンピュータアーキテクチャの話」(Hisa Ando)
  URL http://journal.mycom.co.jp/column/architecture/

になったのでは意味がありません。できることなら性能を落とすことなく消費電力を減らしたいものですが、そもそもCPUの性能と電力とにはどのような関係があるものなのでしょうか？

　Googleの技術からは少し離れますが、CPUの消費電力は大規模システムの電力を考える上でも避けては通れない問題ですから、少し詳しく見ておくことにしましょう。ここではおもにIntelのCPUを題材に、電力性能比に優れたCPUについて考えてみたいと思います。

CMOS回路の消費電力

　まずはごく簡単に電子回路のおさらいをしておきましょう。CPU内部で論理演算を行う個々の回路には、入力と出力とがあります。たとえば、NOT演算（論理反転）を行うインバータ（Inverter）と呼ばれる回路には1つの入力と1つの出力とがあり、入力が「1」のときには出力が「0」に、入力が「0」のときには出力が「1」になります。

　回路には入力と出力以外にも電源からの電力供給があり、高いほうの電位をVdd、低いほうをVssで表します。インバータでは、入力の電位をVssにすると出力がVddと等しくなり、逆に入力をVddにすると出力がVssになります。これがすなわち電子回路における「0」と「1」で、CPUの基礎となる部分です（図5.3）。

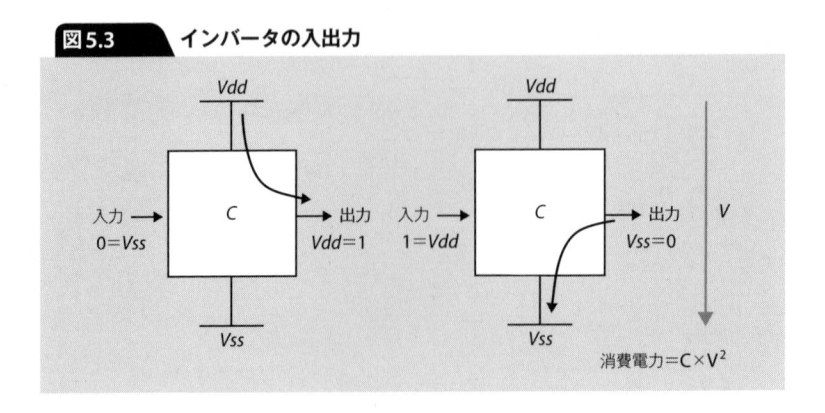

図5.3　インバータの入出力

消費電力＝$C×V^2$

今日の一般的なCPUは、こうした回路がCMOS（*Complementary Metal Oxide Semiconductor*）と呼ばれる技術によって作られています。詳しい説明は省略しますが、基本的な考え方としては次のようなものです。

個々の回路の内部はキャパシタ（*Capacitor*）になっており、わずかながら電気を蓄えることができます。インバータでは、入力がVssになると電源の上側のゲートが開き、キャパシタに電荷が蓄えられて回路の電位がVddに等しくなります。逆に入力がVddになると下側のゲートが開き、蓄えられた電荷が放電されて回路の電位がVssに下がります。

この充電と放電とがCMOS回路に流れる主要な電流です。実際には、これ以外にもリーク電流と呼ばれる無駄な電気もわずかに流れてしまうのですが、ここでは無視して、CPUの動作に必要となる電力（動作電力）だけを考えることにします。

いま、VddとVssの電位の差（$Vdd-Vss$）、つまり回路に加わる電圧をVとし、キャパシタの静電容量をCとすると、1回の充放電によって流れる電流は$C \times V$で表されます。これに電圧Vを掛けたものが電力なので、CMOS回路が充電と放電を繰り返す（スイッチする、といいます）たびに$C \times V^2$の電力を消費することになります。

また、CPUが1秒間に入出力を行う回数、つまりCPUのクロック周波数をfで表します。CMOS回路がクロックサイクルのたびにスイッチした場合、1秒間に消費される電力は$C \times V^2 \times f$になります。実際には毎回スイッチするわけではなく、処理に応じて必要なときにだけ電流が流れるので、スイッチが行われる割合を$α$で表すと、最終的に回路の動作電力は次のように表されます。

$$動作電力 = α \times C \times V^2 \times f$$

これを回路の数だけ合計して、さらにリーク電流として失われる電力[注11]を加えたものが最終的なCPUの消費電力ということになります。

まとめると、CPUの消費電力はおおむねスイッチの頻度（$α$）に合わせて

注11　今日のCPUでは、与えられた電力のうち30〜40%がリーク電流として無駄に失われるとのことです。

大きくなり、個々の回路の静電容量(C)に応じて大きくなり、そして電圧の二乗(V^2)とクロック周波数(f)に比例して大きくなる、ということです。消費電力を抑えるには、これらを下げることを考えなければなりません。

消費電力を抑えるためにできること

それでは、どうすればCPUの消費電力を抑えられるのでしょうか？ 先ほどのパラメータを順に見ていきましょう。

スイッチの頻度を低くする

同じ処理を行うならば、なるべくスイッチが行われないようにする、つまりαを小さくすることで消費電力が削減されます。必要な演算についてはスイッチしないわけにはいきませんが、必要のない回路についてはスイッチを完全にやめることで電流が流れないようにできます。たとえば、整数演算では浮動小数点の回路は使わないので、使わない回路へのクロックを止めることでαを0とし、電力消費を抑えることが可能となります。

もっとも、これはCPUの設計に関することなので、利用者としてできることは何もありません。

静電容量を小さくする

Cを小さくするには回路自体を小さくしなければなりません。あるいは回路を構成する物質などによってもCは変わります。

このあたりは半導体の設計やプロセス技術に依存する部分であり、少々の工夫で改善できるものではありません。技術の進歩を期待して待ちましょう。

電圧とクロックを下げる

上の二つと比べると、電圧やクロックを下げることはずっと簡単です。ただし、性能が犠牲になります。

電圧とクロックは互いに独立した要素ではなく、密接なつながりがあり

ます。回路の動作速度に関する問題です。CMOS回路では、入力を変えるとただちに出力が変わるわけではなく、充電や放電によって出力の電位が安定するまでにわずかながら時間が必要です。必要な時間は電圧と反比例の関係にあり、電圧を下げれば下げるほど多くの時間が必要となります。

出力が安定しなければ正しい計算が行えませんから、ここで必要となる時間がクロックを決めることになります。つまりクロックを上げるためには、回路の動作を速めるのに電圧も上げねばなりません。逆に電圧を下げるためには、クロックも下げなければなりません。

ここで電力に関する先ほどの式「動作電力 = $a \times C \times V^2 \times f$」を思い出してください。

クロックを上げるために電圧も上げるのだとすると、消費電力はその三乗のオーダーで増加します。たとえば、クロックを20%上げるために電圧も20%上げるとすると、消費電力は一気に72.8%も増加します(1.2^3 = 1.728)。消費電力という点から考えると、CPUのクロックを上げるという行為はひどく大きな負担を伴うものなのです。

逆にいうと、「電圧とクロックを下げさえすればCPUの消費電力は一気に下がる」ということでもあります。ここに電力削減のための希望があります。

クロック単位の処理効率を上げる

半導体の技術革新を別とすれば、CPUの消費電力を抑えるには電圧とクロックを下げるのが最も効果的です。しかし、CPUはクロックごとに処理を行うわけですから、単純にクロックを下げるとそれだけ性能が低下します。性能を損なわずに消費電力を下げられないものなのでしょうか。

そもそもCPUの性能とは、大まかに次の式によって表されます。

$$\text{CPU性能} = f \times \text{IPC}$$

ここでfはクロック周波数で、IPC(*Instruction Per Cycle*)とは1回のクロックサイクルで実行できる命令の数です。たとえクロックを下げたとしても、IPCを大きくできれば性能は変わりません。ではどうすればIPCを上げら

れるでしょうか？ それにはまずCPUが命令を実行するしくみを見る必要があります。

パイプライン

現在のCPUは、1つの命令をいくつかの段階（ステージ）に分けて、複数の命令を同時並行で実行しています。これを「パイプライン」（Pipeline）といいます。

図5.4は、「フェッチ」「デコード」「実行」「ライトバック」の4つのステージからなるパイプラインの例です。この基本の各ステージは表5.1のような役割を担います。パイプラインの深さはCPUの種類によって異なり、初代Pentiumでは5つのステージから構成されましたが、Pentium 4（Prescottコア）ではこれが31ステージにまで拡張されていました。

パイプラインを深くすればするほど、1つのステージで行うべき処理が

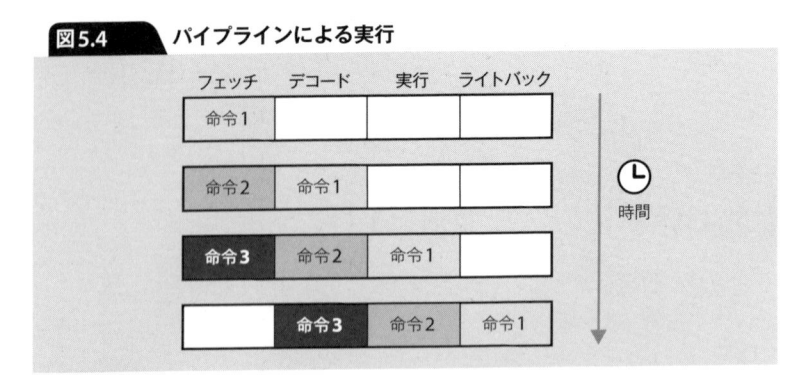

図5.4　パイプラインによる実行

表5.1　各ステージの役割※

ステージ	概要
フェッチ（Fetch）	メインメモリから命令を取り出す
デコード（Decode）	取り出した命令の具体的な指示内容を解読する
実行（Execute）	計算対象となるデータをメインメモリから読み出し、命令の指示内容に従って計算処理を行う
ライトバック（Write Back）	計算結果をメインメモリに書き戻す

※ URL http://www.intel.co.jp/jp/intel/museum/mpuworks/index.htm
（「マイクロプロセッサーの命令処理を支える4つの基本工程」、Intel）より。

少なくなって時間も短くなり、それだけクロックを上げることが可能となります。Pentium 4は初代Pentiumと比べてステージの数が6倍なので、単純計算で6倍のクロックで動作させられるということになります。

IPCとクロック周波数の関係

パイプラインを深くすることでクロック周波数は上がりますが、IPCが上がるわけではありません。1つの命令を完了するには、いずれにしてもすべてのステージを終える必要があります。ステージはクロックごとに進むので、1回のクロックサイクルで完了する命令は平均して1つ、つまりIPC = 1です。これはステージの数が増えても変わりません。

実際には、IPCはむしろ低下します。パイプラインがうまく機能するのは、すべての命令がとどまることなく順番に実行されたときです。しかしプログラムには分岐というものがあり、単純に前から後ろまで命令が実行されるというわけではありません。

パイプラインの途中で分岐が発生すると、途中まで実行されていた命令は一度破棄され、分岐先から改めて次の命令が始まることになります。途中で破棄される命令の数はパイプラインが深くなるほど多くなるので、「一般的にステージを増やせば増やすほどIPCは低下」します。つまり、パイプラインのステージを増やすということは、IPCを犠牲にしてクロック周波数を上げるという行為なのです。

図5.5は、IPCとクロック周波数の関係について示したものです。一般にパイプラインが深くなるほど、周波数が向上する代わりにIPCは低下します。CPUの性能はこれらを掛け合わせたものなので、最大の性能を得るにはIPCと周波数とのバランスが取れるようにパイプラインのステージ数を選ぶことが重要です。逆に、電力削減を優先して周波数を下げるならば、パイプラインを浅くすることでそれだけIPCが高められるということでもあります。

スーパースカラー

パイプラインの深さを変えるだけでは、IPCは1以上には上がりません。

しかし、IPCとは1回のクロックサイクルで実行される命令数のことなので、同時に複数の命令を並列実行できればさらなる向上が可能です。つまり、パイプラインを複数並べればいいのです。これを「スーパースカラー」(*Superscalar*)といいます（図5.6）。

スーパースカラーによって、初代Pentiumでは同時に2つ、Pentium Pro以降では同時に3つの命令まで実行できるようになりました。Pentium 4では、さらに「ハイパースレッディング」(*Hyper-Threading*)という技術によってパイプラインの利用効率を高め、IPCは理論的には「3」にまで高まりました。

しかし、ソフトウェアの変更なしに複数の命令を並列実行するのにも限

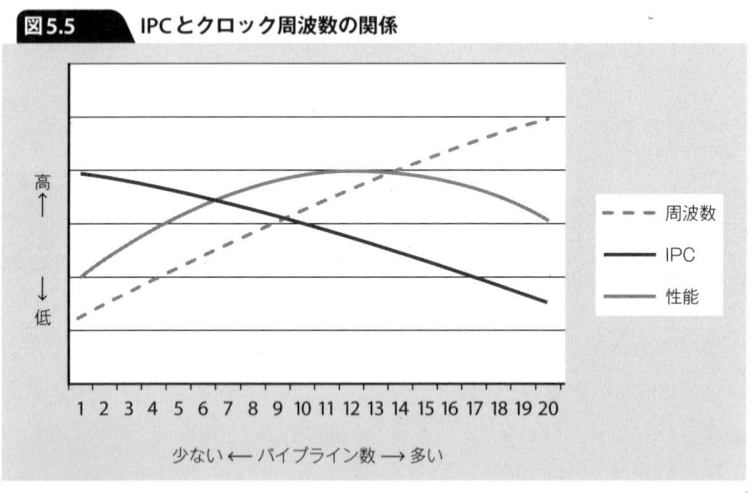

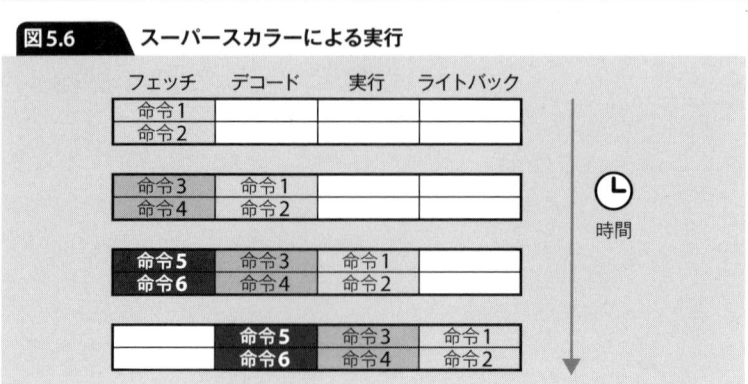

図5.5　IPCとクロック周波数の関係

図5.6　スーパースカラーによる実行

度があり、現実的にはIPCが3に達することはまずありません。スーパースカラーという方向だけでは、CPUの性能をさらに上げることは難しいため、性能向上のために残された手段はクロック周波数を上げるしかないということになります。

最大性能から電力性能比の時代へ

今も昔も、CPUは少しでも処理速度を上げる方向に進化を続けています。IPCが変わらないとすれば、周波数を上げれば上げるほど処理速度も向上するので、少し前まではクロックアップこそがCPUの性能向上であるとされてきました。

そうして誕生したのがPentium 4のNetBurstアーキテクチャで、これはパイプラインをより深くすることでクロック周波数を最大化させるCPUでした。そして、先の電力の公式から導かれるとおり、CPUの消費電力は加速度的に増加の一途をたどり、このままではCPUが発する熱は太陽の表面温度に達するとさえいわれるようになりました[注12]。

こうした困難により、2004年11月に発表されたPentium 4 3.8GHzを最後にCPUの周波数を上げ続ける路線は終わりを告げ、それに代わって生まれたのが2006年から現在へと続くIntel Coreシリーズです。これ以降のCPUでは、パイプラインのステージ数を再び少なくすることにより、クロック周波数を下げてIPCを高めるように設計が変更されています。また、CPUの動的な電源管理の進歩により、電力の効率的な利用が促進されています。

CPUは周波数(そして電圧)を下げると消費電力が劇的に小さくなります。この特性を生かして、CPUが普段遊んでいるときには低電圧、低周波数で待機し、忙しいときにだけ高電圧、高周波数で処理を行うようにすれば、目に見える性能を落とすことなく消費電力を削減できます。

単に最大性能を追い求めるのではなく、電力をどれだけ効率的に使えるかという、電力あたりの性能(電力性能比)が重視される時代になってきました。

注12 URL http://www.itmedia.co.jp/news/0104/18/idf_keynote3.html

マルチコアによる性能向上

現在のCPU開発のトレンドはマルチコア化です。つまり、1つのCPUパッケージの中に複数のCPUコアを入れることで性能向上を図ろうとするものです。

マルチコアは電力性能比を高めるのに大きく寄与します。なぜなら、これによってさらなるIPCの向上が見込めるからです。IPCを上げると周波数が下がりますが、それだけでは単純に性能の低下を意味しており、受け入れられません。しかし、周波数の低下とマルチコアとを組み合わせると大きな効果が得られます。

Intelの図5.7の資料によると、CPUのクロック周波数を20%下げると性能は13%低下しますが、消費電力はその三乗のオーダーで減少し、元のほぼ半分になります($0.8^3 = 0.51$)。そこでコアの数を2倍にすると、消費電力は元のCPUとほとんど同じなのにもかかわらず、性能は最大で73%増加します。

つまり、マルチコア化を進めると消費電力を上げずに性能を大幅に向上させられるのです。これは電力性能比の面で大きなメリットです。

ただし、複数のコアを生かすためには、ソフトウェアの側でも複数のCPUを活用するように工夫する必要があります。一般的なデスクトップアプリケーションはそのような設計になっていないことも多いですが、サー

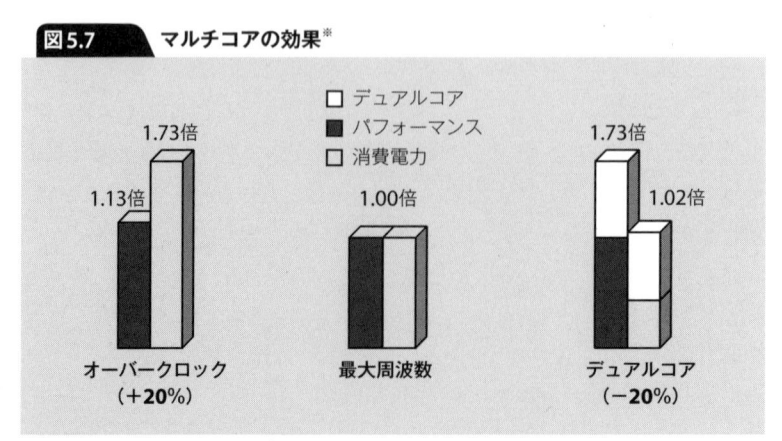

図5.7　マルチコアの効果[※]

※ URL http://www.intel.co.jp/jp/business/japan/event/IDF_2006/index.htm より。

バ用途のシステムでは元々複数CPUを生かせるようになっています。この場合、コアを増やせば増やしただけ電力性能比は高まります。

たとえば、コアを4つ備えたクアッドコア（Quad Core）のCPUを考えてみましょう。周波数を元の63％にまで減らすと消費電力は1/4になるので、これを4つ合わせると電力を増加させることなく、性能は単純計算で元の2.5倍程度にまで高まります。それに合わせてハードウェアの価格も上がるので、単純にコアが多ければ多いほどいいというものでもありませんが、少なくともこうした技術を組み合わせることで、数年以内に電気代がハードウェア価格を上回ってしまうような事態は避けられそうです。

5.3 PCの消費電力を削減する

電力は工夫次第で削減することが可能です。とくにGoogleのような大規模システムでは、電力削減によって得られる効果は大きく、さまざまな取り組みが行われているようです。ここではまず、PC単位での消費電力を抑えることを考えていきます。

高クロックのCPUでは電力効率が悪い

一般的な傾向として、CPUの性能を落とすことなく電力を削減するには、IPCが高くなるよう設計されたCPUを利用したり、マルチコアを活用してクロック周波数を落とすことが有効です。とはいえ、これらの技術が実際にGoogleのシステムで有効であるかどうかは確認が必要です。再び2003年のGoogle Cluster論文に戻って、性能分析を続けましょう。

検索クラスタの中でも、最もCPUを酷使するのはインデックスサーバです[注13]。インデックスサーバは、ディスクから圧縮されたインデックス情報

注13　2.2節内の「多数のサーバで負荷分散する」(p.53)を参照してください。

を次々と読み込み、各Webページのランキングを計算しなければなりません。ここでは圧縮されたデータの展開や、ランキング処理のために多くのCPUパワーを必要とします。

表5.2は、Pentium III 1GHzを2つ積んだインデックスサーバが、CPUをどのように利用しているかについて分析されたものです。

IPCは前節で説明したとおり、1回のクロックサイクルで実行される平均の命令数です[注14]。Pentium IIIは同時に3つの命令を実行できることから、理論上の最大IPCは「3.0」です。表5.2のインデックスサーバにおける実測値は「0.9」ということなので、あまり大きくありません。つまり、インデックスサーバはCPUの性能を最大限に生かしていないということになります。

これのおもな原因は、比較的高い「分岐予測ミス」にあります。プログラムで分岐が発生すると、パイプラインの途中まで実行していた命令は破棄されることになるので、どうしてもIPCが低下します。インデックスサーバはディスクから読み出したインデックスの内容に応じて処理を行うことから、事前に分岐を予測することは極めて困難です。こうした性質を考えると、インデックスサーバのIPCが低下することはどうやっても避けられません。

実際、同じ処理をPentium 4で実行すると、IPCは「0.5」程度にまで半減してしまうようです。Pentium 4では分岐予測の技術が向上しているにもか

表5.2　インデックスサーバによるCPUの利用[※1]

IPC	0.9
分岐予測ミス	5.0%
L1命令ミス	0.4%
L1データミス	0.7%
L2キャッシュミス	0.3%
命令TLB[※2]ミス	0.04%
データTLBミス	0.7%

※1　Google Cluster論文(p.51のNoteを参照)、p.26より。
※2　Translation Lookaside Buffer。仮想メモリを実現するために、プロセス空間のメモリアドレスから実メモリのアドレスへと変換を行うための領域。ページテーブル。

注14　Google Cluster論文中ではIPC(*Instructions Per Cycle*)ではなくCPI(*Cycles Per Instruction*)が取り上げられているので、ここでは逆数を求めています。

かわらず、パイプラインのステージ数が大きく増加したために、それだけ分岐予測ミスの影響が大きく出てしまうのです。

前節では、CPUが発揮する性能は「f×IPC」という式で表されることを示しました。

IPCが低下するということは、そのぶんクロックを上げなければ性能が向上しません。しかし、クロックを上げてしまうと消費電力が急激に増加します。消費電力を抑えながら高い性能を発揮するには、たとえ分岐予測に失敗してもIPCが低下しにくいCPUを選ぶことです。つまり、Pentium 4のような高クロック低IPCのCPUはインデックスサーバには向いておらず、「インデックスサーバには低クロック高IPCのCPUを選んだほうが良い」ということになります。

Tip
メモリの利用効率

表5.2を見る限りでは、分岐予測ミスが比較的高い一方で、L1、L2、TLBのミスはほとんどなく、メモリに関してはかなり効率的に利用されていることがうかがえます。検索クラスタが参照するインデックスは、一度検索を行うと後は大量のデータを読み出す構造のため[※]、ハードウェアレベルでのプリフェッチ（Prefetch）が有効に働いて効率的なメモリ参照が可能となっているとのことです。

※　1.4節内の「単語情報のインデックス」(p.25)を参照してください。

マルチスレッドを生かして電力効率を上げる

CPUの処理効率を上げるもう一つの方法が、ソフトウェア側での「マルチプロセス」（Multi-Process）、あるいは「マルチスレッド」（Multi-Thread）による処理の並列化です。スレッドが1つしかなければ、ディスクの読み書きなどのためにCPUの待ち時間が増えてしまいますが、複数のスレッドが動いていればCPUが有効に活用されます。

元々インデックスサーバは多数の利用者からアクセスされるシステムであり、複数のスレッドが同時に走るようになっています。そこで、インデックスサーバをXeonプロセッサのハイパースレッディング技術により並列実

行したところ、そうでない場合と比べて30％程度の性能向上が得られたとのことです[注15]。これはハイパースレッドの最大性能を引き出しています。

複数のスレッドによりCPUの有効利用ができるならば、マルチコアのように複数のCPUコアを用いることが、インデックスサーバにとって性能の面からも消費電力の面からも優れた方法であると考えられます。Googleはこのことは2003年から繰り返し論じています。

しかし、いくらマルチコアが理想的であったとしても、価格の面で折り合わなければ採用することはできません。状況が変わり始めるのは2005年から2006年に掛けてのことで、この頃からようやくデュアルコアCPUが一般のデスクトップ向けに安価に出回るようになりました。これを受けて、現在ではGoogleもIntelやAMDのデュアルコアCPUを採用しているようです。

何はともあれ、CPUの消費電力問題についてもこれで一応の歯止めが掛かった形です。今後も電力が問題とならない範囲で、価格性能比の高いCPUが選ばれることでしょう。

電源の効率を向上させる

電力を消費するのはCPUばかりではありません。ここで再びGoogle Cluster論文（p.51のNoteを参照）から、消費電力の内訳を見てみます。

- CPU×2：55W
- ハードディスク：10W
- メモリ、その他：25W
- 電源によるロス：30W
- ➡合計：120W

ここでは電源によって失われる電力を含めています。こうして見ると、実はCPUに次いで多くの電力を消費しているのは「電源装置」なのです。

注15 Google Cluster論文（p.51のNoteを参照）より。

なぜ電源がこうも多くの電力を消費するのでしょうか？ここでいう電源とは、デスクトップPCに付いている図5.8のようなパーツのことです。これを「PSU」（*Power Supply Unit*）と呼びます。

PSUの役割は、外部電源（交流100Vなど）から供給された電力を、マザーボードが必要とする電力（直流12Vなど）に変換することです。この変換のときに一部のエネルギーが熱として逃げてしまい、そのために電力が失われます。一般的なPSUの電力変換効率は60～70％と低く、多くの電力が無駄に消費されてしまっています。

そもそもなぜ一般的なPSUの効率が悪いのかが、Googleにより2006年に発表された文書「High-efficiency power supplies for home computers and servers」[注16]で説明されています。

歴史的な理由により、PCの電源は何種類もの電圧（+12V、-12V、5V、

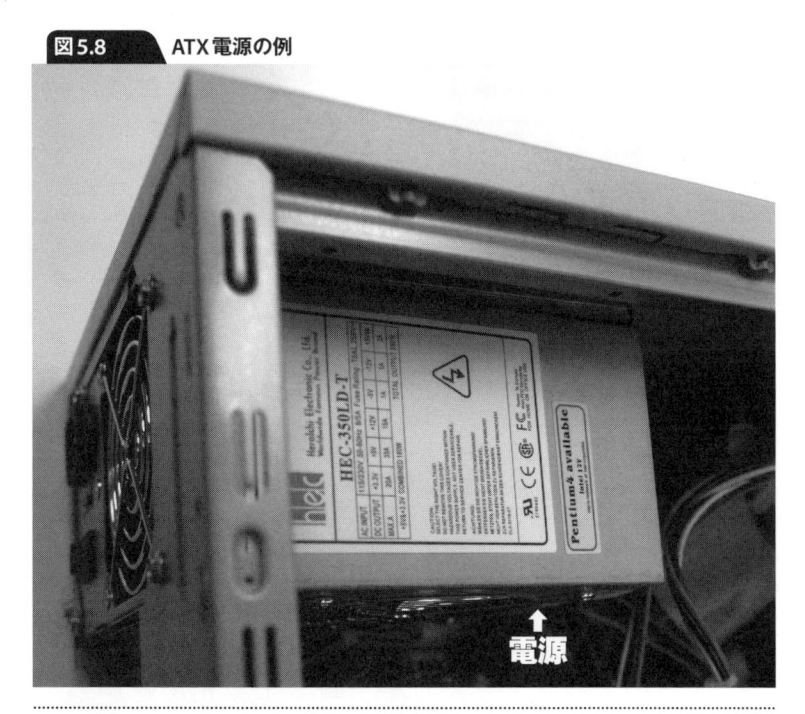

図5.8 ATX電源の例

注16 http://services.google.com/blog_resources/PSU_white_paper.pdf

3.3Vなど)を作り出してマザーボードに供給しています。そのために複雑な回路が必要となり、そのぶん多くの電力が失われています。ところが、こうして作り出された電圧のうち、実際に使われているのは実質的に1つだけで、それ以外は役に立っていないというのです。

　現在の電子回路は電力効率を上げるため、3.3Vよりも低い電圧で動作するのが普通です。たとえばいまどきのCPUは1〜2Vの電圧で動作するようになっており、その電圧は「VRM」(*Voltage Regulator Module*)と呼ばれる電子回路によって生成されています。VRMは5Vや12Vの入力電源から、0.1V刻みで安定した電圧を作り出すことができます。

　電力はVRMを通して供給されるわけですから、そもそもPSUで複数の電圧を生成する意味はほとんど失われています。それが今でも残されているのは、単に規格でそう決まっているから、という理由だけです。それならば、PSUで生成する電圧はもう一つだけにして、ほかは省いてしまっても問題ないはずです。

　PSUから無駄を省いて、12Vの電圧だけを残すようにすると図5.9のようになります。これだけで電源の変換効率は85〜90%程度にまで向上するそうです。

　Googleでは独自に効率的な電源を開発しており、現在はすでに90%以上の電力変換効率を実現しているとのことです。

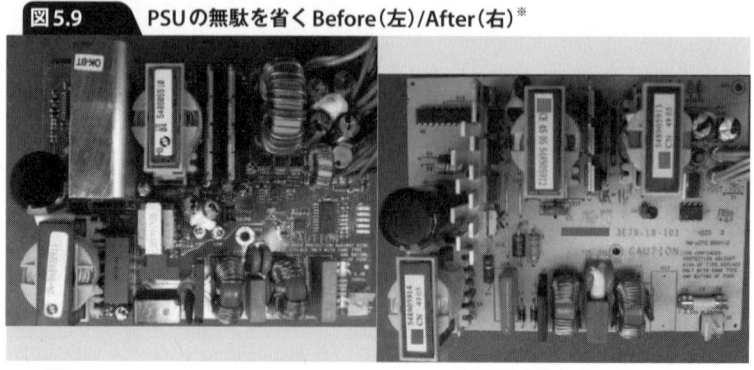

図5.9　PSUの無駄を省くBefore(左)/After(右)[※]

[※] URL http://services.google.com/blog_resources/PSU_white_paper.pdfより。

Tip
すべてのPCに効率的な電源を

　Googleによると、もしも世界中の1億台のPCの電源を改良すれば、3年で400億kWhの電力削減になり、50億ドル（約5000億円）が節約できるだろうと試算しています（p.209の脚注16を参照）。

　このような改善には業界を上げて取り組むべきでしょう。GoogleはIntelやDellなどの企業に呼びかけて、2007年6月に「Climate Savers Computing Initiative」※という団体を立ち上げました。これによって、マザーボードへと供給する電圧は12Vに統一するという方向で新しいPCの規格作りの検討が始まったようです。近いうちに、私たちが購入するPCの電源も高効率なものに変わっているかもしれません。

※　URL http://www.climatesaverscomputing.org/

5.4 データセンターの電力配備

電力の問題をより大きな視点で捉えてみると、そこには個々のPCとはまったく異なる問題が現れます。電力の供給能力という問題です。ここでは、データセンターのレベルにおける電力の問題について考えてみましょう。

ピーク電力はコストに直結する

　電力というのはいくらでも利用できるものではなく、その建物で許容される限界というものがあります。これには二つの意味があります。一つは電力会社との契約上のもので、決められた以上の電力を使おうとするとブレーカーが落ちるか、あるいは超過した電力に対してペナルティが課せられます。もう一つは設備上の限界で、そもそも一定以上の電気を流せるようになっていなかったり、あるいは停電時の自家発電能力がこれにあたります。

　ここで1つのグラフを見てみましょう。図5.10は一定時間ごとの消費電力を表したものだとします。どちらのグラフも消費電力の合計という点では同じですが、「ピーク時の電力」には大きな違いがあります。図5.10 ❶のグラフでは50の電力に対応していなければシステムが停止してしまいます

が、❷のグラフでは同じだけの電気を使いながらも、30の電力で対応できることになります。

　ピーク電力がいくらであるというのは、データセンターのコストに直結してきます。第一に契約上の問題として、大口の電気料金というのは消費電力だけでなく、ピーク電力によっても価格が変わります。同じ電気を使うのでも、❷のグラフのようになるべく平準化することでピーク電力を抑えられれば、それだけコストの削減につながります。

　設備面でも同じことです。データセンターには停電に備えての蓄電・発電設備や、冷却のための空調設備などが必要ですが、ピーク電力が少なければそれだけ設備コストも抑えられます。電力コストを大きな視点で削減するには、システム全体のピーク電力について考えなければなりません。

　Googleは2006年に独自のデータセンターを建設しており、それに合わせて自分たちのシステムがどのように電力を使っているのか調査してきたようです。2007年の論文「Power Provisioning for a Warehouse-sized Computer」（次ページのNoteを参照）では、Googleの数千台のコンピュータを6カ月にわたって調査した結果が報告され、電力をどのように配備するのが効果的であるかが論じられています。ここでは、大規模なシステムがどのように電力を利用するのか見ていくことにします。

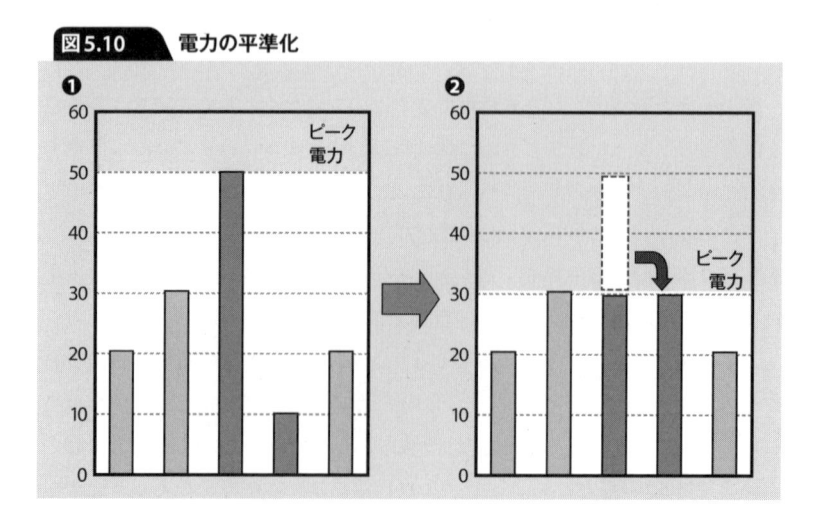

図5.10　電力の平準化

> **Note**
>
> 本節は次の論文について説明しています（以下、**Power Provisioning論文**）。
> - 「Power Provisioning for a Warehouse-sized Computer」（Xiaobo Fan／Wolf-Dietrich Weber／Luiz André Barroso著、2007）
> **URL** http://research.google.com/archive/power_provisioning.pdf

決まった電力で多くのマシンを動かしたい

　電力のコストは、「電気代」と「設備コスト」の二種類に分けられます。電気代については、使った分だけ増えるものなのでわかりやすいですが、設備コストのほうはあまり直感的に意識されるものではありません。

　データセンターを建設するには、必要とする電力1Wにつき10〜20ドル程度の建設費用が必要であるといわれます。仮にラックあたりのピーク電力を10kWとして、1000のラックに対して電力供給することを考えると、必要な電力は最大で10MW（*Megawatt*）。となると、このデータセンターの建設費用は1〜2億ドル（100〜200億円）という計算になります。

　これは小さい金額ではありませんから、慎重に考える必要があります。データセンターの寿命は10〜12年といわれますが、仮に10年間ずっとピーク電力の85%を使い続けたとしても、その電気代よりも建設費のほうがまだ高いのです。電力の設備コストはそれだけ高く付くものなので、なるべくピーク電力は低く抑えて、そして設備の利用効率は高めたいものです。

　ひとたびデータセンターが完成すれば、その電力供給能力の範囲内でどれだけのマシンを動かせるかということになります。マシンの数を増やすほど相対的な設備コストは下がりますから、なるべく多くのマシンを詰め込むことが理想です。では、与えられた電力でどれだけのマシンを動かせるかというのは、どのように判断すればよいでしょうか？

　一つの考え方としては、マシンのピーク電力の合計がデータセンターの供給能力を超えないようにすることです。そうすればすべてのマシンがピークに達しても安全に電力を供給できます。しかし現実的には、すべてのマシンが同時にピークになることはまずありません。いくらか余分にマシ

ンを追加したところで、電力が足らなくなることはないでしょう。ここに問題の難しさがあります。

データセンターの利用効率を上げることと、電力に余裕を持たせることとは、トレードオフの関係にあります。電力が不足しないようにマシンの数を抑えると、データセンターの利用効率は低下して相対的な設備コストが上がります。とはいえ、効率を高めるために電力不足の危険を冒すわけにもいきません。さて、どの程度のマシン数が適切といえるのでしょうか。

電力配分を階層的に設計する

そもそもデータセンターは電力をどのように扱うのか、というところから見ていきましょう。

図5.11は、一般的な中規模のデータセンターの電力設備を模式的に表したものです。ここでは電力の供給能力を1000kWとしています。

まず、電力会社から供給された主電源は変圧器によって480Vにまで降圧されます。一般的に、電力は電圧が高いほどケーブルでの損失が少なくなるため、電圧は段階的に引き下げられます。

主電源とは別に、停電に備えてUPS（無停電電源装置）と発電機も用意されます。短時間の停電であればUPSから蓄えられた電力が供給され、停電が長く続くようなら発電機が稼働します。主電源と発電機はATS（*Automatic Transfer Switch*）と呼ばれる装置によって自動的に切り替えられます。

データセンター内部では、二系統の電力線を用いて障害に備えます。運ばれた電力はSTS（*Static Transfer Switch*）と呼ばれる装置で途切れないように切り替えられ、PDU（*Power Distribution Unit*）を通してラックに分配されていきます。データセンター内には複数のPDUが設置され、各PDUに配分される電力は75〜200kW程度になります。PDUによって電圧は110Vにまで下げられ、ここから一般的な機器が利用できます。

各PDUには、20〜60程度のラックが接続されるようです。各機器が過剰な電力を消費するのを避けるため、PDUではブレーカーによる物理的な電力制限が設けられます。たとえば、各ラックには2.5kW、各PDUには200kW

といった制限です。これによって部分ごとの最大電力が保証されるので、データセンター全体としての電力配分を設計することが可能となります。

もしもこうした制限が破られると、電力料金にペナルティが課せられたり、最悪の場合には電力不足でシステムが停止してしまうことにもなりかねません。したがって、最大電力の制限は厳しく守られなければなりません。

電力枠を使い切るのは難しい

電力設備の利用効率を上げるには、なるべく上限ぎりぎりのところで電力を使い続けることが理想です。とはいえ、実際にはさまざまな理由から利用効率が低下します。

- 段階的な機器導入

  とくに初期の段階では、そもそも十分な数の機器が設置されておらず、必要

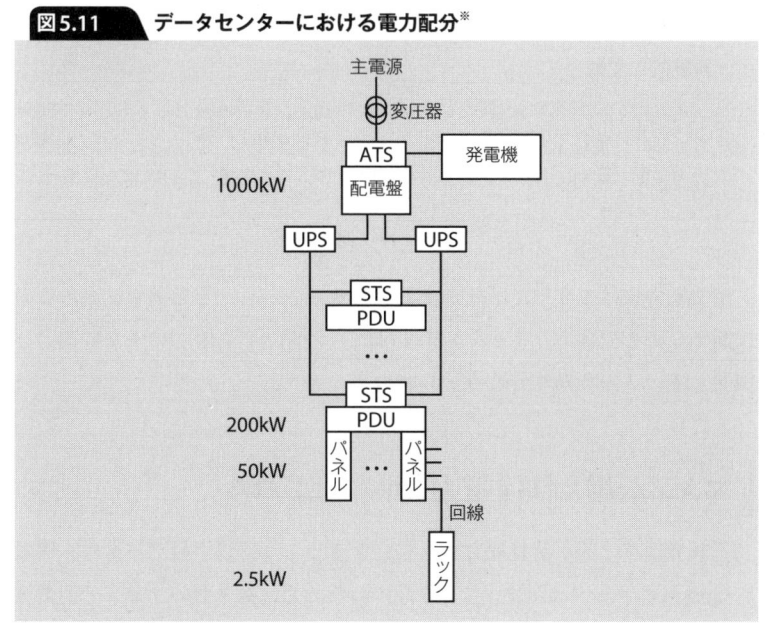

図5.11　データセンターにおける電力配分[※]

```
                    主電源
                      │
                     ◯ 変圧器
                      │
                    ┌───┐     ┌─────┐
          1000kW    │ATS│─────│発電機│
                    │配電盤│    └─────┘
                    └─┬─┘
                   ┌──┴──┐
                 ┌─┴─┐ ┌─┴─┐
                 │UPS│ │UPS│
                 └─┬─┘ └─┬─┘
                   │     │
                 ┌─┴─┐ ┌─┴─┐
                 │STS│ │STS│
                 │PDU│ │PDU│
                 └───┘ └───┘
                    ...
                 ┌─┴─┐
           200kW │STS│
                 │PDU│
                 └─┬─┘
            50kW ┌─┴─┐
                 │パネル│ … │パネル│
                 └───┘   └─┬─┘
                           │回線
                         ┌─┴─┐
           2.5kW         │ラック│
                         └───┘
```

[※] Power Provisioning 論文のp.2より。

に応じてラックを増やすことになるかもしれません。そうした場合は当然ながら、設備の利用効率は低くなります。

- 未使用の電力枠

 たとえばラックに割り当てられた最大電力を2.5kWとして、520Wのサーバを設置するとします。4つ接続すると2.08kWですが、5つだと2.6kWになってラックの限界をオーバーします。そのため4つにとどめることにすると、差分の0.42kWは決して利用されないことになります。こうした無駄をなくすためには、PDUには少し多めのラックを接続することです。

- データシートとの違い

 各機器のデータシートに記載された公式のピーク電力はしばしば余裕を持って書かれており、実際のピーク電力はそれよりも少ないことがあります。記載されているデータを信じて機器を設置すると、多くの無駄が生じてしまうことになりかねません。本当のピーク電力は実際に計測してみることが必要です。

- 消費電力の変動

 サーバの消費電力は、それがどの程度の処理を行っているかによって大きく変動します。何の節電対策を行っていないPCでも、何もしていないときにはピーク時の半分以下の消費電力となるため、これが電力の予測を難しくします。

- 統計的な変動

 どんなに高負荷な処理(たとえばMapReduce)を行ったとしても、すべてのサーバが一度に100%の負荷になることはありません。個々のサーバの消費電力の変動とは別に、システム全体の変動についても考慮しなければなりません。

＊　＊　＊

消費電力にはこうした不確定要素があることから、その効率を高めるのは簡単なことではありません。まずは既存のシステムがどのように電力を消費しているのか知るところから始めましょう。

マシンが増えれば電力も平準化される

 それでは具体的な消費電力を見ていきましょう。以下のデータは、実際にGoogleのデータセンターで6カ月にわたって、数千台のマシンの消費電力を調べた結果が集計されたものです。

電力消費の傾向

図5.12は、Web検索クラスタの各マシンが電力をどのくらい利用しているのか調べたCDF(*Cumulative Distribution Function*、累積分布関数)です。❹のグラフは全体を表しており、その右上部分を拡大したものが❺のグラフです。

詳しい説明は省きますが、縦軸はマシンの累積台数を表しており、横軸は1に近づくほどピークに近い電力を利用していることを意味してます。ここから次のようなことがわかります。

❶グラフの下限が0.45付近から始まっていることから、ピーク時と比べて45％以下の電力で動作しているマシンはない、ということになります。すべてのマシンは最低でも45％の電力を常に消費しているということで、これはつまり単に電源を入れているだけもそれだけの電力が浪費されていたのだと考えられます。

❷グラフは右に進むにつれて増加し、0.98のところでラックのグラフが上限に達します。これはラックが消費しうる最大電力(すべてのマシンのピーク電力を足し合わせたもの)の98％まで利用したラックが存在した、ということです。また、CDFが0.95のところでは電力は0.91程度であることから、最大電力の91％以上を利用したラックが5％あったということがわかります。すでに98％の効率で電力を利用しているラックに、それ以上のマシンを加える余地はほとんどありません。すでにラックの電力は効率的に利用されていると考えられます。

図5.12　検索クラスタの電力利用[※]

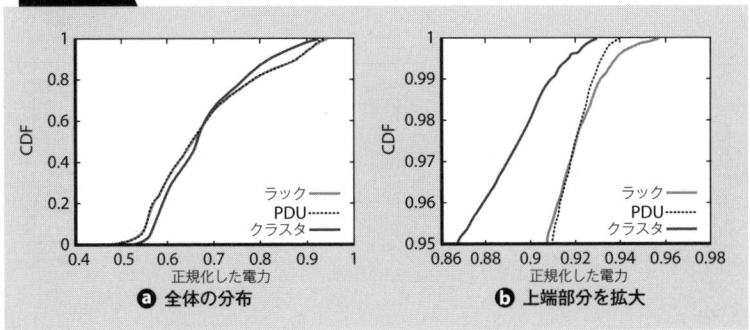

※　Power Provisioning論文のp.6より。

❸PDUやクラスタ全体を見ると話は変わります。PDUのグラフは0.94、クラスタ全体については0.93の付近で上限に達します。つまり、マシンの数がラック(40台)からPDU(800台)、クラスタ(5000台)と増えるにつれて、すべてのマシンが一度にピークに達することはほとんどなくなり、最終的にクラスタ全体としては、最大でも93%の電力しか消費しなかったということです。これはつまり、あと7%程度までならマシンを追加する余地が残されているということを意味しています。

❹グラフの下限を見てみると、クラスタ全体としてはラック単位で見るよりも電力効率が高くなっていることがわかります。一般的に、マシンの台数を増やせば増やすほど、全体として利用される電力は平準化され、ピーク時の電力は低く、逆に最低限必要とされる電力は高くなります。つまり、マシンの数を増やせば増やすほど、全体の電力利用はより一定に近づき、それだけ電力の利用効率を上げられる可能性が出てきます。

* * *

検索クラスタだけではなく、その他のクラスタ(たとえばGMailやMapReduceなど)を加えると、この傾向はもっと顕著に表れます。図5.13のグラフは、すべてのクラスタを含めたデータセンター全体について調べられたものです。

異なるクラスタでは、電力の使われ方も異なります。たとえば、日中の利用が多い検索クラスタと、バッチ処理が中心となるMapReduceとでは、電力がピークとなる時間も異なります。相対的に負荷の低いサーバ群も加えると、データセンター全体としての電力利用効率は52〜72%の間に収ま

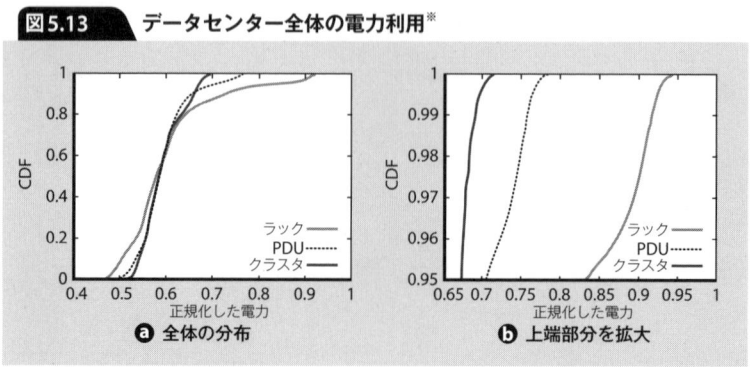

図5.13　データセンター全体の電力利用[※]

ⓐ 全体の分布　　　ⓑ 上端部分を拡大

※　Power Provisioning論文のp.7より。

ったようです。つまり、電力設備的には、あと28％ものマシンを追加する余裕があったということになります。

　一般的に、多様なマシンを一緒にすればするほど、全体とのしての電力利用は平準化され、システム全体のピーク電力は個々のマシンのピーク電力を足し合わせたものより小さくなります。したがって、そのぶんだけ余分にマシンを追加する余地が生まれます。

パワーキャッピング

　統計的に見れば、すべてのマシンが同時にピークに達することがないのは確かです。しかし、これから先も絶対にないということはいい切れません。過剰なマシンを追加した結果、もしも電力が不足するとシステム停止の危険を冒すことになります。このリスクが避けられない限りは、余分なマシンを追加することなどできないでしょう。

　システムの消費電力があらかじめ設定された量を超えそうなとき、システムの負荷を下げるようにフィードバックすることを「パワーキャッピング」(*Power Capping*)といいます。システムの負荷を下げるとは、検索クラスタであれば処理のペースを落とすとか、MapReduceであれば処理を中断して後から再開する、といった方法です。パワーキャッピングを行うことで、予想を超えて消費電力が上がりそうなときにでも限界を超えてしまうことのないように制御することが可能となります。

　パワーキャッピングを前提とするならば、マシンの数をさらに増やすこともできます。たとえば、先ほどの図5.13❺によると、データセンターの消費電力は常にピーク電力の72％以下にとどまっています。しかし、CDFが0.99のところを見ると、これが68％程度にまで下がります。ということは、負荷の高い1％のマシンでパワーキャッピングを行うことを受け入れられるならば、さらに4％のマシンを追加する余地が生まれるということになります。

　4％程度であれば割に合わないかもしれませんが、同じことをMapReduceクラスタに限ってみると、1％のパワーキャッピングで10％のマシン増が見込めるようです。MapReduceのような処理では負荷を下げることも簡単

に行えますから、こうしたクラスタではパワーキャッピングを見込んで多めにマシンを配備することも有効であると考えられます。

平均消費電力

ここまではおもにピーク電力について見てきましたが、日々の電気代は実際に消費した電力に応じて決まります。こちらについても見ておきましょう。

表5.3は、検索クラスタ、およびデータセンター全体の実際の消費電力が、ピーク電力と比べてどの程度の利用率だったのか調べられたものです。

検索クラスタはピーク時で93.5%と、限界に近いところまで電力を消費しているものの、平均すると68.0%と、2/3程度の能力しか使われていません。検索クラスタは昼間と夜間の利用率に差があるので、これは当然の結果でしょう。

データセンター全体としてみると、平均して59.5%、最大でも71.9%と、ずいぶん差が小さくなっています。つまり、それだけ電力の使われ方にむらがなくなるということです。

これを数値で表したものが、表5.3の4列めの平均とピークとの比率（「平均/ピーク」）です。検索クラスタではこの差が大きいので、ピーク電力に合わせてマシン数を決定すると、普段は72.7%の電力しか使われないことになります。一方、多様なクラスタを組み合わせると、普段から82.8%の効率で電力を利用できることになりそうです。この点から見ても、多様なマシンを組み合わせることが電力の利用を効率化する可能性を示唆しています。

省電力技術によりコスト効率が高まる

今回の計測では運用中のシステムについて調べられたために、とくに電力削減については考えられていなかったようですが、前節でも触れたとお

表5.3　電力の利用効率

システム	平均	ピーク	平均/ピーク
検索クラスタ	68.0%	93.5%	72.7%
データセンター	59.5%	71.9%	82.8%

り、最近のCPUは省電力の機能が充実してきています。たとえば、CPUの負荷に応じてクロック周波数を変えることにより節電することが可能で、論文ではこうした機能によってもし電力を削減していたならどうなっていたかについても予測を行っています。

Columun
消費電力の計測方法

ところで、Googleはどのようにして何千台ものマシンの消費電力を計測したのでしょうか？

実際に運用されている大量のマシンの電力を、一台一台リアルタイムに調べるのは簡単なことではありません。Googleでは実際に消費電力を調べる代わりに、CPU使用率と消費電力との間に高い相関があることを見つけました。この性質を利用して、あらかじめ同じ構成のマシンについてこの相関関係を調べておくことで、その後はCPU使用率だけを手掛かりに1%未満の誤差で消費電力を調べられるようになったとのことです（図5.A）。

CPU使用率と消費電力とに相関があるということは、それを使ってパワーキャッピングを実現することもできそうです。パワーキャッピングのためには、実際の消費電力をハードウェア的にモニタリングするのが確かな方法ですが、すべてのマシンのCPU使用率を常に監視することで、一定以上の使用率が続くようなら負荷を下げるようにシステムを作ることも可能でしょう。

消費電力のことまで考えて動作を変えるソフトウェアというのもおもしろいですね。

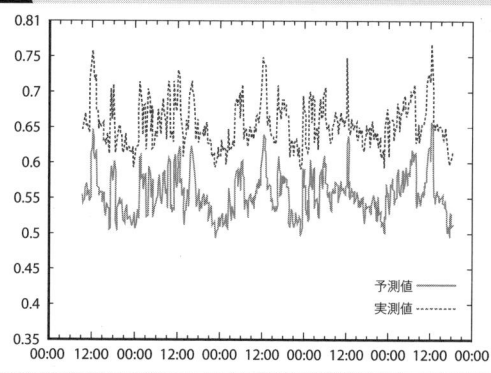

図5.A　消費電力の予測値と実測値との比較[※]

※ Power Provisioning論文のp.4より。

図5.14は、CPU使用率が5％、20％、50％以下の場合に省電力機能が働いたと仮定して、ピーク電力（❶のグラフ）と消費電力（❷のグラフ）とがどの程度抑えられたであろうかを表したものです。

データセンター全体として見ると、ピーク電力で11～18％、消費電力全体では14～23％の削減になるという見込みです。Webメール（GMail）やMapReduceは、ディスクアクセスが多いので効果は薄いですが、全体としてみると節電効果は明白です。

現在のPCは、ただ電源を入れているだけでもピーク時の50％近くの電力を消費しており、多くの電力を無駄にしています。CPU負荷が小さいときに消費電力を下げるというのは、こうした無駄を減らす有効な方法です。もしもこうした工夫を積み重ねて、何もしてないときの電力がピーク時の10％にまで抑えられたとすれば、節電効果は図5.15のようになります。

データセンター全体として、なんとピーク電力で30％、消費電力全体では50％以上の削減になるという結果です。現在のPCはこれだけ無駄に電力を消費しているわけで、電力の効率的な利用という観点からすると、まだまだハードウェアには改善の余地が残されているということでしょう。

工夫次第で設備効率は二倍にもなる

以上の結果を踏まえて、データセンターにマシンをどのように配備すればいいのか考えます。

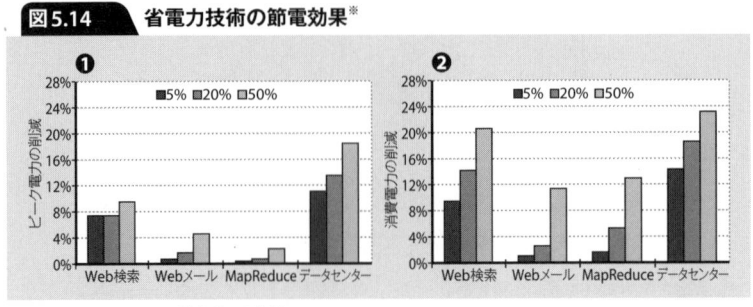

図5.14　省電力技術の節電効果※

※ Power Provisioning論文のp.9より。

まずはじめに、各種機器のデータシートに書かれている公式のピーク電力は余裕をもって書かれているものなので、実際にマシンを組み立てた上で本当のピーク電力を計測してみなければなりません。それを基準としてラックの計算上の最大電力を求めます。

ラックの実際のピーク電力は、統計的に見ると計算上の最大電力よりも小さくなる傾向があるので、ラックには若干ながら余分にマシンを追加する余裕があります。しかしながら、先に見たようにラックの中にはほぼ最大限の電力を消費するものがあるので、無理にラックにマシンを詰め込むよりも、ラック単位では余裕をもった電力設計をしたほうがよさそうです。

PDUという単位で考えると、ここには何十ものラックが接続されることになるので、マシンを余分に設置する余地も高まります。とりわけ、利用頻度の異なるさまざまなマシンを同じPDUの下に接続すると、全体としての電力は平準化され、実際のピーク電力が低下する傾向にあります。したがって、計算上の最大値よりもやや多めにラックを接続することで、電力設備の利用効率を高められると考えられます。ただし、その場合にはパワーキャッピングを行うことで、予期せぬ過剰電力によってシステムが停止する危険を防止することが必要です。

Googleでの実測値に基づく推定によると、こうした方法によって配備で

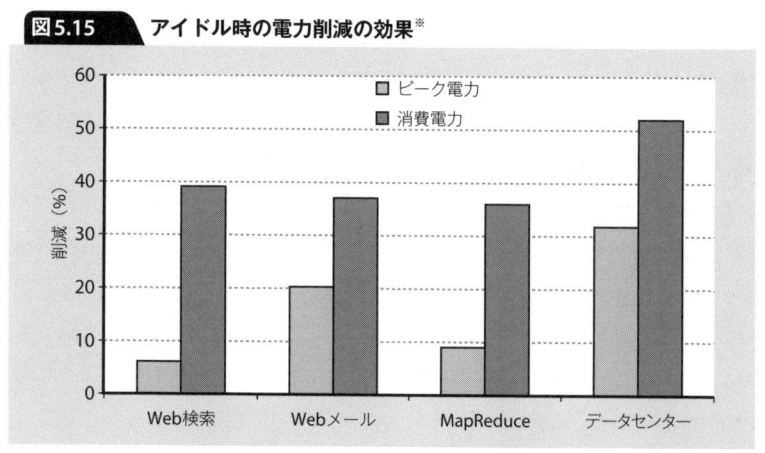

図5.15 アイドル時の電力削減の効果[※]

※ Power Provisioning論文のp.9より。

きるマシンの数は、単純にデータシートに従って安全に設計する場合と比べて、二倍にも達するようです。逆にいうと、こうした工夫をしないとすれば、同じ数のマシンを使うのにも二倍の電力設備が必要となってしまうため、多大な出費を伴うことになりそうです。

5.5 ハードディスクはいつ壊れるか

ハードディスクは、コンピュータの中でも最も故障しやすい部品の一つであるといわれています。もしその故障率を抑えられるなら、あるいはあらかじめ故障を予測することができたなら、これも大きなコスト削減につながります。

10万台のハードディスクを調査する

ハードディスクドライブ（*Hard Disk Drive*、以下本節ではディスクドライブ）はよく故障しますが、Googleではそうした故障ではデータが失われることのないようシステムを構築しています。しかし、もちろんそれにはコストが掛かります。ハードウェアの金銭的なコストもありますし、壊れたディスクドライブを交換するための人的なコスト、失われたデータを復旧するための時間的なコストなどもあります。可能な限り、予期せぬ故障は避けたいものです。

Googleは元々大量のディスクドライブを利用しており、その利用状況を調べてデータを残しています。2007年の論文「Failure Trends in a Large Disk Drive Population」（次ページのNoteを参照）では、10万台以上のディスクドライブについて記録された情報を元に、その故障の傾向について調べられた結果が発表されました。ここでは、ディスクドライブがどのように故障するかについて見ていきます。

> **Note**
>
> 本節は次の論文について説明しています(以下、**Disk Failure論文**)。
> - 「Failure Trends in a Large Disk Drive Population」(Eduardo Pinheiro／Wolf-Dietrich Weber／Luiz André Barroso 著、5th USENIX Conference on File and Storage Technologies(FAST 2007)、p.17-29)
>   URL http://research.google.com/archive/disk_failures.pdf

故障の前兆となる要因は何か

調査の対象となったのは、シリアルもしくはパラレルATAの一般的なディスクドライブ。回転数は5400〜7200rpmで、容量は80〜400GBです。2001年以降に発売されたさまざまなモデル(少なくとも九種類)を対象として、2005年の終わりから9カ月間にわたって詳細なデータが集められました。

すべてのディスクドライブは、実際に使用される前にひととおりのストレステストが行われており、初期の段階で不良のあるものはこの時点で取り除かれています。その後はデータセンターという安定した環境で、故障するまで休むことなくずっと動き続けます。

ディスクドライブの「故障」とは、「それを取り替えなければならなくなった」ことを表します。実際には、取り外したディスクドライブを別の環境でテストすると何の問題もないこともあるようですが、それが実際のマシンで利用できなくなった以上は故障とみなされます。故障の原因についてはさまざまな理由が考えられますが、一つ一つの原因についてまでは調べられていません。

計測された内容は次のようなものです。

- 読み書きの頻度
- ディスクドライブの温度
- その他、SMARTの各種パラメーター

SMART(*Self-Monitoring Analysis and Reporting Technology*)とは、「ディスクドライブの自己診断機能」のことで、障害発見を目的として各種の情報が記録

されるものです。Disk Failure論文ではこれらのデータを元にして、ディスクドライブの故障に明らかな影響のある指標を得ることを目指しています。

Tip
不適切なデータの除去

　長期間にわたって大量のデータを取り続けると、どういうわけかおかしなデータが混じることもあるようです。単純にあるべきデータがないという場合から、ディスクドライブの電源を入れた回数がなぜかマイナスだったり、あるいは温度が太陽よりも熱くなっていたり。実際の統計処理を行う前には、こうしたありえないデータを除去するところから始める必要があるようです。

長く使うと壊れやすくなるわけではない

　それではさっそく、結果を見ていきましょう。最初は、すべてのディスクドライブについての「年間平均故障率」(*Annualized Failure Rate*、以下AFR)です。

　図5.16のグラフは、ディスクドライブが壊れたときの年齢に応じてデータをまとめて、3カ月、6カ月、そして1～5年におけるAFRを計算したものです。

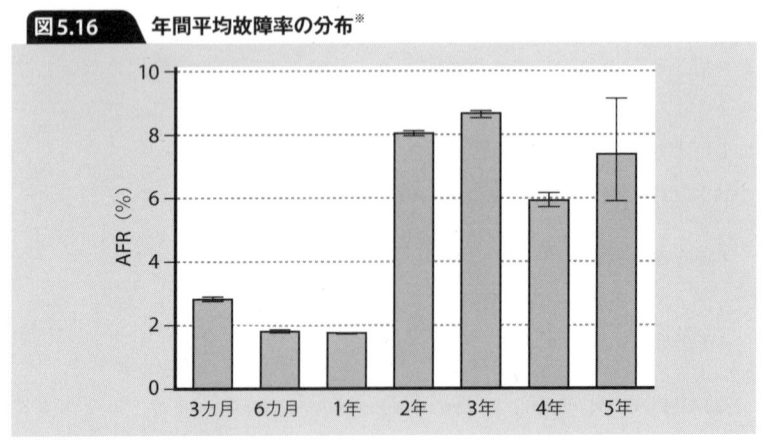

図5.16　年間平均故障率の分布[※]

※　Disk Failure論文のp.4より。

注意点として、3カ月、あるいは6カ月以内に故障したというデータは、1年めのグラフにも含まれます。2年め以降は、その1年における故障率を表しています。たとえば、3カ月以内に故障したディスクドライブは年率換算で約3%となる一方で、1年以内に故障したもの(3カ月以内の故障を含む)は2%未満にまで低下します。新しいドライブは故障しやすいといわれますが、確かにそれがデータとして表れています。

1～2年の間で故障したディスクドライブは8%と急激に増えていますが、故障率が上がったわけではないので注意が必要です。今回のDisk Failure論文では、同じ種類のドライブを何年にもわたって調べたのではなく、さまざまな種類のものが混在しています。1～2年で故障したドライブは古いモデルなので、単純に年数を重ねるとAFRが上昇するということではありません。

実際のところ、AFRはそれがいつどこで作られたかによって決まる部分が大きいようです。良いときに買ったドライブはどれも故障しにくく、逆にハズレのときには最初から最後まで故障しやすいということです。AFRがどのようになるかは運次第、ということになるでしょうか。

図5.16のグラフはそれ自体が意味のあるものではなく、これ以降のグラフと比較するための基準として用います。以降の説明では、図5.16のグラフと同じようにすべてのディスクドライブを一括りに扱っていますが、ドライブの種類ごとに集計し直しても結果はほとんど変わらないとのことです。

よく使うと壊れやすくなるとも限らない

一般的に、ディスクドライブに頻繁にアクセスするほど故障率も高まると信じられています。Googleによる計測結果は、図5.17のグラフのとおりです。

図5.17を見る限りでは、たしかに1年未満と5年めのディスクドライブについてはその傾向が見られます。ただ、それ以外のところではそれほど目立った違いはないように見受けられます。とくに3年めのドライブについては、利用頻度の低いほうがよく壊れるという結果ですらあります。

この原因ははっきりしないようですが、Disk Failure論文では次のような説明が考えられるとしています。

一つは、「適者生存」の原理に従った結果だという考え方です。ディスクドライブは最初のうちは壊れやすいものなので、最初に高い負荷を掛けることにより、元々壊れやすい運命にあったドライブはその時点で故障し、それを乗り切ったものについては安定するという説です。

あるいは別の見方としては、これまでいわれてきたことは、製造元による加速度試験による結果だとも考えられます。試験環境では短期間の傾向しか調べられませんが、実際の環境では長く使われるハードディスクにとって利用頻度は大きな影響を与えないのかもしれません。

いずれにしても、利用頻度と故障率との間には、これまでいわれてきたほどの明らかな相関は見られないというのがここでの結論です。

温度が高いほど壊れやすいということもない

ハードディスクの故障率に最も大きな影響を与えるのが温度であるといわれています。もしも適切な温度管理によって故障率を下げられるのであれば、コスト削減につながるかもしれません。

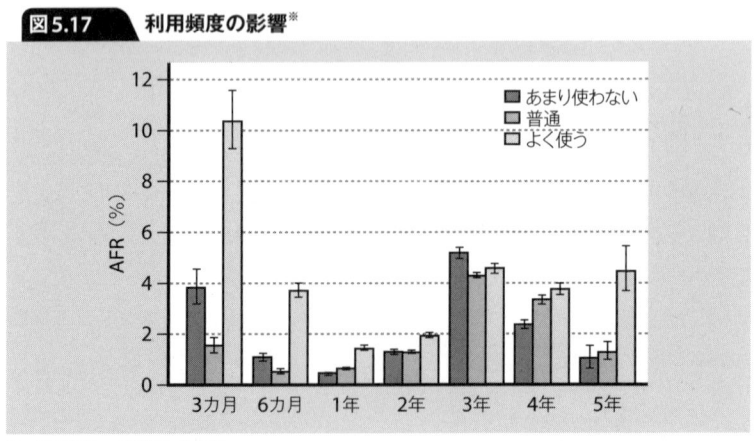

図5.17　利用頻度の影響[※]

※　Disk Failure論文のp.5より。

図5.18のグラフは、ディスクドライブの平均温度と故障率との関係を表したものです。

　図5.18❶のグラフは、各ディスクドライブの平均温度がどのように分布していたかを示しています。棒グラフはドライブの数で、黒い点はAFRを表します。明らかな傾向として、ディスクドライブの温度が低いほど故障率が高まるという驚くべき結果です。多くのドライブは25～30度前後に保たれていたようですが、実は30～40度あたりの高い温度のほうが故障しにくくなるようです。45度を超えるような高温では再び故障率が上がる傾向にありますが、それでも温度が低いときほど顕著ではありません。

　図5.18❷のグラフは、ディスクドライブを世代ごとに分けて見たときの

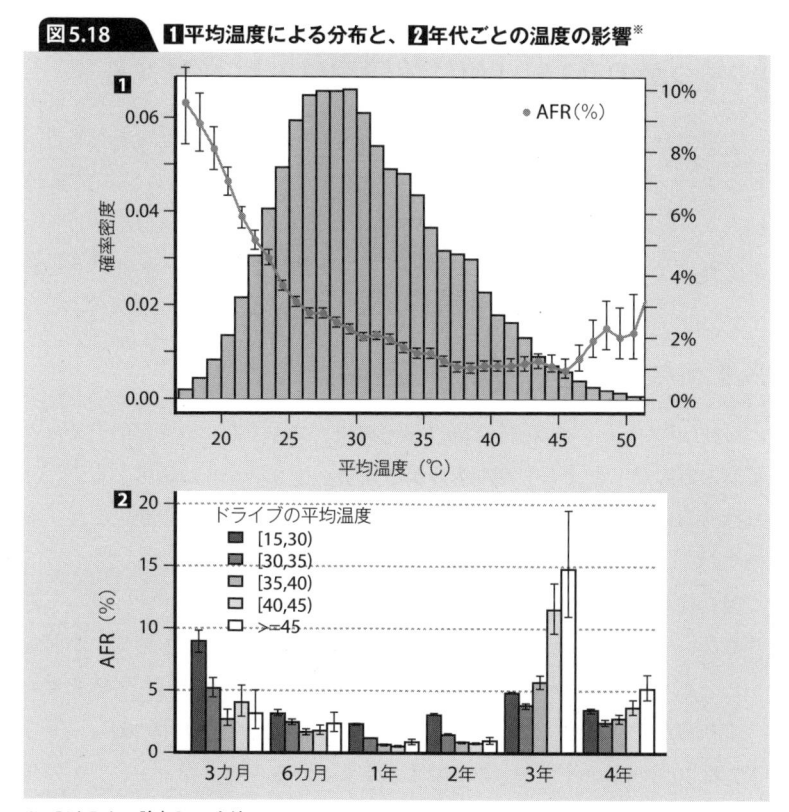

図5.18　❶平均温度による分布と、❷年代ごとの温度の影響※

※　Disk Failure 論文のp.6より。

結果です。3年以上前のドライブではたしかに温度が高いほど故障しやすい傾向がありますが、最近のドライブでは温度が低いことのほうが故障率を高めています。

　温度が故障率に与える影響はかなり詳しく分析したとのことで、平均温度の影響だけではなく最高温度や、あるいは故障する直前の温度などさまざまな要素について調べてみても、やはり同様の傾向が見られたとのことです。

　いずれにしても、今のディスクドライブは30～40度近辺が最も壊れにくくなるなるようであり、データセンター側でも比較的余裕のある温度設計ができそうだとしています。

いくつかのSMART値は故障率に大きく影響する

　本項からは「ディスクドライブの自己診断機能」(SMART)によって得られる値が、故障率にどのように影響するのか見ていきます。いくつかの値は大きな影響があり、いくつかはほとんど影響がありません。以下の「スキャンエラー」「リアロケーション数」「オフラインリアロケーション」「リアロケーション前のセクタ数」の4つは、故障率に大きくかかわる値です。

スキャンエラー

　最初は「スキャンエラー」(Scan Error)です。スキャンエラーは、ディスク表面の障害などによって読み込みができなくなったときに発生します。これはおおむね、ディスクドライブ全体の2%くらいの割合で発生したようです。

　図5.19のグラフは、スキャンエラーが一度でも発生したドライブと、そうでないものとの故障率がどのくらい異なるかを比較したものです。明らかにスキャンエラーが発生した場合には故障率が大きく上昇しています。

　より細かく見ると、スキャンエラーが発生した2カ月後には20%、8カ月後には30%のドライブが故障したようです。一度でもスキャンエラーの発生したドライブが60日以内に故障する確率は、そうでないものと比べて39

倍にも達するとのことです。

リアロケーション数

「リアロケーション数」（Reallocation Count）は、何らかの理由でディスクの読み書きに失敗したときに、その障害を回避するために別の場所を用いるように変更した回数を表します。これはおおむね、ディスクドライブ全体の9%に発生したようです。

図5.20のグラフは、一度でもリアロケーションが起こったディスクドラ

図5.19　スキャンエラーと故障率※

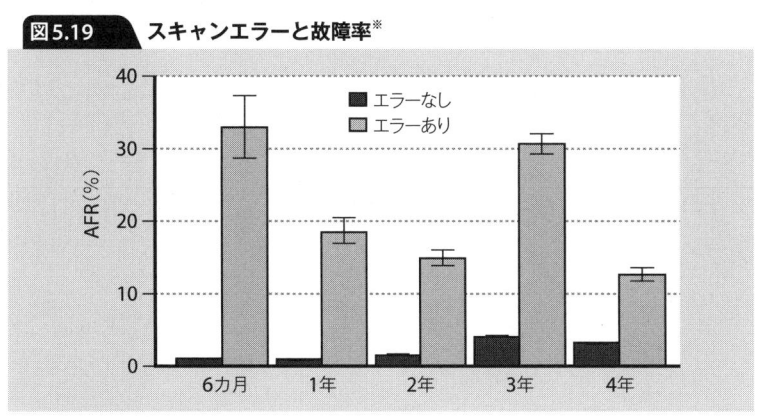

※　Disk Failure論文のp.7より。

図5.20　リアロケーション数と故障率※

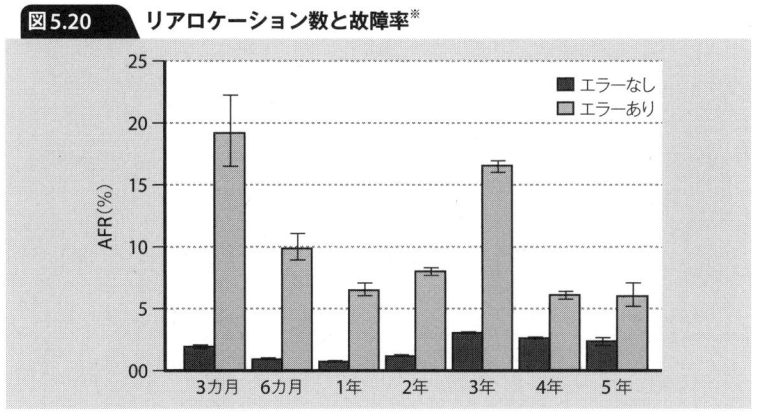

※　Disk Failure論文のp.7より。

イブと、そうでないものとの故障率を比較したものです。ここでもやはり故障率は大幅に上昇しています。リアロケーションの発生したディスクドライブが60日以内に故障する確率は、そうでないものと比べて14倍になったとのことです。

オフラインリアロケーション

「オフラインリアロケーション」(*Offline Reallocation*)は、ディスクの読み書き中にではなく、ディスクドライブが手の空いているときに自主的に行うリアロケーションです。これは本来、リアロケーションの総数に含まれるべき値ですが、ドライブによって実装が異なるとのことで個別に取り上げられています。図5.21のグラフによると、オフラインリアロケーションはディスクドライブ全体の4%に発生したようです。

オフラインリアロケーションが発生したときの故障率は、それ以外のリアロケーションと比べると高くなるようです。一度でもオフラインリアロケーションが発生したドライブが60日以内に故障する確率は、そうでないものと比べて21倍に達するとのことです。

したがって、オフラインリアロケーションの発生はより確かな故障の予兆となりえますが、その意味するところはドライブによって異なることから、事前の確認が必要です。

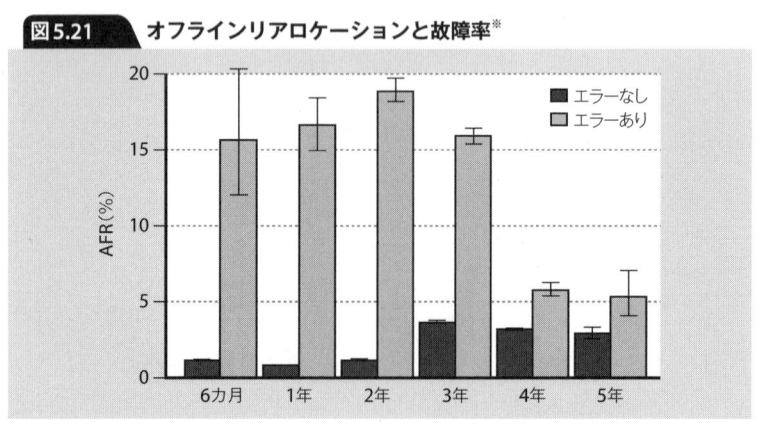

図5.21　オフラインリアロケーションと故障率[※]

※　Disk Failure論文のp.8より。

リアロケーション前のセクタ数

「リアロケーション前のセクタ数」(Probational Count)は、障害があるけれども、まだリアロケーションには至っていない数を表します。図5.22のグラフによると、ディスクドライブ全体の2%でこれが発生したようです。

これもオフラインリアロケーションと同様の兆候を示し、これが発生した場合にディスクドライブが60日以内に故障する確率は、そうでない場合と比べて16倍に達したとのことです。

故障率に影響しないSMART値も多い

前節のSMART値ほどはっきりした影響は見られないけれども、参考になる値をいくつか取り上げます。

- シークエラー

「シークエラー」(Seek Error)は、ドライブがヘッドを合わせることに失敗し、再びディスクが回転するのを待たなければならなかったことを意味します。この値がどのようになるかはディスクドライブの種類によって異なり、故障率との関係も明確ではないことから、単純にこれを障害の予兆と見なすことはできないようです。

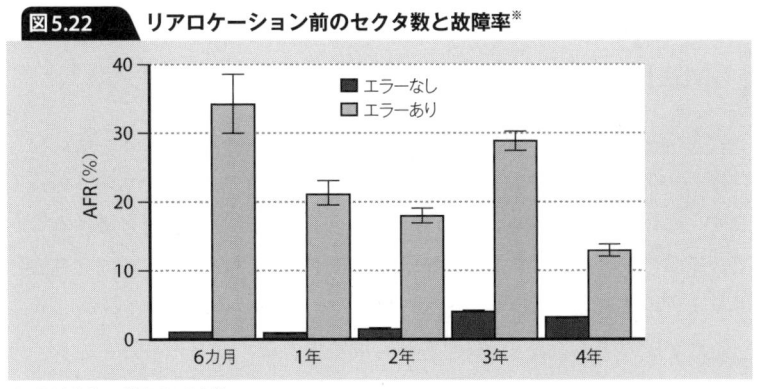

図5.22　リアロケーション前のセクタ数と故障率[※]

※ Disk Failure 論文のp.8より。

第5章 Googleの運用コスト

- CRCエラー

「CRCエラー」(*Cyclic Redundancy Check Error*、巡回冗長検査エラー)は、データの読み書きには問題がなかったものの、その内容が壊れていたときに発生します。CRCエラーと故障率には多少の相関があるものの、ほかのエラーほどの明確な指標にはならないようです。CRCエラーはドライブの故障だけでなく、ケーブルやコネクタの影響によって発生することもあるからです。

パワーサイクル

「パワーサイクル」(*Power Cycle*)とは、ディスクドライブの電源のオン、オフを繰り返すことです。これが多いほどディスクドライブの寿命は短くなるといわれています。Googleではほとんど電源を切ることがないので明確なデータは得られませんが、最悪のケースでも2%程度の影響しかなかったようです。

振動

SMARTには含まれませんが、「振動」も故障率に影響するといわれています。すべてのディスクドライブに振動センサーを取り付けるのは無理があるので、ドライブが1つの場合と2つの場合とで違いがあるのか調べようとしたとのことですが、残念ながら統計的に意味のある結果は得られなかったようです。

SMART値だけではいつ故障するかはわからない

いくつかのSMART値は故障率に大きく影響するので、それらを合わせればディスクドライブの寿命を予測できるのではないかという期待が持てます。寿命が予測できれば、あらかじめそのドライブの利用を避けることで故障時の影響を最小限にとどめたり、定期的なメンテナンスで効率的にドライブを入れ替たりするなど、できることは多くあります。

そこで、与えられたSMART値から故障率を導く式を作ったところ、思ったほど確かな結果は得られませんでした。そもそもSMART値だけでど

Column

統計データの処理方法

10万台のディスクドライブを9カ月にわたって観測するともなると、当然ながら大量のデータが生成されます。たとえば、1台のドライブにつき200バイトのデータを5分ごとに記録したとすると、9カ月に記録される情報は1TB以上になります。これは保存するのも解析するのも大変です。

Googleはここでも BigtableやMapReduceといった分散システムを活用しています。すべての情報は「System Health Infrastructure」と呼ばれるシステムによって一元的に集められ、Bigtableに格納されるようです。ここではマシン名を行キー、各種計測データの種類をコラムキーとして、過去のすべてのデータがタイムスタンプとともに保存されます。保存されたデータはMapReduceやSawzallによって加工、集計され、さらにR言語[※]による統計処理を経て、本章で紹介したようなグラフが生成されています。

データセンターの消費電力も、このSystem Health Infrastructureによって集められたデータを解析することによって得られたとのことです。

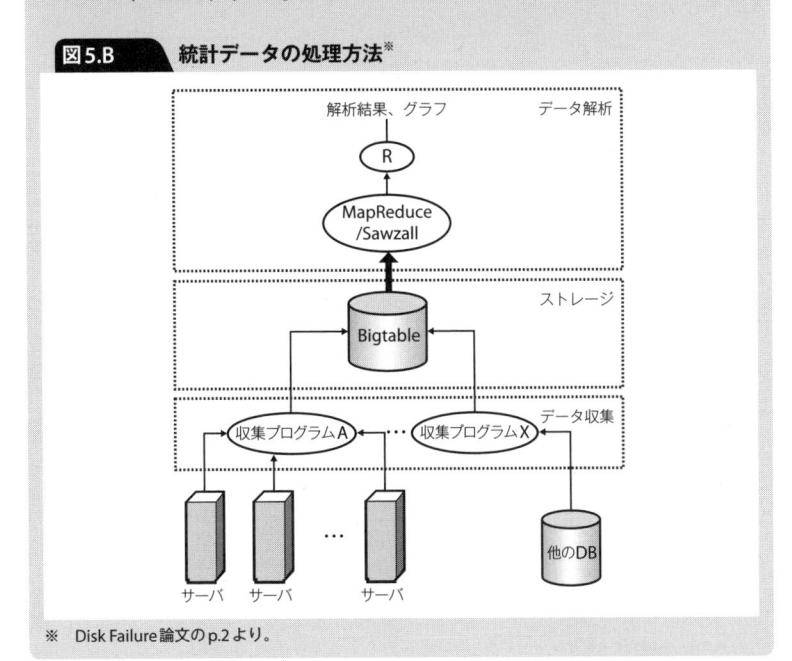

※ URL http://www.r-project.org/

図5.B 統計データの処理方法[※]

※ Disk Failure論文のp.2より。

第5章 Googleの運用コスト

こまで故障率を割り出せるものなのでしょうか？

図5.23のグラフは、すべての故障したディスクドライブについて、SMARTが示していた値をまとめたものです。

一番右の棒グラフは、1つでもエラーが発生したドライブの割合を表していますが、それが64％。ということは、残り36％のドライブは、何の手掛かりもなしにいきなり壊れたということです。つまり、SMART値によって故障が予測できるのはどう頑張っても全体の64％でしかありません。故障率と高い相関のある4つ値が見られたものに限ると、故障したドライブの半分にも満たなかったとのことです。

スキャンエラーなど、故障を予兆する値が現れたときに、そのドライブが壊れる確率を計算することは可能です。しかし、そうした明確な予兆がないときに故障を予測することはできず、したがっていま正常なドライブがいつ壊れるかというのは、SMART値だけを見ていてもわかりません。何の問題もないと思っていたドライブがいきなり壊れる可能性はいつでもあるのです。

ハードディスクと正しく向き合う

Googleによる調査結果を信じるならば、ディスクドライブについて正しいと思われてきた次の通説は疑ってかかるほうが良さそうです。

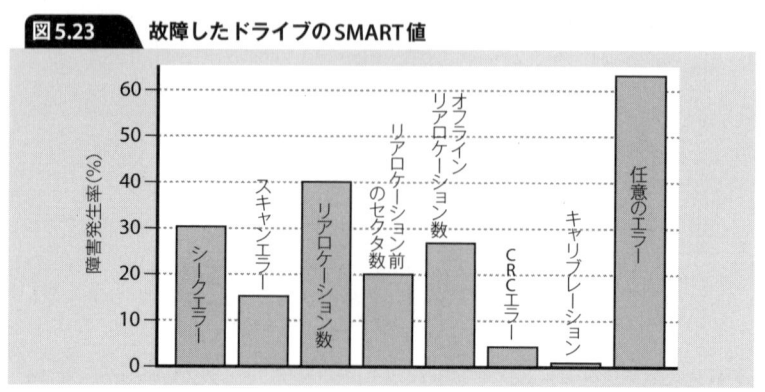

図5.23　故障したドライブのSMART値

※　Disk Failure論文のp.8より。

- 読み書きが多いと壊れやすくなる
- 温度が高いほど壊れやすくなる

　ディスクドライブの平均的な故障率は、ドライブのメーカーや種類、購入時期によって異なり、長く使うほど壊れやすくなるとも限りません。使い始めて最初の頃はやや壊れやすく、この時期は利用頻度が増えることで故障しやすくなりますが、ひととおりのものが壊れてしまえば、生き残ったものは利用頻度に関係なく動き続けるようです。

　温度については意外なことに、低い温度で動かすほど壊れやすいという傾向が見られます。30～40度くらいに保つことが最も故障率を低下させるようなので、それを踏まえて温度設計を考えるのがよさそうです。

　残念ながら、SMART値だけから故障を予測することは難しそうです。スキャンエラーなど、特定のSMART値は故障率に高い相関があるので危険信号となりますが、何の前触れもなく故障するドライブも多いので、やはりいつ壊れても平気なようにシステムを設計することが必要でしょう。

5.6 全米に広がる巨大データセンター

　Googleは2006年以降、米国を中心に次々と自社のデータセンターを建設しています。その一つ一つが数百億円規模というこれら新しいデータセンターでは、これまでの研究開発を生かした効率的な情報システムが構築されていると考えられます。

オレゴン州ダレス

　2006年6月頃に完成し、すでに稼働を始めているのが米国オレゴン州ダレス(Dalles, OR)に建設されたデータセンターです(図5.24❶)。この地域は、コロンビア川の水力発電によって安定した安価な電力が手に入るうえ、

第5章 Googleの運用コスト

光ファイバによるインターネット環境が整備されており、さらに生活費も安く済むといったメリットがあるようです[注17]。

Googleはデータセンターの詳細については徹底して秘密を貫いており、そこに設置されたマシン数はおろか、何人の従業員がいるかということさえ明らかにしていません。建設から1年たって、ようやく地元記者の立ち入りを認めたというくらいの徹底ぶりで[注18]、依然としてこのデータセンターの能力は限られた情報から想像することしかできません。

公式な情報は得られないにせよ、その大きさは衛星写真（Google Maps）を見るだけでも明らかで、そこからさまざまな推測がされています。ZDNetでブログを書いているRobin Harris氏によると、ここダレスのデータセンターはサッカーのグラウンドほどの広さ（10万平方フィート＝9290平方メートル）の建物が2つ。ラックの大きさを考えると、建物1つで8,000程度のラックが入るのではないかとしています[注19]。

個々のラックには40個のCPUが乗るとのことで、そこから考えるとデータセンター全体のマシン数は最大で64万台にも及びます。面積だけから

図5.24　全米に広がるデータセンター

❶ ダレス
❷ レノア
❸ バークレー
❹ プライア
❺ カウンシルブラフス

[注17] http://opentechpress.jp/enterprise/enterprise/article.pl?sid=06/06/20/1254257
[注18] http://www.datacenterknowledge.com/archives/2007/Aug/27/inside_googles_oregon_data_center.html
[注19] http://japan.zdnet.com/news/internet/story/0,2000056185,20359441,00.htm

マシン数を予測するのには無理がありますが、それほどの大きさのデータセンターが作られていることは確かなようです。

ちなみに米国の電気料金は、地域や用途によっても異なりますが、おおむね1kWhあたり5～20セント程度のようです。大口の電気料金は消費電力だけでなくピーク電力もかかわるので単純な比較はできませんが、この地域は1kWh換算にして3～4.5セント程度になるのではないかとのことです[注20]。

ノースカロライナ州レノア

Google第二のデータセンターとして建設の進められている場所がノースカロライナ州レノア（Lenoir、NC）です（図5.24 ❷）。これは2008年はじめには完成予定で、すでにエンジニア200人の募集が行われており[注21]、本書が出る頃には運用が始まっているかもしれません。

レノアのデータセンターは建設費用6億ドル（約600億円）で、ダレスと同じ規模の建物が2つ作られるとのことです[注22]。この地域も電力料金が1kWhあたり4.5～5セントと安価であり[注23]、データセンターとしての能力はダレスと大きく変わらないと考えられます。

GoogleのPower Provisioning論文によると、一般的なデータセンターの建設コストは1Wあたり10～20ドルとされています。仮に1Wあたり10ドルとすると、このデータセンターで供給できる電力は60MW。ここから逆算すると、マシンの数は最大で40万台程度になるでしょうか[注24]。

設備コストの面から考えてみても、やはり1カ所のデータセンターだけで数十万規模のマシンを動かせる能力がありそうです。

注20　URL http://blogs.zdnet.com/storage/?p=165、および前ページの脚注19より。
注21　URL http://www.google.com/datacenter/lenoir/
注22　URL http://www.newsobserver.com/business/story/711276.html
注23　URL http://www.computerworld.jp/topics/ne/61569.html
注24　マシンあたりのピーク電力を100W、空調などの電力を50%加算した場合。

サウスカロライナ州バークレー郡

図5.24❸のサウスカロライナ州バークレー郡（Berkeley County、SC）でもデータセンターが完成間近で、こちらもすでにエンジニア200人が募集されています。2008年中には運用が始まるとのことです[注25]。

ここでは、Googleは工業団地に520エーカー（210万平方メートル。東京ドーム45個分）の土地を購入しており、レノアと同じく6億ドルのデータセンターが建設されていいます[注26]。ただ、520エーカーというのはあまりにも広過ぎます。InfoWorldのコラムニストRobert X. Cringely氏はこれを次のように指摘しています。この地区は原子力発電所が近く、そこから安定した電力が期待できます。そこでGoogleはこの地区一帯の配電設備を買い占めることで、他社に電力を奪われまいとしているのではないかと推測しているようです[注27]。

サウスカロライナ州では、Googleはブライスウッド（Blythewood、SC）にも466エーカーの土地を購入しており、そこでもさらなるデータセンターの建設を検討しているようです。Googleは一体どれほどのマシンを配備しようとしているのでしょうか。

オクラホマ州プライア

図5.24❹のオクラホマ州プライア（Pryor、OK）にはこの地区最大の工業団地があり、Googleはここでも800エーカー（324万平方メートル。東京ドーム70個分）の土地を買い取って、既存の建物をデータセンターに作り替えているようです。Googleはここでも6億ドルの投資を決めており、2008年の夏頃には1つめの建物が完成予定、その後2つめの建設に取りかかるとのことです[注28]。

注25 **URL** http://www.google.com/datacenter/berkeleycounty/index.html
注26 **URL** http://www.datacenterknowledge.com/archives/2007/Oct/19/google_sets_january_opening_in_south_carolina.html
注27 **URL** http://www.pbs.org/cringely/pulpit/2007/pulpit_20070119_001510.html
注28 **URL** http://www.datacenterknowledge.com/archives/2007/May/02/google_confirms_600m_oklahoma_project.html

この地域もやはり電力が安価で、さまざまな電力源から3000MWの安定した電力が得られるのが魅力のようです[注29]。

アイオワ州カウンシルブラフス

図5.24❺のアイオワ州カウンシルブラフス(Council Bluffs、IA)は風力発電の盛んな地域で、すでに460MWの風力発電設備があるという場所です。Googleはここでも6億ドルの予算でデータセンターの建設を始めており、2008年中には完成予定、2009年から運用を始めるとのことです。ここでも200人の雇用が予定されています[注30]。

興味深い話として、このデータセンターには停電時の予備電源として、2MWの発電機が38個導入されそうだとのことです[注31]。やはり各データセンターは数十MWクラスの電力を供給できるということでしょうか。

次世代Googleのスケール感

以上、5カ所のデータセンターについて見てきましたが、一度整理しておきましょう。正確な数字はともかくとして、大まかなオーダーの計算をしてみたいと思います。

いずれの場所でもデータセンターの規模や構成は大きく変わらず、1カ所につき2つの建物が作られているようです。いずれも投資額は6億ドル程度とのことなので、1カ所につき電力供給能力は60MW、マシン数は40万台とします。

投資額は5カ所の合計で30億ドル。データセンターの耐用年数を10年とすると、年間コストにして3億ドル程度でしょうか(約300億円)。

電力は合計300MW。電気料金を1kWhあたり4セントとすると、年間の電気代は1億ドルになります(約100億円)。これはどれくらいの電力かとい

注29 **URL** http://kotv.com/news/local/story/?id=124463
注30 **URL** http://www.google.com/datacenter/councilbluffs/
注31 **URL** http://www.datacenterknowledge.com/archives/2007/Dec/04/google_38_generators_at_iowa_data_center.html

うと、たとえばスーパーコンピュータである地球シミュレータの消費電力が約6MW、原子力発電所1基の発電能力がおよそ1000MWというのと比較すると想像しやすいかもしれません。

マシン数は合計200万台。1台1000ドルとしても20億ドルで、4年サイクルで入れ替わるとすると年間コストは5億ドル（約500億円）。電力コストと合わせると、ここまでで毎年9億ドル（約900億円）が出ていく規模の設備だということになります。

いくらGoogleが巨大だとはいえ、ここまで大量のマシンを必要とするものなのでしょうか？驚くべきは、Googleはこれでもまだ十分ではないと考えているところです。

Googleの大規模システム構築を2004年から2007年まで率いてきたLloyd Taylor氏は、次のように述べています。

> 私がGoogleに加わったとき、Googleはもはや会社の成長を支えられるだけのマシンを設置する場所を確保できないという問題を抱えていた。Googleが利用するコンピュータの規模は、正気とは思えないほど大きい。そのうちエンドユーザへのサービスに用いられるのは、驚くほど小さな割合でしかない。

―― URL http://www.datacenterknowledge.com/archives/2007/Dec/21/building_googles_insane_infrastructure.html より（日本語訳は筆者）。

世界中で検索サービスを提供するコンピュータはGoogleにとってほんの一部でしかなく、大部分はその背後で動くシステムなのです。

そうしてGoogleは自前のデータセンター建設の方向へと進み、今や6カ月あれば新しいデータセンターを作って運用を始められるようになったとTaylor氏はいいます。

データセンターに処理を集約させる ── Bigdaddy

これだけ大量のマシンを、Googleはどのように利用するのでしょうか。一つヒントになるかもしれない事例として、「Bigdaddy」と呼ばれるシステムについて見ておきます。

クロールキャッシングプロキシ

　Bigdaddyは、2005年の終わりから2006年の初頭に掛けて、Googleのすべてのデータセンターに導入された新しい検索エンジンの基盤システムです。Googleでスパム対策チームの代表を務めるMatt Cutts氏によると、Bigdaddyの目的は単に検索アルゴリズムを変えるといった表面的なものではなく、検索エンジンのフレームワークを置き換えるという大がかりなものであったようです[注32]。

　Bigdaddyでは「クロールキャッシングプロキシ」（*Crawl Caching Proxy*）と呼ばれる新しいクローリングのしくみが導入されています（図5.25）。以前のGoogleでは、Web検索のためのクローラ（Googlebot）、AdSenseによる広告のためのクローラ（Mediabot）、そのほかにもブログ検索やGoogle Newsといった各種のサービスが、それぞれ別個にWebページを集めていたようです。しかし、それではあまりにも無駄が多いので、クローラの処理は1ヵ所にまとめられました。

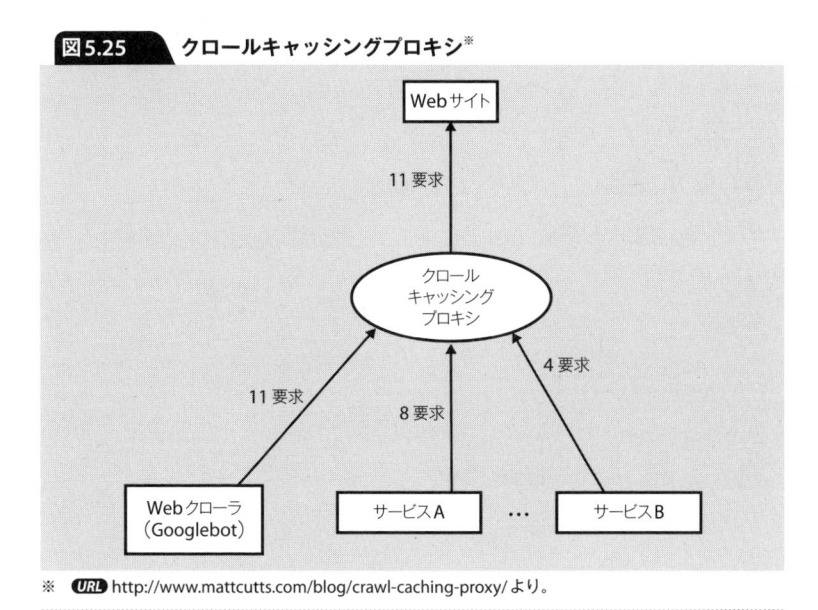

図5.25　クロールキャッシングプロキシ※

※ URL http://www.mattcutts.com/blog/crawl-caching-proxy/ より。

注32 URL http://www.mattcutts.com/blog/bigdaddy/

これは、ちょうど企業などに置かれるプロキシの動作に似ています。
Googleの各種サービスはプロキシに対してWebページを要求し、プロキシ
は手元にないページだけを実際に取りに行きます。一度読み込んだページ
はキャッシュとして残すので、次回からの読み込みは高速に行われます。

Webページのキャッシュについては Bigtable 論文（p.88のNoteを参照）で
も取り上げられています。2006年の時点で、クローラは800TB ものデータ
を Bigtable に保管しています。Webページを必要とする各種のサービスは、
ここからデータを取り出して処理を行うのだと考えられます。

クロールキャッシングプロキシでは、ほかにも通信量を削減するための
工夫が行われています。たとえば以前のクローラでは、Webアクセスのと
きの「User-Agent」が次のようになっていました。

```
Googlebot/2.1 (+http://www.google.com/bot.html)
```

Bigdaddy以降は、これが次のように変わっています。

```
Mozilla/5.0 (compatible; Googlebot/2.1; +http://www.google.com/bot.html)
```

この変更により、Webページのgzip圧縮が有効になるケースが多くなり、
結果的にネットワークへの負担をさらに減らせるということです。

URLの正規化

もう一つ大きな変更が「URLの正規化」（*URL Canonicalization*）と呼ばれる
作業です。たとえば、次のURLはどれも同じページを表すかもしれないし、
そうでないかもしれません[注33]。

- www.example.com
- example.com/
- www.example.com/index.html
- example.com/home.asp

これらが同じページかどうかは、実際にアクセスしてみなければわかり

注33　URL http://www.mattcutts.com/blog/seo-advice-url-canonicalization/

ません。Bigdaddyでは、同一と判断されるWebページには同じキーが割り当てられ、それによって共通の情報が格納されることになります。

　こうしたWebページの同一性まで考慮に入れたクローラを作るのは大変ですが、Webページがデータベース化されるとなればそれも可能となります。Bigtableという巨大な分散ストレージの技術が開発されたことによって、Bigdaddyという新しいフレームワークが実現可能になったということでしょうか。

二種類のデータセンター

　Bigdaddyそのものは、Googleの巨大データセンターが建設される前に導入された技術ですが、これを新しいデータセンターに取り入れない手はないでしょう。

　今やGoogleでは膨大なデータがBigtableのような大規模ストレージに格納され、MapReduceなどによって加工、集計されています。2007年の時点で、GoogleがMapReduceで処理するデータの量は1カ月に400PBを超えるといいます注34。このような大量のデータ処理は、より電力効率に優れるであろう新しいデータセンターで実行するのが好ましいと考えられます。

　つまり、Googleには二種類のデータセンターがあります。一つは世界中に分散された小規模（数千台程度）なデータセンターで、利用者に対して素早い応答を返すためのものです。もう一つは厳選された大規模（数十万程度）なデータセンターで、大量のデータ処理を少ないコストで実行するためのものです。

　これらのデータセンターは高速なネットワークで結ばれ、一つの巨大なコンピュータとして動作します。大がかりなデータ処理はおもに米国の巨大データセンターに集約させ、世界各地の小型データセンターは利用者にデータを提供するためのフロントエンド、あるいはキャッシュサーバのような位置付けとなるのが、今のGoogleの姿なのではないでしょうか。

注34　URL http://www.niallkennedy.com/blog/2008/01/google-mapreduce-stats.html

第5章　Googleの運用コスト

5.7 まとめ

本章では、大規模システムのコストを削減するためにGoogleがどのようなことに取り組んできたのか、おもにハードウェアと電力の面から見てきました。また、Googleが建設中の巨大データセンターについても取り上げました。

Googleほどの巨大システムともなると、コスト全体に占める設備費用の割合も大きくなり、それをどれだけ削減できるかがコスト競争力につながります。こうしたハード面でのコスト優位性がGoogleの大きな強みであるともいわれています。

「The World Needs Only Five Computers」（世界にコンピュータは5つあれば足りる）注35といわれるほど、いま世界では大規模なコンピュータシステムが作られつつあります。単に情報処理のコストという面だけを考えるならば、もはやGoogleのような巨大システムにデータを預かってもらうほうがいい時代なのかもしれません。

Columun

クリーンエネルギーへの取り組み

Googleは発電についても積極的な取り組みを行っています。2006年にはGoogle本社に米国最大規模の太陽光発電システムを導入しており、さらに2007年には、石炭よりも安価なクリーンエネルギーの開発に向けたプロジェクトを立ち上げる※など、より安価で環境負荷の少ないエネルギーを求めて投資していくとのことです。

※ URL http://www.google.com/corporate/green/energy/

注35　Sun MicrosystemsのCTO、Greg Papadopoulos氏のブログで取り上げられた一節とされています。
　　　URL http://blogs.sun.com/Gregp/entry/the_world_needs_only_five
　　　URL http://www.atmarkit.co.jp/news/analysis/200707/30/computers.html

第6章
Googleの開発体制

- *6.1* 自主性が重視されたソフトウェア開発　p.249
- *6.2* 既存ソフトウェアも独自にカスタマイズ　p.258
- *6.3* テストは可能な限り自動化する　p.262
- *6.4* まとめ　p.266

これまでに取り上げたような世界規模の分散システムを活用し、Googleでは検索エンジンにとどまらないさまざまなWebサービスを次々と開発しています。アカウント総数が1億を超えたというWebメールサービス「GMail」、衛星写真まで見られる地図サービス「Google Maps」など、すでに多くの便利なサービスが利用されており、そして今も新しいシステムの開発は続けられています。

こうした大規模なWebシステムが生み出される背景には、優れたソフトウェアを作り上げようとするGoogle特有の文化があります。元々Googleは何よりもソフトウェアの開発に力を入れてきた企業であり、どうすればよりよいシステムを作り出せるかということを重視した開発のしくみが作られているようです。

本書の締めくくりとして、Googleの開発者がどのようにしてこうしたサービスを生み出しているのか、また普段はどんなふうに仕事をしているのかという、Googleの開発体制について見ていくことにしましょう。

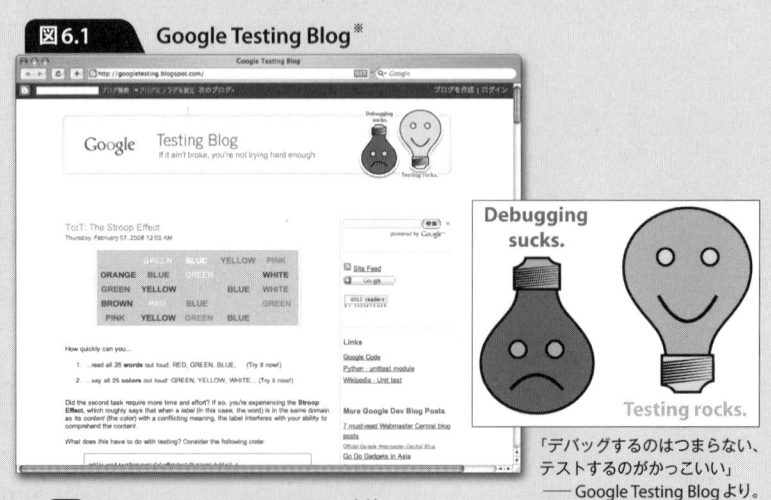

図6.1　Google Testing Blog※

「デバッグするのはつまらない、テストするのがかっこいい」
—— Google Testing Blogより。

※ URL http://googletesting.blogspot.com/ より。

6.1 自主性が重視されたソフトウェア開発

Googleには、エンジニアが主体的に行動することによってシステムをよりよくしていこうとする文化があるようです。それは社員が1万人を超えた今でも変わりません。

▍選ばれたプロジェクトだけが生き残る

Googleでは仕事は与えられるものではなく、自分で見つけ出すものであるようです。マネージャーによって一方的に仕事を割り振られるということは基本的になく、開発者は数あるプロジェクトの中から自分に合ったものを受け持つか、あるいは自分から新しいプロジェクトを提案することになります。誰も見向きもしないような魅力のないプロジェクトは忘れ去られてなくなります。こうして開発者自身によるプロジェクトの自然淘汰が行われ[注1]、それを生き残ったものだけがGoogleのサービスとして私たちの前に提供されることになります。

こうしたGoogleの開発体制については、Googleに対する多くのインタビュー記事や、Googleがエンジニア向けに定期的に行っているカンファレン

Note

本章は次の講演などを参考にしています。
- ❶「Software Engineer in Google」(鵜飼 文敏、Google Developer Day 2007)
  URL http://www.youtube.com/watch?v=pc-IQkVmOdI
- ❷「Googleにおける開発組織マネジメント」(岡田 正大、ネット世代の企業戦略 from ビジネススクール)
  URL http://itpro.nikkeibp.co.jp/watcher/okada/index.html
- ❸「[スペシャルインタビュー]Googleの開発現場」(白石 俊平著、『システム開発ジャーナル』(Vol.1)、毎日コミュニケーションズ、2007)

注1　URL http://itpro.nikkeibp.co.jp/article/Watcher/20070302/263764/

スなどを通じて知ることができます。日本でも2007年5月に開催された「Google Developer Day 2007」などで、Googleがどのようにソフトウェア開発を行っているかが紹介されています。ここではこうした情報を参考にしながら、Googleの開発体制を筆者の理解する範囲でまとめてみます(前ページのNoteを参照)。

少人数からなるプロジェクトチーム

　Googleでは社内に大量のプロジェクトがあり、開発者はそのなかから自分の担当プロジェクトを受け持ちます。1つのプロジェクトは2〜6人程度の少人数チームで構成されます。大きなプロジェクトは複数の小さなプロジェクトに分割され、階層的なチームが構成されます。いずれにしても、1つのチームは少人数に保たれ、チーム内で密にコミュニケーションをとりながらプロジェクトを進めるようです。

　Googleの開発拠点は世界中にあり、チームメンバーも世界に分散しています。各メンバーはおもにメールやIM(*Instant Messenger*)、ビデオ会議やブログなどを通じて連絡を取り合います。一方、オフィスは開発者2〜4人ごとの部屋に分かれており、ちょっとした会話は近くの同僚と気軽にできるようです。

　各プロジェクトチームは、プロジェクトの立案から設計、コーディング、テスト、性能評価、デモの運用からドキュメントまですべてを行います。すべてのプロジェクトの進捗状況はデータベースで管理されており、進捗に合わせて更新されます。開発者は同時に複数のプロジェクトに参加することもできます。こうして明確なプロジェクトという単位によって、システマチックに仕事を片付けていくのがGoogleにおける開発の進め方のようです。

　すべての開発者は担当プロジェクトとは別に、就業時間の20%を普段とは違う新しいことに費やすことも求められます。有名な「20%ルール」です。20%ルールでは、ほかの人のプロジェクトを手伝ってもいいし、自分で新しいプロジェクトを始めてもかまいません。とにかく新しいことにも手を出すことで視野を広げようというのがその主眼であるようです。20%ルー

ルの内容はデータベースにも記録され、それが評定(ひょうてい)にもかかわるほど重視されるとのことです。

Tip
インターンも仕事の戦力

Googleではインターンの学生にもさまざまな仕事が任されるようです。インターンであってもフルタイムの開発者と同じようにすべてのソースコードへのアクセス権限が与えられ、各自に与えられた仕事をこなします。たとえば、MapReduceやBigtableなどの新しい技術が開発された時には、インターンの学生がそれらを取り入れたソフトウェアの開発を行ってきたようです。

コードレビューにより品質を高める

Googleでは、コードレビュー(*Code Review*)が必須とされています。何かプログラムを書いたら、必ずほかの開発者にもそれを読んでもらわなければなりません。これにはいくつかの好ましい効果が期待されます。まず、複数の開発者の目を通すことによってソースコードの読みやすさや品質が高まり、同時に潜在的な不具合を見つけられる可能性も高くなります。また、開発者同士がソースコードを通してお互いの知識を交換することで、ノウハウの共有や学習の効果も得られると考えられます。

コードレビューには2つの段階があるようです。一つはプロジェクトのオーナーによるレビューで、プログラムが論理的に正しいことをしているかどうかが確認されます。もう一つはリーダビリティ(*Readability*、可読性)レビューといわれるもので、コーディングスタイル(*Coding Style*)が正しいかどうか確認されます。Googleでは言語ごとにコーディングスタイルが統一されており、誰が書いても同じようなソースコードになるようになっているとのことです。

ソースコードの品質を保つのは重要だとわかっていても、それを持続するのはなかなか大変です。Googleでは開発者同士のレビューを通してこれを実現しているようです。GoogleのソフトウェアエンジニアであるSteve Yegge氏は、自身のブログで次のように述べています。

第6章 Googleの開発体制

　私がGoogleで働くことが好きな理由に、たとえかすかにでも気付いてほしい。それはコードベースが**きれい**だということだ。1週間以上を要することは何であれ設計ドキュメントを要求され、必ず書かなければならない項目があり、自分で選んだ第1、および第2レビュアからフィードバックを受ける必要がある。これの結果が何かというと、Googleでは意味のあるコードはどんなものであれ、その内部構造について書かれたほとんど本のような資料があり、しかもそれは非常によく書かれている。

　私は正直いって、そんなのを今まで見たことがなかった。このようなソフトウェアエンジニアリングの原則を徹底するのは、はじめから正しくやり、組織が成長するとともにその原則が繰り返し補強されていく文化を作らない限り、不可能だ。

―――「Rhino on Rails」(Steve Yegge著、訳：青木靖氏)
　　　URL http://www.aoky.net/articles/steve_yegge/rhino-on-rails.htm より。

早い段階から性能について考えられる

　Googleのソフトウェアでは、とにかく処理性能が重視されるようです。1つのソフトウェアが何千台ものコンピュータで動くわけですから、少しの性能改善でも全体としては大きく影響します。ソフトウェアの性能が向上すれば、それだけハードウェアのコストを抑えられるということでもあります。

　Googleではすべてのシステムの動作を常にモニタリングし、その動作状況をグラフ化していつでも見られるようにしているようです。これは性能面に限らず、各システムのデータ処理量や故障率などもすべて記録に残されており、何がどれだけ使われているかということを常に把握しようとする文化があるようです。

　単体としての動作速度だけではなく、スケーラビリティや信頼性、セキュリティも重視されます。Googleのサービスとして正式に運用が始まると、何万、あるいは何億という人に利用される可能性もあるわけで、必要に応じていくらでも負荷分散したり冗長化できるようにすることが設計の段階から考えられます。

新しいWebサービスが始まるまで

　Googleで新しいWebサービスを立ち上げるには、一連のプロセスをたどります。

アイデアを出す

　Googleでは開発者同士のコミュニケーションが非常に重視されており、さまざまな機会を通して新しいアイデアが出されます。たとえば、普段の食事での何気ない会話であったり、オンラインのメーリングリストといった場で次々とアイデアが提案され、そこから新しいプロジェクトがスタートします。

　提案されたアイデアはまずデータベースに登録され、オンラインの投票システムによって全社員から意見が集められます。各社員はアイデアに点数（Rating、レーティング）やコメントを付けることができ、開発者はそれを踏まえてどのアイデアを実行すべきか検討します。

　アイデアの価値が認められると、そこから20%プロジェクトが始まります。最初は自分一人で始めてもいいし、協力者を募ってもかまいません。プロジェクトが始まると、最初に基本的な設計をまとめたデザインドキュメントが作成されます。

基本設計を文書にする

　デザインドキュメント（Design Document）はプロジェクトの概要を示した基本的な文書です。そこには次のような内容が記述されるとのことです[注2]。

- 背景、目的（Why？）
- 設計（How？）
- メンバー（Who？）
- セキュリティ、プライバシーについての考察など
- テスト、モニタプランなど

　まずはプロジェクトの背景から始まって、その基本的な設計が記述されます。これは細かな仕様まで決めるものではなくて、ソースコードを読んだだけではわからないような全体の理解を助ける内容にします。

注2　p.249のNote ❶「Software Engineer in Google」より。

また、プロジェクトにかかわるメンバーが記述され、連絡先を明確にします。さらに、Googleのサービスとして広く利用されたときのことを想定して、セキュリティやプライバシー、性能測定や安定稼働のためのテスト方法、プログラムを外部からモニタリングする方法などについての考察が加えられます。

これらの内容はプロジェクトの進捗に応じて常に更新されます。Googleには、こうした小さなプロジェクトが開発者の人数よりもたくさんあるそうです。

デモを作って意見を集める

デザインドキュメントを書いたらすぐにコーディングに入ります。まずはとにかく動くものを作って形にし、それが本当にいいアイデアなのかほかの開発者に使ってもらうことが最初のステップです。

プログラムが動くようになると、社内にデモサイトが立ち上げられ、すべての開発者から見てもらえるようになります。デモサイトはGoogle社内のポータルサイトで紹介され、そこで社内での評価が行われます。ここで意見を募集しながら、社内での評判を勝ち取れるまで改善が続けられます。

新しいプロジェクトの成功はGoogle社内での評定にもかかわることなので、多くの開発者が競い合って優れたデモを作ろうと奮闘しているようです。ポータルサイトに載せるだけではなく、社内での発表の場「TechTalk」（後述）などさまざまな機会を通してデモが紹介されます。社内ですら評判の得られないものは外に出しても駄目でしょうから、ここで生き残れないプロジェクトは淘汰されてなくなります。

Google Labs、そしてBetaへ

社内で高い評価の得られたものは、20％プロジェクトから80％プロジェクトとして昇格します。ここではじめて正式に予算と人員が割り当てられて、本腰を入れて開発が行われることになります。プロジェクトのオーナーはほかの開発者にも参加を呼びかけて、それをGoogleの正式なサービスとすべくソフトウェアの完成度を高めていきます。

外に出してもいいくらいの完成度になると、Google Labsから新しいサービスとして一般に公開されます。ここで世界中の利用者からの意見を集め、さらにソフトウェアの改善を続けます。Google Labsでの評判や利用動向はモニタリングされており、それが一般に広く受け入れられるものであるかがここで試されます。

利用者からの評判もよいものはさらにBeta版として格上げされ、いよいよGoogleの新しいサービスの仲間入りとなります。

情報は徹底して共有する

Googleでは開発者同士の情報共有が非常に重視されており、さまざまな機会や方法によって情報の共有が計られています。

メーリングリストやブログ

Google社内ではメーリングリストによる活発なコミュニケーションが行われているようです。全社員が参加する連絡用のメーリングリストや、プロジェクトごとのメーリングリストなど、目的に応じてさまざまなものに分かれています。開発者によっては、社内ブログで情報公開する人もいるようです。

ドキュメントやデータベース

各プロジェクトの技術的詳細や、新人向けの教育目的の文書が、社内ポータルやWiki、Google Docsなどにまとめられているようです。Googleではドキュメントを書くことが重視されており、開発者によってはコーディングするのと同じくらいドキュメントも書いているとのことです。

各種のアイデアやプロジェクトの進捗、バグ情報などはデータベース化されていて、誰もがいつでも参照できるようになっています。ソースコードはSCM（*Source Code Management*、ソフトウェア構成管理）ツールによって管理されており、全社で単一のリポジトリに格納されます。開発者は誰でも自由にリポジトリを見ることが可能で、他の開発者のコードを修正してパッチを送ることも推奨されています。

一方、GMailなどの利用者のデータはアクセス管理されており、ごく限られたエンジニアしかアクセスすることができません。たとえば、ChubbyやBigtableにもアクセス制御（ACL）の機能があり、細かく読み書きの制限が行えるようになっています。

TechTalk

開発者はいつでもTechTalkという社内でのプレゼンを開くことができます。米国のGoogle本社では毎日3〜4つのTechTalkが開かれているとのことです。ここではソフトウェアのデモを見せて自分のプロジェクトをアピールしたり、プログラミングに関する技術的な情報交換を行うことや、あるいは社外のエンジニアを呼んで講演してもらったり、開発とは関係のない社会問題について学んだりと、さまざまな学習の場となっているようです。

TechTalkはすべてビデオに録画されており、社員はいつでもその内容を見ることができます。一部のビデオは一般向けにGoogleのWebページで公開されており[注3]、誰でも見ることができるようになっています。

TGIF

米国本社では、毎週金曜日に「TGIF」（*Thank God! It's Friday!*、やったー、金曜日だ！）と呼ばれる自由参加の集会が開かれて、社員の息抜きや交流の場となっているそうです。ここでは会社にとって重要なプロジェクトが発表されたり、優れた成果を上げたチームが表彰されるといったイベントもあり、顔を合わせた情報交換の貴重な場となっているとのことです。

また、社員の多くは無料のカフェテリアで食事をとり、これも重要な情報交換の場となっているようです。

レジュメとスニペット

すべての開発者は「Googleレジュメ」というレジュメ（*Resume*、履歴書）を書くことになっています。そこには、これまでの経歴や各自の得意分野、Googleでかかわったプロジェクトなどが記述され、これによってすべての

注3　URL http://research.google.com/video.html

社員がお互いのことを知ることができます。

　また、各開発者は毎週「スニペット」(Snippet)と呼ばれる週報を書くことになっているようです。ここには20%プロジェクトや80%プロジェクトとして行っていることや、いま困っていること、うまくいったことなどがまとめられ、これも全社員で共有されます。開発者は自分の関係するメンバーのスニペットを確認することで、お互いの進捗を把握したり、助言したりすることができます。

Columun

さまざまなTechTalk

　TechTalkを紹介し始めると、それだけで分厚い本になりそうなくらいさまざまな興味深いビデオがあります。どんなものかイメージしやすくするため、ここではその一部を紹介します。

- **How To Design A Good API and Why it Matters**
  多くのソフトウェアから使われるプログラムはAPI (Application Programming Interface)を設計しなければならない。いいAPIはどのようにデザインすべきか
- **Tech Talk: Linus Torvalds on git**
  Linux作者のLinus Torvalds氏を招いての、ソースコード管理ツールgitについての講演
- **Performance Tuning Best Practices for MySQL**
  MySQLの性能を引き出すためのチューニング方法について
- **7 Habits For Effective Text Editing 2.0**
  テキストエディタVimを使って効率的な編集を行うためのノウハウ
- **Deconstructing The Xbox Security System**
  初代Xboxにはセキュリティの欠陥があり、どのようにそれが破られたのか
- **Glimpse Inside a Metaverse: The Virtual World of Second Life**
  仮想世界「Second Life」を作ったPhilip Rosedale氏らを招いての講演
- **Inbox Zero**
  ライフハック系ブログとして有名な「43 Folders」のMerlin Mann氏を招いてのGTDの解説
- **Advanced Topics in Programming Languages**
  これは一連のTeckTalkシリーズで、各種プログラミング言語の新機能や、分散処理の高度な話題など

四半期報

　より長期的な進捗の記録として、それぞれの開発者、プロジェクトチーム、そして会社全体として、四半期に一度のレポートが作成されるようです。ここにはプロジェクトの目標や現在の達成度などがまとめられ、これによって全社的な進捗状況が把握できるようになっているとのことです。

　こうした各種情報には、Googleの開発者はいつでもアクセスできるようになっており、これによってすべての開発者が自立的にものを考えて行動できるようになっています。また、足りないものがあれば改善していこうとする文化が徹底しているとのことで、基本的にエンジニアが何をどうしたいといい出すところから社内のしくみが作られていくようです。

6.2 既存ソフトウェアも独自にカスタマイズ

　Googleでは多くのソフトウェアを独自に開発していますが、もちろん既存のソフトウェアも大量に利用されています。

オペレーティングシステム

　Googleのクラスタを構成する大量のサーバマシンには元々Red Hat Linuxが用いられていましたが、長らく自分たちで保守してきた結果、もはや独自のOSのような状態になっているようです。とはいえ、カーネルを含めた多くの部分はオープンソースソフトウェアなので、Googleで加えた修正はオープンソースの世界にも一部フィードバックされています。

　そして、開発者が日常的に利用するOSとしては、Ubuntuを独自にカスタマイズしたGoobuntuという社内向けディストリビューションがあるそうです[注4]。詳細は定かではありませんが、GFSやMapReduceといった社内

注4　URL http://japan.cnet.com/interview/ent/story/0,2000055958,20340812-2,00.htm

ツールやライブラリを使えるようにした開発者向けシステムなのではないでしょうか。

プログラミング言語

開発に用いるプログラミング言語は「C++」「Java」「Python」が3つの柱であるようです。C++は各種の基盤システムや、インデックスサーバのように処理速度が求められるシステムで用いられます。Javaはさまざまな Webサービスの開発に用いられています。Pythonはおもに社内向けツールの開発に使われるようです。これらに加えて、ブラウザ側で動作する必要のある「JavaScript」や、分散処理に用いられる「Sawzall」など、用途に合わせてさまざまな言語が組み合わされます。

MapReduceやBigtableのような基盤技術はC++で実装されているものの、JavaやPythonからも利用できるようにライブラリが提供されているようです。そのため開発者はそれぞれ目的に合わせて、いずれの言語からでもこれらの基盤システムを活用できるようになっています。

一方、無秩序に利用言語が増えることのないように、使うことのできる言語は限定されているようです。たとえば、GoogleではPythonに代えてRubyを利用するようなことはできません。また、選ばれた言語についても明確なコーディング規約が定められており、たとえばC++の中でも利用してよい機能とそうでないものとがあるようです。

データベース

Googleは大規模なデータの読み書きにはBigtableを用いますが、それ以外のところでは「MySQL」を利用しています。実際のところ、GoogleはMySQLのかなりのヘビーユーザであるようです。

2007年4月には、Google社内で開発されてきたMySQLに対する拡張がパッチという形で公開されています(表6.1)。これがMySQL本体に取り込まれるのはまだ先になりそうですが、パッチの内容を見る限りではおもに障害対

策を強化しつつ、その性能を向上させる改良を行ってきたのだとわかります。

SCM ── ソースコード構成管理

SCM（ソースコード構成管理）システムにはオープンソースソフトウェアではなく、商用ソフトウェアの「Perforce」が用いられています。リポジトリは全世界で共有されており、すべての開発者のコードが原則として単一のソースツリーに納められているとのことです。

リポジトリにソースコードを入れるにはレビューなどのプロセスを経なければならず、開発者が自由にブランチを作ることもできないようです。レビューが終わる前のソースコードはNFS（Network File System）上の開発者のホームディレクトリに保管されており、開発者が個人的にバージョン管理を行うような一貫したしくみはなさそうです。

数千人規模の開発者が共通のリポジトリを利用するのは、なかなか大変そうです。GoogleはPerforceサーバとして次のような高性能マシンを使っているそうですが、それでも性能的にはすでに限界に達しているとか[注5]。

- 機種：HP DL585
- CPU（デュアルコア、Opteron）× 4
- メモリ：128 GB

表6.1　MySQLに対するパッチの内容（一部）※

パッチ	概要
SemiSyncReplication	少なくとも1つのスレーブがレプリケーションを終えるまでマスタ側でコミットしない
MirroredBinlogs	マスタのバイナリログのコピーをスレーブで保持する
TransactionalReplication	クラッシュからの復帰時にInnoDBとスレーブの状態を一貫させる
UserTableMonitoring	アカウントやテーブルごとに利用状況をモニターし報告する
InnodbAsynclo	InnoDBを複数のI/Oスレッドに対応させる
FastMasterPromotion	リスタートすることなくスレーブをマスタにする

※ URL http://google-code-updates.blogspot.com/2007/04/google-releases-patches-that-enhance.html

注5　URL http://www.perforce.com/perforce/conferences/us/2007/index.html#installation

開発者がこれだけ多くなると、SCMも分散化する方向で考えたほうがいいのかもしれません。最近はTechTalkでもgit[注6]やMercurial[注7]といった分散SCMについて何度か取り上げられているようで、分散SCMを取り入れることも検討しているのかもしれません。

余談ですが、GoogleではSubversionの改良も行っているようで、Subversion 1.5に向けた新機能としてマージ機能が改良されつつあります[注8]。Google Code[注9]のホスティングサービスで提供されているSubversionはすでにBigtableにデータを格納するようになっており[注10]、大規模化への対応も進められています。

レビューシステム

ソースコードのレビューには、「Mondrian」という独自システムが作られているとのことです[注11]。以前はパッチをメールで送るためのコマンドベースのツールが使われていたようですが、そうするとメールボックスにパッチの山がたまってしまって大変なので、2006年頃からWebベースのシステムに移行したようです。

Mondrianとは、ちょうどBTS（*Bug Tracking System*、バグ管理システム）のTracのような感じで、ブラウザ上でパッチの内容を確認しながら個々のパッチにコメントを付けたりできるシステムのようです。パッチを作るには、リポジトリの内容と開発中のコードとを比較する必要があるわけですが、MondrianではそのためにNFS上の開発者のホームディレクトリを直接見に行く仕掛けになっているらしく、かなりGoogleの社内環境に依存したシステムのようです。

注6　URL http://git.or.cz/
注7　URL http://www.selenic.com/mercurial/
注8　URL http://subversion.tigris.org/merge-tracking/design.html
注9　URL http://code.google.com/
注10　URL http://opentechpress.jp/opensource/article.pl?sid=06/08/01/024231
注11　URL http://www.niallkennedy.com/blog/2006/11/google-mondrian.html

6.3 テストは可能な限り自動化する

GoogleではWebサービスの開発者とは別に、ソフトウェアのテストを手掛ける専門のテストエンジニアも雇われており、テストの自動化に取り組んでいるようです。

プロジェクト横断的なチーム

Googleでは個々のプロジェクトチームとは別に、すべてのプロジェクトに共通するシステム（テストの自動化、国際化、セキュリティ、ビルドシステムなど）を開発するチームがあり、これを「インターグループレット」（*Intergrouplet*）と呼んでいるそうです。インターグループレットでは、プロジェクト横断的にエンジニアが集まって作業を行います。これには選任のエンジニアが雇われる場合もありますし、開発者が自主的に集まってチームを作る場合もあるようです。

ソフトウェアのテストには、開発者とは別に専門のテストエンジニアが雇われており、テストを自動化するための手助けをします。個々のプロジェクトにおいてユニットテストを書くのは開発者の役割ですが、ユニットテストの実行に必要なしくみ作りや、システム全体のテストについてはテストエンジニアの役割です。

Googleにおけるテストのやり方については、Google公式ブログの一つである「Google Testing Blog」を通じてその様子を知ることができます。少し引用してみます。

> 私たちのチームはもちろんQA（*Quality Assurance*）やQC（*Quality Control*）の立場から開発者と作業をするのですが、それと同時に製品がテスト可能であることを確実なものとします。つまり、ソフトウェアはきちんとユニットテストされ、さらにテストチームによって自動テストが可能であるようにしなければなりません。私たちはデザインドキュメントを参照し、もっとテストを書くようプロジェクトに要求します。テストチームでは開発者の手助けとして、ユニットテストが可能となるように仮のサーバなどを実装することで、個々の

コンポーネントを独立してテストできるようにします。
　テストを自動化することは重要です。それによって、人間は人間が得意なことをやり、コンピュータはコンピュータが得意なことをやれるのです。これは手でテストすることがないという意味ではありません。より人間向きの内容（実験的なテストなど）については「適切な」だけの手動テストを行い、そして同じ手動テストは二度と繰り返さないようにするのです。

——「The difference between QA，QC，and Test Engineering」（Google Testing Blog、日本語訳：筆者）
　　　URL http://googletesting.blogspot.com/2007/03/difference-between-qa-qc-and-test.html より。

自動テストを想定した設計を行う

　テストの自動化というのは、とにかく手間の掛かる仕事です。とりわけユーザインタフェース（User Interface、UI）のように人間が触れる部分のテストを自動化するのは大変で、技術的な難しさに加えて、仕様が変わることも多い部分なのでなおさらです。

　Googleでは、テストの自動化に向けて積極的な取り組みを行っているようです。たとえば、開発者とテストエンジニアは、隣に座ってお互いの作業を進めるなどして、開発の初期の段階からテストを自動化することを意識したソフトウェアを作るように促されます。

　また、問題の複雑さを軽減するため、とりわけAPIの設計に注意が払われるようです。たとえばUIを操作したときにデータベースが書き換わるならば、それを直接テストする代わりに両者の間のAPIを明確にし、APIのレベルで入念なテストが行われます。これによって統合テストが必要なくなるわけではありませんが、APIは開発の初期の段階からテストすることが可能ですし、それによってより高速なテストを大量に実行できるようになります。

　Google Testing Blogによると、テストの自動化を成功させるには次のことが必要であるとしています[注12]。

- システムの内部的な詳細と、外部的なインタフェースの両方を考慮に入れる
- 個々のインタフェース（UIを含む）に対する大量の高速なテストを用意する

注12　URL http://googletesting.blogspot.com/2007/10/automating-tests-vs-test-automation.html

- 可能な限りの低レベルにおいて機能の検証を行う
- エンドツーエンド(利用者からバックエンドまで)のテスト一式を用意する
- 開発と並行して自動化に向けた作業を始める
- 開発とテストとの間にある伝統的な垣根を打ち破る(たとえば、空間的、組織的、プロセス上の壁)
- 開発チームと同じツールを使う

基盤システムをテストする —— Bigtableの例

　GoogleにおけるテストE自動化の例として、BigtableをどのようにテストしているかのE紹介があるので取り上げておきましょう[注13]。

　テストは大きくユニットテストとシステムテストとに分けられます。ユニットテストは、テスト用のツールを使って個々の機能を独立して確認するもので、システムテストは実際と同じ環境でテストを行うものです。

　ユニットテストの例としては、テスト対象のシステムから呼び出されるモックを作ることが上げられます。たとえば、BigtableはChubbyと通信しますが、実際にChubbyを立ち上げる代わりに、Chubbyと同じような動作をするテスト用のモックを作ります。モックには正常時、異常時のさまざまな動作をさせることで多くのテストが可能となり、それらを実際の環境で行うよりもずっと高速にテストを終えることができます。

　あるいは逆に、テスト対象のシステムを外から呼び出すテストドライバを実装することもあります。たとえば、BigtableはMapReduceから呼び出されることがありますが、この場合には本物のMapReduceを用いる代わりに、それと同じようにBigtableを呼び出すテストドライバを実装することで、やはり多くのテストを高速に実行できるようになります。

　システムテストも自動化されています。たとえば、BigtableはGFSにデータを書き込みますが、ここでは本物のGFSが用いられます。しかし、GFSの障害に対する動作をテストするために、本当に障害が起きるまで待つというわけにもいきませんから、ここではGFSの障害を意図的に発生させる

注13　URL http://googletesting.blogspot.com/2007/10/overview-of-infrastructure-testing.html

ためのフォルトインジェクション（*Fault Injection*）というしくみが作られているようです。GFS自身にエラーを発生させる機能を持たせることで、実際の環境における障害発生と同等の状況を作り出し、システムが本当に意図した動作を行っているかが最終確認されます。

こうしたテストは、Bigtableに手を加えて実環境に導入される前には毎回実行されます。完全なテストを実施するのは手間の掛かる作業なので、それを少しでも軽減するためにテストの改善は今も続けられているようです。

Columun

Testing on the Toilet

　Googleにおけるテスト推進活動の一環として、「Testing on the Toilet」（TotT）というものがあります。これはソフトウェアのテストをやりやすくするコツがまとめられた文書で、Googleのトイレに張り出されているそうです。

　TotTの内容はGoogleのブログで公開されています[※]ので、ここでいくつか簡単に取り上げておきます。各TotTは印刷できるようにPDFファイルとしても用意されていますので、みなさんもトイレに一ついかがでしょうか？

- TotT：Naming Unit Tests Responsibly
  一つ一つのユニットテストには、対象となるオブジェクトの振る舞いを表すように名前を付けよう。そうすればテストを見るだけで、そのオブジェクトが何をするものなのかが一目でわかる
- TotT：Stubs Speed up Your Unit Tests
  テストが外部のモジュールに依存する（サーバと通信する、など）場合にはスタブを書こう。テストの実行が高速になり、障害の発生を模擬することも簡単にできる
- TotT：Extracting Methods to Simplify Testing
  外部依存性のある処理は、依存性のある部分ごとに独立したメソッドとして分離させよう。そうすると個々のメソッドをテストするのも簡単になるし、ソースコードも読みやすくなる
- TotT：Refactoring Tests in the Red
  ユニットテストが増えると、テストそのものをリファクタリングしたくなる。しかし、ユニットテストのテストを書くわけにもいかないので、そういうときはプログラムのほうに意図的に不具合を埋め込んでみよう

※　URL http://googletesting.blogspot.com/、URL http://code.google.com/

6.4 まとめ

本章では、Googleではどのようにソフトウェア開発が行われているのかを見てきました。Googleでは開発に必要となる情報の共有が重視されており、それによって開発者は自主的にものを考え、よりよいソフトウェアを生み出していけるようになっています。一方で、ドキュメントやテスト、言語の選択などには一定のルールが設けられており、これによって組織として一貫したソフトウェアを構築し、維持していくことができているようです。

Googleでは多くのソフトウェアを自分たちで開発していますが、同時にLinuxをはじめとするオープンソースソフトウェアも積極的に活用しているようです。ただ単に利用するだけではなく、自分たちの用途に合うようソースコードにも手を加えており、その一部はパッチという形でオープンソースの世界にも還元されています。

Googleではテストの自動化に力が入れられており、そのために専門のエンジニアのチームが作られています。テストエンジニアは単にテストを実施するというだけでなく、効率的なテストを行うためのしくみを作るエンジニアです。実際にテストを書くのは開発者の仕事であり、開発者とテストエンジニアはより品質の高いソフトウェアを作るために共同で作業を進めます。

Googleではよりよいソフトウェアを作るために、エンジニア自身が積極的にシステム改善のための提案を行うよう推奨されており、マネジメントの役割はエンジニアの取りまとめという形になるようです。高度な分散システムにしろ、電力コスト削減のための工夫にしろ、システムをより優れたものへと改善していこうとするこうしたエンジニアのたゆまぬ取り組みによって、Googleという巨大システムは作り続けられているのでしょう。

INDEX

記号・数字
- -（マイナス記号） ... 35
- "（二重引用符） ... 35
- 5つ（世界にコンピュータは〜あれば足りる） ... 246
- 20%ルール ... 250
- 43 Folders ... 257

A
- ACL ... 121、256
- Adobe Systems ... 175
- AFR ... 226
- Amazon EC2 ... 184
- AOL ... 4
- API ... 257、263
- ATS ... 214
- ATX電源 ... 209

B
- B+-Tree ... 108
- BackRub ... 4
- Barrels ... 27、50、55
- Berkeley DB ... 120
- Bigdaddy ... 242
- Bigtable ... 88、162、182、264
- 〜の最大容量 ... 109
- BLOB型 ... 90
- BTS ... 261

C
- C++ ... 94、170、174、259
- CDF ... 217
- Chubby ... 100、116
- 〜のデータベース ... 120
- Chubbyセル ... 118
- Chubby論文 ... 117
- Climate Savers Computing Initiative ... 211
- CMOS ... 197
- collection ... 172
- Combiner ... 149
- Conder ... 155
- CPI ... 206
- CPU性能 ... 199
- CRCエラー ... 234
- CSVファイル ... 168

D
- DDL ... 170
- def ... 179
- Dell ... 211
- Disk Failure論文 ... 225
- DNS ... 23、52、128
- docID ... 22
- DocIndex ... 24
- DSL ... 164
- dumpコマンド ... 168
- DVD ... 160

E
- EB ... 109
- emit ... 171
- Exabyte ... 109
- ext3 ... 67

G
- GB ... 5
- Gbps ... 43
- GFS ... 46、63、100、137
- GFSクラスタ ... 46
- GFS論文 ... 64
- Gigabit per second ... 43
- Gigabyte ... 5
- git ... 257、261
- global ... 120
- Goobuntu ... 258
- Google ... 2
- 初期の〜 ... 2
- Google Cluster論文 ... 51
- Google Code ... 261
- Google Developer Day 2007 ... 250
- Google Labs ... 255
- Google Testing Blog ... 249、262、263
- Googleにおける開発組織マネジメント ... 249
- Googleの開発現場 ... 249
- Googlebot ... 243
- GWS ... 53

H
- Hadoop ... 184
- Hbase ... 184
- HDFS ... 184
- HPC ... 136
- HTC ... 155

I
- IBM ... 184
- IBM DB2 ... 15
- Intel ... 200、211
- IPアドレス ... 23、52、74、176
- IPC ... 199、206、206

J
- Java ... 170、259

JavaScript	259

K
KB	109
Kilobyte	109

L
Lawrence Page	3
LB	→ロードバランサ
Lexicon	26
Links	29
Linus Torvalds	257
Lisp	140
local	120

M
map	140
Map	138
Map処理	149
MapReduce	137、162
MapReduce論文	138
maximum	173
MB	66
Mediabot	243
Megabyte	66
Megawatt	213
memtable	102
Mercurial	261
Mondrian	261
MySQL	15、257、259
～に対するパッチの内容	260
MW	213

N
NFS	260、261
NOT演算	196
NTFS	67

O
Oracle	15
OS	67、258
～の不具合	81

P
PageRank	5、6、9、31、174、176
Paxos	131
Paxos Made Live論文	117
PB	63
PDU	214、223
Perforce	260
Petabyte	63
Pig	184
PostgreSQL	15

Power Provisioning論文	213
proto	170
PSU	209
Python	170、259

Q
QA	262
QC	262
quantile	174

R
R言語	235
RAID	60
RDB	15、18、88、115、164
Red Hat Linux	258
reduce	140
Reduce	138
Rhino on Rails	252
RowMutation	94
RPC	172
Ruby	184

S
sample	172
sawコマンド	167
Sawzall	164、182、259
Sawzall論文	165
SCM	255、260
Second Life	257
Sergey Brin	3
shard	56
SMART	225、230
Software Engineer in Google	249
SQL	15、115、164、183
SSTable	102
Stanford University	2
STS	214
Subversion	261
sum	173
Sun Microsystems	246
System Health Infrastructure	235

T
TB	63
TechTalk	254、256、257
Terabyte	63
Testing on the Toilet	265
TGIF	256
TLB	206、207
top	173
TotT	265
Trac	261
TTL	128

INDEX

U
- Ubuntu 258
- UI 263
- unique 174
- University of Washington 184
- UPS .... 60、214
- URLサーバ 22
- URLの正規化 244
- URList 24
- User-Agent 244

V
- Vim 257
- VRM 210

W
- Webページの数 41
- Web Search Engine論文 .... 3、20
- weight 173
- when 171
- wordID 26
- Work Queue .... 47、155
- Work Queueクラスタ 46

X
- Xbox 257

Y
- Yahoo! .... 4、184
- Yahoo! JAPAN 8

ア行
- アイデア 253
- アクセス数 176
- アクセス制御 .... →ACL
- アグリゲータ .... 140、165
- その他の〜 174
- アドバイザリロック 123
- アトミック .... 76、95
- アルゴリズム .... 14、108
- アンカーテキスト .... 5、7、8、31
- いいえ 8
- イテレータ .... 96、153
- イベント 126
- イベント通知 117
- インターグループレット 262
- インタープリタ 167
- インターン 251
- インデックス .... 10、13、17、56
  - 〜の構造 15
  - セカンダリ〜 95
  - 単語情報の〜 25
- リンク情報の〜 29
- インデックスサーバ .... 53、54、58、205
- インデックス生成 .... 13、24
- インバータ 196
- オフラインリアロケーション数 232
- オペレーションログ 83
- 温度 228

カ行
- 外部記憶装置 .... →ストレージ
- カウンシルブラフス 240
- カウンタ 145
- 価格性能比 .... 190、193
- 関数型言語 140
- 基本設計 253
- 逆リンク 146
- キャッシュ .... 67、111、127
- キャパシタ 197
- キュー 67
- 行 89
- 行キー 89
- 共有ロック .... 122、123
- 局所性 .... →ローカリティ
- クアッドコア 204
- クライアント .... 69、99
- クラスタ 44
- クリーンエネルギー 246
- クローラ .... 13、19、49、64
- クローリング .... 13、19、49、64
- クロールキャッシングプロキシ 243
- 検索エンジン .... 4、10、51
- 検索エンジンスパム 7
- 検索キー 99
- 検索クラスタ 51
- 検索件数 41
- 検索サーバ .... 10、11、33、48
- 検索バックエンド .... 10、12、49
- 高クロック 205
- 高スループットコンピューティング ... 155
- 高性能計算 .... →HPC
- 構造解析 .... 13、24
- 構造データ .... 90、115
- 故障率 230
- コーディング規約 259
- コーディングスタイル 251
- コードレビュー 251
- コピー 117
- コピーオンライト 79
- コミットログ 103
- コラムキー 90
- コラムファミリー 89
- コンセンサスアルゴリズム 131
- コンパクション 104

269

サ行

- シークエラー ... 233
- シーケンサ ... 124
- 自己診断機能 ... 225
- 実行 ... 200
- 実行結果の連結 ... 178
- 自動テスト ... 262
- 四半期報 ... 258
- シャッフル ... 142、148、150
- 週報 ... →スニペット
- 手動テスト ... 263
- 巡回冗長検査エラー ... 234
- 消費電力 ... 192
- 〜の計測方法 ... 221
- シリアルナンバー ... 73、81
- 振動 ... 234
- スイッチする ... 197
- スキャンエラー ... 230
- スキャンキャッシュ ... 111
- スケールアウト ... 42
- スケールアップ ... 42
- スケールする ... 45
- ストレージ ... 63
- スナップショット ... 68、78
- スニペット ... 257
- スーパーコンピュータ ... 242
- スーパースカラー ... 202
- 世界にコンピュータは5つあれば足りる ... 246
- セカンダリ ... 72
- セカンダリインデックス ... 95
- セル名 ... 120
- ソフトウェア構成管理 ... →SCM

タ行

- 大塊 ... →チャンク
- 太平洋海底ケーブル事業 ... 189
- タイムスタンプ ... 90
- 太陽光発電システム ... 246
- 多次元マップ ... 91
- タブレット ... 97、108
- タブレットサーバ ... 99、101
- 樽のような容器 ... 27
- ダレス ... 237
- 単語 ... 6、31
- 単語処理 ... 13
- 単純な数値 ... 17
- 断片 ... 147
- チェックサム ... 78、81
- チャンク ... 69、154
- 〜のシリアルナンバー ... 73
- チャンクサーバ ... 69
- 抽象化 ... 94
- ディスクドライブ ... 224
- ディスクドライブの自己診断機能 ... 225、230
- ディレクトリ型 ... 4
- デコード ... 200
- デザインドキュメント ... 253
- データ ... 226
  - 不適切な〜 ... 226
  - 〜の通り道 ... 64
- データ構造 ... 14、17
- データシート ... 216、224
- データセンター ... 44、62、186
  - 二種類の〜 ... 245
  - 〜が燃える ... 53
- データ定義言語 ... →DDL
- データ転送 ... 66
- データモデル ... 89
- 手続き型 ... 167
- テーブル ... 14、89
- デュアルコア ... 112、190、191、208
- 電源装置 ... 208
- 点数 ... 253
- 転置インデックス ... 29、141
- 電力 ... 195
  - 〜のコスト ... 213
- 電力性能比 ... 193、203
- 電力料金 ... 192、241
- 統計データの処理方法 ... 235
- 動作電力 ... 197
- ドキュメントサーバ ... 53、54、58
- ドメイン ... 98
- ドメイン固有言語 ... →DSL
- トランザクション ... 95

ナ行

- 二分探索木 ... 17
- ネットワークソフトウェア ... 67
- 年間平均故障率 ... →AFR

ハ行

- 排他制御 ... →ロック
- 排他ロック ... 122
- パイプライン ... 200
- バグ管理システム ... →BTS
- バークレー郡 ... 240
- パーセンタイル ... 174
- パーソナライズド検索 ... 115
- バックアップ ... 66
- バックアップタスク ... 156
- ハッシュテーブル ... 17
- 破片 ... →shard
- パワーキャッピング ... 217、221
- パワーサイクル ... 234
- ピーク ... 211、220
- 光ファイバ ... 189

INDEX

百文位数 174
表 .... →テーブル
ファイルシステム .... 67、117
フィルタ .... 140、165
フェイルオーバー 125
フェッチ 200
フォルトインジェクション 265
負荷分散 180
複製 .... →レプリケーション
ブライア 240
ブライスウッド 240
プライマリ 72
フレーズ検索 35
プレフィックス 99
ブログ 255
プロジェクト 250
プロジェクトチーム 250
ブロックキャッシュ 111
プロトコルバッファ .... 90、170、172
分割関数 147
分岐予測ミス 206
分散 174
分散grep .... 145、159
分散ストレージシステム 88
分散ソート .... 145、161
分散データ処理 137
分散ファイルシステム .... 63、116
平均 220
平均温度 229
平均消費電力 220
平均値 174
ページテーブル 206
ボトルネック .... 46、49、60、180

マ行
マイナーコンパクション 104
マスタ .... 69、79、99、118、147
マスタリース 133
待ち行列 .... →キュー
マルチコア 204
マルチスレッド 207
マルチプロセス 207
未定義値 179
無停電電源装置 .... →UPS
メジャーコンパクション 105
メタデータ .... 106、108
メーリングリスト 255
モニタリング 252

ヤ行
やったー、金曜日だ! .... →TGIF
ユーザインタフェース .... →UI
用語集 .... →Lexicon

ラ行
ライトバック 200
ライトロック .... →排他ロック
ライフハック 257
楽天技術研究所 184
ラック .... 40、43、62
ランキング .... 3、5、13、33、36
ランキング関数 .... 8、32
リアロケーション 230
リアロケーション数 231
リアロケーション前のセクタ数 233
リーク電流 197
リードロック .... →共有ロック
リポジトリ .... 13、22、261
リレーショナルデータベース .... →RDB
履歴書 .... →レジュメ
リンク処理 13
累積分布関数 217
ルートタブレット 108
レコード .... 76、169
レコード追加 .... 68、76
レジュメ 256
列 89
レーティング .... →点数
レノア 239
レプリカ 118
レプリケーション .... 120、121
ローカリティ .... 99、154
ローカリティグループ 110
ログ 176
ロック .... 67、95、116、122
ロックサービス 116
ロードバランサ .... 53、57
ロボット型 4
論文
　Chubby～ 117
　Disk Failure～ 225
　GFS～ 64
　Google Cluster～ 51
　MapReduce～ 138
　Paxos Made Live～ 117
　Power Provisioning～ 213
　Sawzall～ 165
　Web Search Engine～ .... 3、20
論理反転 .... →NOT演算

ワ行
ワーカー 147

271

●著者紹介

西田 圭介
NISHIDA Keisuke

COBOLコンパイラからVPNサーバ、ドライバ開発からWebアプリまで、必要とあらば何でも手掛けるフリーエンジニア。IPAの平成14年度未踏ユースにおけるスーパークリエータ。

●カバー・本文デザイン

西岡 裕二（志岐デザイン事務所）

WEB+DB PRESS plusシリーズ

Googleを支える技術
……巨大システムの内側の世界

平成20年4月25日 初 版 第1刷発行
平成20年7月25日 初 版 第5刷発行

著　者	西田 圭介
発行者	片岡 巌
発行所	株式会社技術評論社
	東京都新宿区市谷左内町21-13
	電話 03-3513-6150 販売促進部
	03-3513-6175 雑誌編集部
印刷／製本	日経印刷株式会社

定価はカバーに表示してあります。

本の一部または全部を著作権法の定める範囲を超え、無断で複写、複製、転載、あるいはファイルに落とすことを禁じます。

ⓒ2008　西田 圭介

造本には細心の注意を払っておりますが、万一、乱丁（ページの乱れ）や落丁（ページの抜け）がございましたら、小社販売促進部までお送りください。送料小社負担にてお取り替えいたします。

ISBN 978-4-7741-3432-1 C3055
Printed in Japan

本書に関するご質問は記載内容についてのみとさせていただきます。本書の内容以外のご質問には一切応じられませんので、あらかじめご了承ください。
なお、お電話でのご質問は受け付けておりませんので、書面またはFAX、弊社Webサイトのお問い合わせフォームをご利用ください。

〒162-0846
東京都新宿区市谷左内町21-13
株式会社技術評論社
『Googleを支える技術』係
FAX 03-3513-6173
URL http://gihyo.jp/
　　　（技術評論社Webサイト）

ご質問の際に記載いただいた個人情報は回答以外の目的に使用することはありません。使用後は速やかに個人情報を廃棄します。